湛庐CHEERS

与最聪明的人共同进化

HERE COMES EVERYBODY

CHEERS
湛庐

THE SINGULARITY IS NEARER

奇点更近

[美] 雷 · 库兹韦尔（Ray Kurzweil）著
芦 义 译

中国财经出版传媒集团
中国财政经济出版社
北京

你对人类迈向奇点的进程了解多少

扫码领《奇点更近》
同名有声书

- “奇点”一词取自哪两个领域？（单选题）

  A. 数学和物理学

  B. 生物学和数学

  C. 物理学和工程学

  D. 化学和物理学

扫码获取全部
测试题及答案，
迈入奔向奇点的冲刺阶段

- 根据库兹韦尔的预测，人类将在什么时间实现“每过一年，剩余的预期寿命就会增加一年”？（单选题）

  A. 2025 年

  B. 2030 年

  C. 2035 年

  D. 2040 年

- 在采用非侵入性技术发展脑机接口技术时，需要平衡哪两者之间的关系？（单选题）

  A. 内部设备与外部设备

  B. 速度与流量

  C. 空间分辨率与时间分辨率

  D. 技术与伦理

扫描左侧二维码查看本书更多测试题

RAY KURZWEIL

雷·库兹韦尔

—— AI未来的超级预言家 ——

“终极思考机器”，颠覆世界的未来学家

雷·库兹韦尔是美国著名的未来学家、计算机科学家、作家、企业家和发明家。

在人工智能、机器人以及深度学习等领域，库兹韦尔被视为颠覆世界的未来学家和超级预言家。比尔·盖茨称：“库兹韦尔是最擅长预测人工智能未来的人！”他的预测涉及人工智能通过图灵测试、纳米机器人的发展、人类寿命的延长趋势以及可再生能源的发展等多个关系人类生活的方面。

之前，库兹韦尔曾发布了一份名为《我的预测结果如何》（*How My Predictions Are Faring*）的报告，分析了他在出版的多部作品中所作的预测。结果显示，他的预测准确率高达 86%！库兹韦尔曾预言，人工智能计算机会在 1998 年战胜人类国际象棋世界冠军，这一预言在 1997 年应验。他也曾预言会出现一种世界级的计算机网络，到那时，信息传递将更加便捷——今天的互联网、Facebook、Twitter、微信、微博就是明证。

在 2008 年，库兹韦尔就预测称，未来太阳能发电规模的增长将满足地球上所有人的能源需求。他还预测称，在 2029 年，人工智能就将通过图灵测试。此外，他还预测我们未来将在虚拟环境中度过一些时间，纳米机器人将帮助我们对抗疾病，提升我们的记忆力和认知能力。

Ray Ku

天才发明家，美国国家技术创新奖获得者

迄今为止，库兹韦尔因为他的多项重要发明获得了多个重量级奖项，包括美国科技领域的最高荣誉——国家技术创新奖，奖金高达50万美元的麻省理工学院勒梅尔森发明奖，并入选美国发明家名人堂。此外，他还入选了美国国家工程院院士。他拥有21个荣誉博士学位，曾从3位美国总统手中接过荣誉勋章。

《华尔街日报》称他为“永不满足的天才”;《福布斯》杂志称他为“终极思考机器”;《公司》杂志将其评选为“顶尖创业家”之一，并形容他是“爱迪生的法定继承人”；美国公共广播公司将库兹韦尔与过去两个世纪的发明家一起评选为“开创美国的16位改革家”之一。

他是个天生的发明家，而且似乎永远不会满足。自小，他就是科幻文学的拥趸，熟读“汤姆·斯威夫特系列”图书。七八岁时，他创立了一个机器人木偶剧院，而且还开办了机器人比赛。12岁时，库兹韦尔开始花费大量精力做计算机和相关设备的发明工作。14岁时，他便写出了一篇详细论述大脑皮质的论文。在他的感染下，他的家中总是充满关于未来和技术的讨论。

上高中后，库兹韦尔开始向在贝尔实验室当工程师的叔叔学习计算机科学的基础知识。一年后，15岁的他便写出了自己的第一个计算机程序。17岁时，他创建了一个模式识别软件，用于分析古典作曲家的作品，然后合成自己的歌曲。库兹韦尔还参加了电视猜谜节目《我有一个秘密》，并熟练地弹奏了一段不同寻常的乐曲。他的秘密很快被猜中了：这段乐曲是由计算机谱写的，而这台计算机正是他自己组装的。

在进入麻省理工学院学习后，库兹韦尔师从“人工智能之父”、《情感机器》《心智社会》的作者马文·明斯基，并于1970年获得计算机科学与文学学士学位。库兹韦尔在一年半的时间里修完了麻省理工学院提供的所有计算机编程课程。

从20世纪80年代开始，他的发明可谓硕果累累——全字体光学字符识别系统、语音识别系统、盲人阅读机、音乐合成器等，他的发明专利同样数不胜数。

rzweil

人工智能将接管一切。

Artificial Intelligence is going to take over everything.

—— 雷·库兹韦尔 ——

RAY KURZWEIL

加速回报定律创立者，奇点大学掌门人

从 20 世纪 90 年代开始，库兹韦尔将目光转移到未来上，他创立了加速回报定律（也称“库兹韦尔定律”），提出计算机技术等通用技术将会以指数倍级，而非线性级发展，未来 15 ～ 30 年人工智能将呈现爆炸式的突破性发展，更多超乎我们想象的事物也会出现。

为了迎合技术指数级增长的趋势，库兹韦尔认为需要聚集世界上最聪明的大脑，让他们学习最前沿的未来科学，去解决世界上最宏大的问题。这一观点得到了 NASA 和谷歌公司的支持，它们共同创立了奇点大学，并任命库兹韦尔为奇点大学校长。

奇点大学的神圣使命就是培养面向未来的人才，这所大学也被称为“未来领袖训练营”。从世界各地严格甄选出来的天才们，将在这里致力于神经科学、人工智能、纳米技术、基因工程、空间探索、虚拟现实以及物联网等领域的技术探索，比如，尝试通过 3D 打印建造房屋或者研制太阳能航天器等。在库兹韦尔的带领下，人们已经为应对气候恶化、能源紧缺、疾病和贫困等重大问题做好了准备。

2012 年，谷歌联合创始人拉里·佩奇亲自聘请库兹韦尔入职谷歌，担任谷歌工程总监，负责机器学习与语言处理的项目研发。2015 年 2 月 8 日，库兹韦尔因其发明的 K250 合成器获得了格莱美技术奖。在谷歌，库兹韦尔从事的项目便是将搜索建立在对语言的真正理解上，目标是超越沃森，使计算机能真正地阅读网络、图书中的内容，从而与用户进行智能对话。

面对人工智能可能是人类最大生存威胁的质疑浪潮，库兹韦尔表示，人工智能技术的确是把双刃剑，我们可以从中获益，但也得做好规避风险的准备，关键是制定具体战略，引领人工智能技术往积极正面的方向发展。

未来主义和超人类主义运动的倡导者与践行者

他写过多部关于健康技术、人工智能、超人类主义、技术奇点和未来主义的现象级畅销书。同时，他也是未来主义和超人类主义运动的公开倡导者。库兹韦尔曾在大量公开演讲中分享他对延长寿命的技术、纳米技术、机器人技术和生物技术的未来的乐观看法。

在20世纪90年代，库兹韦尔创立了医学学习公司。1999年，库兹韦尔创建了一家名为“FatKat”的对冲基金公司，目标是提高FatKat的人工智能投资软件程序的性能。库兹韦尔预测，总有一天，计算机会比人类更擅长做出有利可图的投资决策。库兹韦尔还加入了阿尔科生命延续基金会，这是一家人体冷冻公司。他计划在去世之后通过灌注冷冻保护剂，将自己的身体储存在该基金会的设施中，并希望未来的医疗技术能够使自己复活。此外，他还在通过多种方式改善自己的健康状况，试图“重新编程”自己的生物学身体。

作为未来主义者和超人类主义者，库兹韦尔参与了多个以奇点为主题的组织。2004年，他加入了美国机器智能研究所的顾问委员会。2005年，他加入了救生艇基金会的科学顾问委员会……

在对未来的设想中，库兹韦尔将人体视为一个由数千个“程序”组成的系统，并认为了解它们的所有功能可能是构建真正有感知的人工智能的关键。他还主张全民基本收入制度，认为纳米技术可以帮助解决严重的全球性问题，如贫困、疾病和全球气候变化……

致

索尼娅·罗森沃尔德·库兹韦尔

——

就在几天前

我已经认识她（并且爱她）50 年了

目 录

引 言 人类迈向奇点的千年征程已步入冲刺阶段 001

第一部分 奇点迫近，与超级AI融合的终极未来

第1章 我们在六个阶段中的哪个位置 011

从宇宙大爆炸到生命诞生再到大脑出现 013

通过图灵测试，实现人机融合 015

第2章 重塑智能意味着什么 017

我们为什么必须重塑智能 019

AI 的诞生与两大流派之争 020

小脑：用模块构建“无意识的能力” 036

新皮质：层次分明、可自我调整的灵巧结构 040

深度学习：新皮质魔力的数字化再现 046
AI 尚需跨越的三大里程碑 061
通过图灵测试的意义 069
扩展大脑新皮质至云端 075

第3章 我是谁：成为一个特殊的人意味着什么 081

我们的意识水平与新石器时代的祖先并无二致 083
僵尸、主观体验与意识难题 087
决定论、涌现与自由意志的困境 090
当一个人存在多个大脑时 096
“2 号你”是你吗 098
生命本身就是难以置信的奇迹 103
来生：制造出令人信服的仿生人 107
“雷·库兹韦尔”能成为的人 116

第二部分 生活、工作与寿命，人类迎来繁荣增长的三大未来路线图

第4章 生活正在指数级变得更好 121

为什么公众共识恰恰相反 123
几乎生活的每个方面都在逐步变得更好 134
我们正在接近为每个人提供清洁水的目标 189
垂直农业将提供廉价的高质量食物，并释放我们用于水平农业的土地 191

勤奋的人将在 2030 年左右实现长寿逃逸速度 201
更轻松，更安全，更丰富，更美好 206

第5章 工作的未来：是好还是坏 209

AI 革命将继续以指数级发生 211
新工作亟待被创造，旧工作注定要毁灭 215
这一次会有所不同吗 224
那么，我们将走向何方 236

第6章 未来30年的健康和幸福：从与AI融合到完全突破生理局限 253

21 世纪 20 年代：AI 与生物技术的结合 255
21 世纪 30 年代和 21 世纪 40 年代：开发和完善纳米技术 265
将纳米技术应用于健康和长寿 275

结 语 我们将会面临的四个巨大危机 287

繁荣的背面 289
核武器：急需更智能的指挥与控制系统 290
生物技术：呼唤 AI 驱动的对策 293
纳米技术：设计“广播”架构与“免疫系统” 295
人工智能：安全对齐，构建负责任的 AI 300

附录一 卡珊德拉与库兹韦尔的对话：2029 年之前，AI 将全面超越人类 309

附录二 价格 - 计算性能的未来走向 315

致 谢 341

注 释 345

The Singularity Is Nearer

引　言

人类迈向奇点的千年征程已步入冲刺阶段

我无法确定地说奇点之后的

生活会是什么样子。但通过理解

和预测带领人类走向奇点的过程，

我们可以确保人类在最后接近

奇点时的道路是安全和成功的。

2005 年，在《奇点临近》(*The Singularity Is Near*) 中，我提出：**不断融合的指数增长的技术趋势将带来一场对人类具有根本性意义的变革。**今时今日，这场变革正在多个关键领域同时加速：计算的性价比越来越高，我们对人体生物学的理解越发深入，在微观尺度上的研究变得更具可行性。随着 AI 的能力日甚一日，信息变得越来越触手可及，我们正在将这些能力与人类智能愈发紧密地整合起来。纳米技术将使这些趋势达到高潮，开启一条利用云端虚拟神经元层直接扩展人类大脑的道路。通过这种方式，**我们将与 AI 融为一体，并利用比人类强数百万倍的计算能力来增强自己的能力，这种智能和意识的提升影响深远，以至于人们会感到难以完全理解。我所谓的“奇点”，正是指这一事件。**

“奇点”这个术语源自数学①和物理学②。但我使用这个词是将其作为一个比喻。我对技术奇点的预测并非指变化速度将真的趋向无穷，因为指数增长并不意味着无限，物理学中的奇点也是如此。黑洞虽然引力大到可以捕获

① 指函数中未定义的点，比如除以零时。

② 指黑洞中心无限致密的点，在那里，物理定律会失效。

光，但量子力学并不能解释真正无限大的质量。我之所以用奇点作为隐喻，是因为它恰如其分地描述了人类当前的智能难以理解如此巨大转变的困境。但随着这种转变的到来，我们的认知能力将迅速增强，足以适应新的变化。

在《奇点临近》中，我详细展望了未来一段时间内的发展趋势，并推测奇点大约会在 2045 年到来。书出版时，距离预测时间还有 40 年，相当于两代人的时间。从当时的时间周期上说，我可以对引致该转变的多种力量做出预测，但对于当时的读者来说，这个话题仍然很遥远。许多评论家认为我的时间表太过乐观，甚至有人认为奇点根本不可能出现。

之后出现了一些令人瞩目的进展，虽然怀疑论者仍在表达反对意见，但这些进展仍在继续加速。社交媒体和智能手机从几乎无人问津到成为连接全球多数人的全天候伴侣。算法创新和大数据的涌现使得 AI 在一些领域取得了超出专家预期的突破，从擅长解题［玩《危险边缘》（*Jeopardy!*）游戏］、下围棋到驾驶、写作、通过法律职业资格考试，乃至诊断癌症。目前，强大且灵活的大语言模型，如 GPT-4 和 Gemini，能将自然语言指令转换为计算机代码，极大地减少了人类与机器之间沟通的障碍。你阅读这段文字的时候，很可能已经有数千万人亲身体验了这些功能。与此同时，人类基因组测序的成本下降了约 99.997%，而神经网络通过数字模拟打开了医学研究的新篇章。我们甚至获得了直接将计算机与大脑连接的能力。

这一系列的进步都建立在我所称的“加速回报定律”（Law of Accelerating Returns）之上：随着技术的不断进步，计算和其他信息技术的成本呈指数级下降，因为每一次的进步都会让它们下一阶段的迭代变得更为简单。因此，考虑到通货膨胀，现在 1 美元能购买的计算能力比《奇点临近》出版时强大约 11 200 倍。

图 0–1 中的内容我将在后面的章节中做深入讨论。图中概述了推动人类技术文明进步的核心趋势：在长期范围内来看，随着时间的推移，一美元能购买的计算能力呈指数级增长（在对数刻度图上是一条直线）。众所周知，摩尔定律指出，晶体管尺寸在逐年缩小，随之而来的是计算机日益强大，但这只是“加速回报定律”的一种表现形式。在晶体管发明之前，这个定律就已经成立，即便在晶体管达到物理极限并被新技术取代之后，它仍有望会持续下去。这个趋势定义了现代世界，在本书中讨论的即将实现的所有突破，都直接或间接地依赖于它。

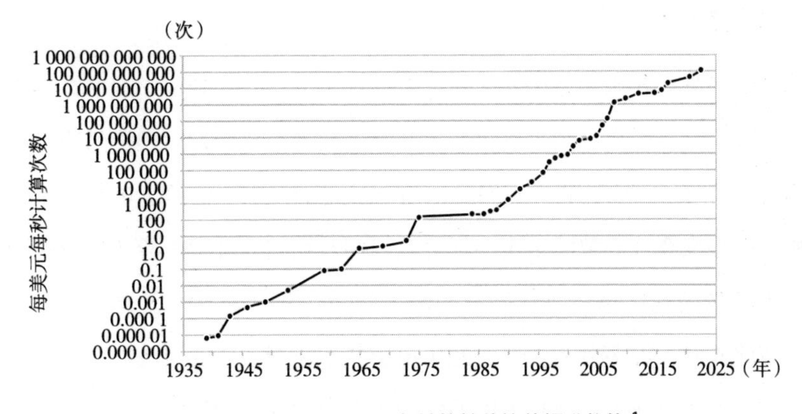

图 0–1 1939—2023 年计算性价比的提升趋势 [1]

注：图中计算结果以 2023 年每美元每秒计算次数表示。为了最大限度地提高不同机器的可比性，这张图关注的是可编程计算机时代的计算性价比，但对更早的机电计算设备的近似计算表明，这种趋势至少可以追溯到 19 世纪 80 年代。[2]

我们一直在按计划迈向奇点。这本书出版的紧迫性源自指数变化的核心。在 21 世纪初还难以察觉的趋势，现在已经实实在在地影响着数十亿人的生活。2020 年以来，我们进入了指数曲线急剧变陡的部分，创新的步伐给社会带来的影响前所未有。为了给你一个参考，你阅读这段文字的时间点，可能距离首个超人类 AI 的诞生更近，而不是离我的上一本书《人工智能的未来》(*How to Create a Mind*)[1] 的出版时间更近。与我 1999 年出版的《机器之心》(*The Age of Spiritual Machines*)相比，你现在恐怕离奇点降临更近。从人类的生命周期来看，现在出生的婴儿在奇点到来时将刚刚大学毕业。在个体层面上，这是一种与 2005 年相比完全不同的“接近”。

正因如此，我才写了这本《奇点更近》。**人类迈向奇点的千年征程已经步入冲刺阶段。**在《奇点临近》的前言中，我曾写到我们当时正处在这一转变的初期。而现在，我们进入了高潮期。那本书是对遥远地平线的一瞥，这本书则讲述的是走向地平线的最后几公里。

幸运的是，我们如今更能清晰地看懂这条道路。尽管要实现奇点还面临诸多技术挑战，但关键的先行指标正迅速地从理论科学走向积极的研究与开发之路。在未来 10 年里，人们将与看起来非常人性化的 AI 互动，简单的脑机接口将像今日的智能手机一样普及，并对我们的日常生活产生影响。生物技术领域的数字革命将帮助我们治愈疾病，并显著延长人类的寿命。然而，与此同时，许多劳动者也将经历由于技术革新造成的经济动荡之痛，而我们所有人都将面临对新技术的不慎或蓄意误用导致的风险。**到 21 世纪 30 年代，不断进步的 AI 和日渐成熟的纳米技术将以前所未有的方式促进人机结合，这将进一步放大可能的希望与潜在的危机。如果我们能够成功应对由这些进步带来的科学、伦理、社会和政治方面的挑战，那么在 2045 年，我们将深刻改变人类在地球上的生活，使之变得更美好。**反之，如果我们失败了，我们的生存就会受到威胁。因此，这本书将聚焦于人类奔向奇点的最终路径——我们所了解和熟悉的世界的最后一代人将共同面对的机遇与挑战。

---

① 阐释对人类思维本质的全新思考，大胆预言 AI 发展的未来。《人工智能的未来》中文简体字版已由湛庐引进、浙江人民出版社出版。——编者注

首先，我们将探索奇点的确切到来方式，并将其置于人类长期追求重塑自身智能的背景下。以技术创造感知能力带来了一些深刻的哲学问题，因此我们将深入讨论这场变革如何影响人类的身份和使命感。其次，我们将讨论未来几十年的实际发展趋势。正如我将展示的那样，“加速回报定律”正驱动一系列反映人类福祉的多个指标得到指数级的提升。虽然创新带来的最明显的弊端之一是各种形式的自动化导致的失业，但我们将搞清楚，为什么长远来看仍有理由保持乐观，而且为什么我们最终不会与AI竞争。

随着这些技术为人类文明带来巨大的物质财富，我们将致力于突破限制人类全面繁荣的下一大障碍：生物学上的弱点。接下来，我们将展望未来几十年内人类可以使用的工具，以越来越多地掌握生物学本身：首先是战胜身体的衰老，然后是通过增强人类有限的大脑来迎接奇点的到来。然而，这些突破性进展也可能会使我们面临风险。生物技术、纳米技术或AI的革命性新系统可能会导致某种形式的灾难，例如，毁灭性的流行病或自我复制机器的链式反应。最后，我们将评估这些威胁，这需要我们慎重规划，但正如我将解释的，我们手头的策略非常有希望去消除或缓解这些危机。

这将是人类历史上最激动人心、最重要的几年。我无法确定地说奇点之后的生活会是什么样子。但通过理解和预测带领人类走向奇点的过程，我们可以确保人类在最后接近奇点时的道路是安全和成功的。

The Singularity Is Nearer

第一部分

奇点迫近，与超级AI融合的终极未来

第1章

我们在六个阶段中的哪个位置

到 2045 年，

人类的思维能力将扩展数百万倍。

正是这种变化的速率和规模，

使得我们可以借用物理学中的

“奇点”这个隐喻来描述我们的未来。

在之前的书中，我将意识的基础归纳为信息。我概括地描述了自宇宙诞生以来的六个发展时代或阶段，每一阶段都是基于前一阶段的信息处理而创造出来的。由此可见，智能的进化是通过其他一系列过程来间接推动的。

从宇宙大爆炸到生命诞生再到大脑出现

第一个时代是物理定律和化学定律的诞生，它们使后来发生的一切成为可能。在宇宙大爆炸后的几十万年间，电子围绕由中子和质子构成的原子核运动形成了原子。核内的质子本不应该如此紧密，因为电磁力试图将它们强行推开。然而，碰巧存在一种强大的力叫作强核力，使得质子能够紧密地结合在一起。如果没有这种力，在原子基础上发生的进化将不复存在。

经过数十亿年，原子进化出了能承载复杂信息的分子。在许多分子中，碳是一个最为关键的构建模块，因为它能形成四个化学键，而其他许多原子核只能形成一个、二个或三个键。我们生活在一个复杂的化学世界，这实在是极为罕见的巧合。例如，如果引力的强度稍微弱一点，就不会有超新星产生构成生命的化学元素；如果它稍微强一点，恒星就会在智慧生命形成之前燃烧殆尽。正因为引力常数在一个非常窄的范围内，人类才得以存在。因此，我们所在的宇宙似乎是被精心调谐过的，以允许秩序的存在，从而让生命进化得以展开。

几十亿年前迎来了第二个时代：生命的诞生。分子变得日益复杂，以至于一个分子就能定义一个完整的生物体。于是，有自己 DNA 的生物得以进化并繁衍生息。

紧接着是第三个时代的到来，那些由 DNA 描述的动物进化出了大脑，一个能存储和处理信息的新器官。随着时间的推移，大脑在数百万年里为动物提供了进化优势，反过来又使得大脑变得更加复杂。

在第四个时代，动物，特指人类，利用更高级的认知能力，结合灵巧的对生拇指，得以将复杂的思想转化为实际行动。人类开始创造能够存储和处理信息的技术，从纸莎草纸到现代硬盘，这些技术扩展了人类大脑感知、存储和评估信息的能力。这成为推动进化的一大动力，比以往任何时代的进步都更显著。大脑体积增加的速率为每 10 万年增加 1 立方英寸[①]，而在数字计算方面，性价比几乎每年翻一番。

第五个时代涉及直接将人类的生物认知与数字技术的速度和力量结合起来，即脑机接口。人类大脑的神经处理速度为每秒几百个周期，而数字计算

①1 英寸等于 2.54 厘米。——编者注

的速度为每秒数十亿个周期。除了速度和存储能力，用非生物计算机增强人类的大脑，还允许我们在新皮质上增加更多的层，释放现在难以想象的更为复杂和抽象的认知能力。

在第六个时代，我们的智能将延展至整个宇宙，把普通物质转变为能在最密集计算水平上进行组织的数层计算材料（Computronium）。

在我 1999 年出版的《机器之心》中，我预测**在 2029 年 AI 将通过图灵测试**。图灵测试是指 AI 系统可以通过人类无法区分的文本与人类交流。我在 2005 年出版的《奇点临近》中重申了这一预测。AI 通过图灵测试表明 AI 掌握了人类的语言和常识性推理能力。虽然艾伦·图灵（Alan Turing）在 1950 年提出了这个概念，[1] 却没有具体说明测试该如何进行。在我与米奇·卡普尔（Mitch Kapor）的一个赌约中，我们设定了自己的测试规则，它比其他解释要难得多。

通过图灵测试，实现人机融合

根据我的预测，为了让 AI 在 2029 年通过有效的图灵测试，我们需要在 2020 年以前通过 AI 取得多种智力成就。而事实上，从那时起，AI 已经赢得了人类面临的最棘手的诸多智力挑战，包括博弈游戏，如《危险边缘》，以及像放射学和药物发现等严肃应用。截至目前，如 Gemini 和 GPT-4 这样的顶尖 AI 系统正在将它们的能力拓展至许多不同的领域，这些都是通往通用智能道路上令人鼓舞的成就。

值得注意的是，当 AI 系统真的通过图灵测试时，它必须在很多领域内故意表现得不那么聪明，否则人们将很容易识破。例如，如果它能够即时解决任何数学问题，它就无法通过图灵测试。因此，达到通过图灵测试的水平时，AI 在大多数领域的能力将远超最优秀的人类。

如今，人类正生活在第四个时代，我们的技术已经在某些任务上产生了超越人类理解力的成果。因此，对于图灵测试中 AI 尚未掌握的方面，我们正在快速取得进展。我一直期待着 AI 在 2029 年通过图灵测试，这将带领我们进入第五个时代。

21 世纪 30 年代的一个关键进展将是，人类大脑新皮质的上部连接到云，这将直接扩展我们的思维。到那时，AI 不再是我们的竞争对手，而是人类个体的延伸。当这个时刻来临时，我们大脑的非生物部分的认知能力将比生物部分强数千倍。

随着这种指数级趋势的发展，到 2045 年，人类的思维能力将扩展数百万倍。正是这种变化的速率和规模，使得我们可以借用物理学中的“奇点”这个隐喻来描述人类的未来。

The Singularity Is Nearer

第2章

重塑智能意味着什么

我们将与技术共同创造，

让我们的思维进化以获得

更深刻的洞察力，

并利用这些力量创造出让未来的

心智去体验和领悟的超凡理念。

如果将宇宙的历史看作信息处理方式不断进化的故事，那么人类的篇章就是在这个故事的后半段展开的。这一章要讲述的是，我们从具有生物大脑的动物转变为超越现有身体限制的生命体，即我们的思想和身份将不再被遗传学所局限的故事。**到21世纪20年代，我们即将步入这一传奇变革的最终章——在更为强大的数字基底上重新构建自然赋予我们的智能，并与之融合。这一过程将标志着宇宙从第四个时代迈入第五个时代。**

我们为什么必须重塑智能

这一目标具体会如何实现呢？为了理解重塑智能的含义，我们首先回顾一下AI的诞生，以及随之产生的两大思想流派。我们将结合神经科学有关小脑和大脑新皮质如何产生人类智能的研究，来探讨这两种思想为何会有优劣之分。在梳理深度学习如何再现大脑新皮质功能的现状之后，我们可以对AI达到人类水平还需实现什么，以及我们如何辨认它是否实现了这一目标有一个清晰的评估。最终，我们将探讨在超人类AI的帮助下，如何开发脑机接口，通过虚拟神经元层不断扩展我们的新皮质。这一创举将开启前所未有的思维模式，最终使我们的智能扩展数百万倍，引领我们实现所谓的“奇点”。

AI 的诞生与两大流派之争

1950 年，当英国数学家艾伦·图灵在《心智》(*Mind*) 杂志发表《计算机器与智能》(*Computing Machinery and Intelligence*) 一文时，他就提出了科学史上最深刻的问题之一：“机器会思考吗？”[1] 尽管在此之前，希腊神话中就存在着像塔罗斯 (Talos) 这样的青铜自动机，[2] 但图灵的突破是将这个构想归结为一个可以实证检验的概念。他提出的“模仿游戏”，也就是今日我们所熟知的图灵测试，用来评判机器的计算能力能否够执行与人脑相同的认知任务。在这一测试中，评判员通过即时通信工具与 AI 和人类参与者进行对话，但不知道具体在和谁对话。评判员可以就他们想要了解的任何主题或情况提出问题。如果评判员在一段时间后仍不能区分出哪一个应答者是 AI，那么 AI 就被认为通过了测试。

图灵将哲学思想转变为科学思想的尝试，激发了科研人员高涨的热情。1956 年，斯坦福大学教授约翰·麦卡锡 (John McCarthy) 提出要在达特茅斯学院举办一场为期两个月的研究，共有 10 人参与。[3] 该研究的目的是：

> 这项研究是建立在这样一种猜想基础上的，即关于学习或其他智能特性的方面都可以精确描述，以至于机器可以模拟这些特性。我们将尝试寻找方法，让机器学会使用语言、形成抽象概念、解决目前只有人类才能解决的问题，并且能够自我提升。[4]

在筹备一次科学会议时，约翰·麦卡锡提出将这个未来有望革新其他所有领域的新兴科学领域命名为“Artificial Intelligence”（人工智能，简称AI）。[5] 尽管他本人并不特别钟情于“Artificial”这个单词，因为这似乎意味着这种智能并不是真实的，但最终，这个名称成了被广泛接受的术语。

尽管进行了研究，但在最初规定的两个月时间内，他们并未达成让机器理解自然语言描述的问题的目标。我们直至今天仍在这个问题上孜孜不倦地努力，现在已非当初的十余人之师了。根据 2017 年科技巨头腾讯的统计数据，世界范围内大约有 30 万名活跃的 AI 研究者和实践者。[6] 由琼-弗朗索瓦·加涅（Jean-Francois Gagne）、格雷斯·凯泽（Grace Kiser）和约安·曼塔（Yoan Mantha）联合撰写的《2019 全球 AI 人才报告》（2019 *Global AI Talent Report*）称，大约有 2.24 万名 AI 专家发布了原创研究成果，而其中大约 4 000 人被认为颇具影响力。[7] 斯坦福大学以人为中心的 AI 研究院发布的数据显示，2021 年 AI 研究者发表了逾 49.6 万篇论文和申请了超过 14.1 万项专利。[8] 到 2022 年，全球企业对 AI 的投资飙升至 1 890 亿美元，与过去 10 年相比增长了 13 倍。[9] 当你读到这段文字时，这个数字会更高。

这在 1956 年无疑是难以置信的。那时，达特茅斯学院的研究目标大致相当于创造一个能通过图灵测试的 AI。我自 1999 年出版《机器之心》一书以来一直认为，我们将在 2029 年达成这个目标，尽管当时很多观察家认为这是永远无法实现的里程碑。[10] 直至最近，这样的预测在业界仍被视为过于乐观。例如，在 2018 年的一项调查中，众多 AI 专家预测能达到人类级别的机器智能要到约 2060 年才会出现。[11] 然而，最新的大语言模型研究进展使得人们迅速调整了预期。在我撰写此书初稿时，全球顶尖预测网站 Metaculus 上人们达成共识的时间为 21 世纪 40 年代到 21 世纪 50 年代。然而，最近两年 AI 令人震惊的进步颠覆了这一预期。不出所料，到

2022 年 5 月，Metaculus 的预测与我关于 2029 年的预测达成了共识。[12] 自那以后，预测有时甚至会提前至 2026 年，从技术上讲这意味着我最初的预测是属于慢时间线阵营的！[13]

即便是这个领域的专家们，也对 AI 近期取得的多项突破感到吃惊。不仅因为这些进步比大多数人预期的要早，还因为这些进步似乎是在没有任何预兆的情况下突然发生的。比如，2014 年 10 月，麻省理工学院的人工智能和认知科学权威托马索·波吉奥（Tomaso Poggio）预测，机器识别图像内容的能力至少还需要 20 年的研究。[14] 因为对于机器来说，描述图像内容的能力将是最具智力挑战的事情之一，需要另一轮的基础研究来解决这类问题。但在紧随其后的下一个月，谷歌就推出了能够完成这一任务的物体识别 AI。当《纽约客》杂志的记者拉菲·哈查多里安（Raffi Khatchadourian）问他这个问题时，波吉奥退回到了一种更具哲学性的怀疑态度，即对“这种能力是否代表真正的智能”表示了怀疑。我提到这一点，并不是要批评波吉奥，而是想指出一个我们可能都有的倾向：在 AI 达成某项目标之前，我们会认为这个目标非常困难，几乎是人类的专利。然而一旦 AI 实现了这个目标，这项成就在我们眼中似乎就变得没有那么了不起了。也就是说，**我们取得的进步，实际上要比我们回顾时认为的更加重大。**这也是我对于 2029 年的预测依旧持乐观态度的原因之一。

在探索为何会出现这些突如其来的超越时，答案存在于一个理论问题中，这个问题可以追溯到该领域诞生之初。在我读高中时，也就是 1964 年，我有幸见到了 AI 领域的两位奠基人：马文·明斯基（Marvin Minsky）① 和弗

①AI 领域的先驱之一，麻省理工学院人工智能实验室创始人。其代表作《情感机器》提出了一条从探索人类思维的本质到创建情感机器的 AI 发展之路，本书中文简体字版已由湛庐引进、浙江人民出版社出版。——编者注

兰克·罗斯布拉特（Frank Rosenblatt）。明斯基是达特茅斯会议的组织者之一。随后的1965年，我进入了麻省理工学院，师从于他。他的基础性工作为我们今天目睹的AI的惊人进步奠定了基础。明斯基教导我，创建问题的自动化解决方案的技术主要有两种：一种是符号主义方法，另一种是联结主义（也称连接主义）方法。

符号主义方法，就是用一套基于规则的术语来描述人类专家解决问题的过程。这种方法有时十分有效。比如，在1959年，兰德公司研发了一款名为“通用问题求解器”（General Problem Solver）的计算机程序，它能使用一系列简单的数学公理来解决各种逻辑问题。[15] 赫伯特·西蒙（Herbert Simon）、J. C. 肖（J. C. Shaw）和艾伦·纽厄尔（Allen Newell）是这个项目的研发人员。他们打造的通用问题求解器理论上能解决任何可以转换成用一系列格式规整的公式表示的问题。简而言之，就是它必须在过程中的每个阶段使用一个公理，逐渐搭建起回答问题的数学证明。

这个过程跟代数的方法非常类似。举个例子，假设你知道2+7=9，你还知道有个未知数x加上7之后等于10，你便可以推导出x=3。不仅仅是解方程，这种逻辑解法应用范围极其广泛。当我们在判断某个事物是否符合某个定义时，我们也会在不知不觉中使用这个逻辑。比如，如果你明白质数只能被1和它自己整除，当你发现11是22的一个因数，并且1不等于11的时候，你就能肯定22不是质数了。通用问题求解器正是依托这种方法去处理更复杂的问题的，这其实跟人类数学家所做的本质相同。不同的是，理论上来讲，机器能够尝试每一种可能的方法去组合基本公理，进而寻找正确解法。

想象一下，如果在每个决策点都有10个这样的公理可以选择，并且假设你需要 20 个这样的公理来得到一个解决方案，那可能性就达到了惊人的 10^{20}，也就是 1 000 亿亿种可能的解法。用现代计算机来处理如此庞大的数据量是可行的，但 1959 年时的计算速度远不能满足。当时最强的 DEC PDP-1 计算机每秒只能执行大约 10 万次操作，[16] 而到了 2023 年，谷歌 Cloud A3 虚拟机每秒可以执行大约 26 000 000 000 000 000 000 次操作。[17] 现在，我们用一美元可以买到的计算能力是通用问题求解器发明时的 1.6 万亿倍。[18] 用 1959 年时的技术需要数万年才能解决的问题，现在在零售计算硬件上只需要几分钟。为了弥补其局限性，通用问题求解器设置了启发式程序，试图对可能的解决方案的优先级进行排序。启发式方法有时是有效的，它们的成功证实了这样一种观点，即计算机化的解决方案最终可以解决任何严格定义的问题。

另一个例证是在 20 世纪 70 年代研发的名为 MYCIN 的系统，该系统被用于诊断和提供针对传染病的治疗建议。1979 年，一组专家评估了 MYCIN 的性能，并将其与人类医生进行比较。结果显示，MYCIN 的表现不仅和任何医生一样好，甚至在某些方面做得更好。[19]

一个典型的 MYCIN“规则”如下。

当下述条件均满足时（IF）：

1. 需要治疗的感染是脑膜炎；
2. 感染的类型属于真菌性；
3. 培养样本的染色过程中未观察到任何微生物；
4. 患者不是已感染的宿主；
5. 患者曾经到访过球虫病流行区域；
6. 患者属于特定种族，如非洲人、亚洲人或印度人；
7. 患者的脑脊液中隐球菌抗原检测结果未见阳性。

那么（THEN）：有证据表明（0.5 的可能性），隐球菌可能不是引起感染的微生物之一，除了在培养和涂片中看到的。[20]

在 20 世纪 80 年代后期，这些“专家系统”开始运用概率模型，并且结合各种证据来源来做出决策。[21] 虽然单个“如果－那么”（IF-THEN）规则本身可能不足以解决问题，但是当成千上万这样的规则结合起来之后，整个系统就能够为一个有约束条件的问题提出可靠的决策了。

尽管符号主义方法已被使用了半个多世纪，但它存在一个主要瓶颈——复杂性的上限。[22] 以 MYCIN 等系统为例，当它犯下错误时，对错误的纠正也许能够解决眼前的问题，反过来又会引起在其他情境下的三个错误。这种局限意味着它们能够解决的实际问题的范畴非常有限。

我们可以将基于规则的系统复杂性看作一系列可能的故障点。数学上讲，有 N 个项目就存在 2^{N-1}（不包含空集）个字集。因此，如果 AI 只使用有一条规则的规则集，那么就只有一个潜在的故障点，即这条规则能否正常工作。如果有两条规则，那就有三个潜在故障点：每条规则各自的工作情况以及它们组合在一起时相互之间的影响。而且这个数量是以指数形式上升的。5 条规则能产生 31 个故障点，10 条规则能产生 1 023 个故障点，100 条规则的故障点则超过了数千亿亿亿个，1 000 条规则的故障点更是高达一个古戈尔的古戈尔次方（googol googol googols)！随着规则数量的累积，每增加一条新规则，就会显著增加更多的故障点。即使极少数的规则组合可能产生新问题，在某一点，新增一条规则用以解决一个问题很可能会引发更多的问题。这就是复杂性的上限。

Cyc 项目是运行时间最长的专家系统之一，由 Cycorp 公司的道格拉斯·莱纳特（Douglas Lenat）及其同事们创建，于1984年启动。[23]Cyc的目标是编码人类的所有“常识性知识”，这些众所周知的事实存在于各个领域，如“掉落的鸡蛋会破碎”，或者“一个孩子穿着脏鞋在厨房里跑会让父母感到不快”。这些数以百万计的小常识并没有明确写在某个地方，而是人类理念和推理背后不言而喻的假设，它们对于理解一个普通人在多个领域的知识是必不可少的。但是，由于Cyc系统同样以符号规则形式表示这些知识，它仍然免不了要面对复杂性的上限这一挑战。

20世纪60年代，正是在明斯基的指导下，我开始了解符号主义方法的利弊。同时，我也逐渐领会到联结主义方法的附加价值。联结主义主张通过网络化的节点结构来生成智能，而非依赖于内容。与使用智能规则不同，通过哑节点，它们能直接从数据中挖掘出深层次的洞见。这样的系统可以发现那些人类程序员在设计符号规则时未曾想到的细微模式，它们甚至能在完全不理解问题的情况下解决问题。即使我们能够精确制定并执行无错误的规则来解决象征性的AI问题，我们对于哪些规则最佳的不完美理解也会带来限制。当然，现实中我们做不到这一点。

虽然这种方法非常适合应对复杂问题，但它也有缺陷。联结主义AI很容易变成一个“黑盒子”，它能提供正确答案，却无法解释答案是如何得出的。[24]这可能导致重大的挑战，因为在涉及医疗、执法、流行病学和风险管理等高风险决策领域，人们希望能够理解决策背后的逻辑。因此，现在许多AI专家正致力于提高基于机器学习的决策过程的“透明度”[25]（或者说是“机制解释性”）。然而，随着深度学习技术越来越复杂和强大，透明度能达到的效果还未可知。

然而，在我最初涉足联结主义时，当时的系统要简单得多。我们的初衷是创建一个基于人类神经网络工作方式启发的计算机模型。一开始，这一想法非常抽象，因为我们在构想这一方法时，尚未对生物神经网络的具体组织方式有深入的理解。

神经元网络结构

图 1-1 中展示了简化后的神经网络结构。

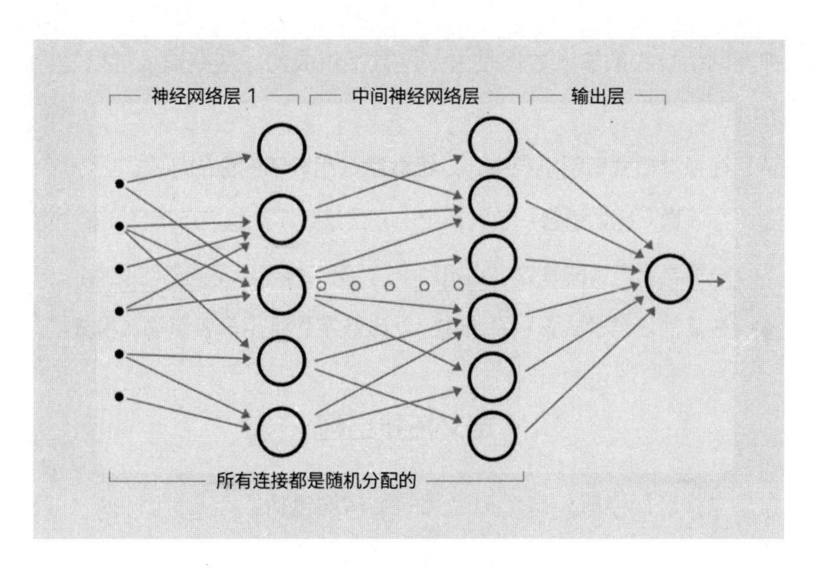

图 1-1　简单神经网络结构

这是一种基础的神经网络算法结构示例。设计这样的系统可以有多种变化，但需要设计者提供以下详述的一些关键参数和方法。

要使用神经网络解决问题，通常需要经过以下几个步骤：

- 定义输入。
- 定义神经网络的拓扑结构，也就是神经元层以及神经元之间的连接。

- 在示例问题上训练神经网络。
- 利用训练好的神经网络解决问题的新例子。
- 让你的神经网络公司上市。

以下详细描述了上述步骤（除了最后一步）。

问题输入

神经网络接收的输入数据是由一串数字组成的。这些输入可以是：

- 在视觉模式识别系统中，二维数字数组表示图像的像素。
- 在听觉（比如语音）识别系统中，二维数字数组表示声音，其中第一维表示声音的参数（比如频率），第二维表示不同的时间点。
- 在其他任意模式识别系统中，n 维数字数组用来表示输入模式。

定义拓扑结构

在建立神经网络时，每个神经元的结构均包括：

- 多个输入端，每个输入端都会与其他神经元的输出端或某个输入端连接。
- 一般来说有一个单一输出，这个输出通常会连接到更高层级的神经元的输入端，或者是最终的输出端。

设置第一层神经元

- 要在网络的第一层放入 N_0 个神经元。将每个神经元需要的多个输入"连接"到问题输入中的点（即数字）。这些连接可以是随机的，也可以使用进化算法（将在后续讨论）。

- 给每一个建立的连接分配初始的“突触强度”，或者说是权重。这些权重既可以设置成相同的值，也可以随机分配，或者通过其他方法决定（稍后将展开说明）。

设置更多层的神经元

整个网络中要设置 M 层神经元。对于网络中的每一层，都需要在那一层设置神经元。

对于第 i 层来说：

- 在这一层创建 N_i 个神经元。然后，让这些神经元的输入与上一层（第 i–1 层）神经元的输出相“连接”（不同的连接方式会在下文介绍）。
- 为上述连接分配初始的“突触强度”，也就是权重。同样，这些权重可以在开始时设定为相同值，可以随机分配，或者以其他方式确定（稍后将展开说明）。
- 最后，在第 M 层中，神经元的输出即为整个神经网络的输出（输出的处理方式会有不同变体）。

识别试验

首先，我们要了解每个神经元是如何工作的。神经元配置好之后，它会在每次识别试验中执行如下操作：

- 神经元会计算每一个加权输入，具体是把连接到的另一神经元

（或初始输入）的输出与其突触强度相乘。

- 神经元将对所有加权输入求和。
- 如果求和的结果超过了神经元的激发阈值，那么这个神经元就被认为是触发了，其输出为 1；如果没有超过，输出则为 0（后续会讨论不同的处理方式）。

其次，每一次识别试验，从第 0 层开始直至第 M 层，层中的每个神经元都要遵循以下步骤：

- 将其所有加权输入求和，加权输入等于其他神经元的输出（或初始输入）与该神经元连接处突触强度的乘积。
- 如果加权输入的总和超过了神经元的激发阈值，那么就把这个神经元的输出设为 1，否则设为 0。

训练神经网络

- 在示例问题上运行重复的识别试验。
- 每一次试验之后，调整所有神经元之间连接的突触强度，以提高本次试验中神经网络的表现（具体怎么做，请参见下文讨论）。
- 持续进行这样的训练，直到神经网络的准确率不再提高（即接近极限值）。

关键设计决策

在上述方案的简单版本中，这个神经网络算法的设计者需要一开始就确定以下内容：

- 输入数字代表什么。
- 神经元层数。
- 每层神经元的数量（每一层不一定要有相同数量的神经元）。
- 每层中每个神经元的输入个数。输入个数（即神经元之间的连接）也可以从神经元到神经元、从层到层各不相同。
- 实际的“布线”（即连接）。对于每层中的每个神经元，它由其他神经元的列表组成，它们的输出构成了此神经元的输入。这代表了一个关键的设计领域。实现这一点有以下几种可能的方法：

  (i) 随机连接神经网络；
  (ii) 使用进化算法（见下文）来决定一个最佳布线；
  (iii) 使用系统设计者的最佳判断来确定布线。

- 每个连接的初始突触强度（即权重）。这里有许多可能的方法：

  (i) 将突触强度设为相同的值；
  (ii) 将突触强度设为不同的随机值；
  (iii) 使用进化算法来确定一组最优的初始值；
  (iv) 使用系统设计者的最佳判断来决定初始值。

- 每个神经元的触发阈值。
- 确定输出。输出可以是以下内容：

  (i) 神经元层 M 的输出；
  (ii) 单个神经元的输出，其输入为 M 层中神经元的输出；
  (iii) M 层神经元输出的函数（例如求和）；
  (iv) 多层神经元输出的另一个函数。

- 确定在神经网络训练过程中如何调整所有连接的突触强度是一个关键的设计决策，也是许多研究和讨论的主题。有几种可能的方法可以做到这一点：

  (i) 对于每次识别试验，使每个突触的强度提高或降低一个固定的值（通常很小），以便让神经网络的输出结果更接近正确答案。一种方法是尝试增加和减少两种操作，看哪种效果更理想。这种方法可能非常耗时，因此还存在其他方法来局部决定是提高还是降低每个突触的强度。

  (ii) 有其他统计方法可用于在每次识别试验后修改突触强度，以便使神经网络在该试验中的表现更接近正确答案。

  (iii) 请注意，即使训练试验的答案不全是正确的，神经网络的训练也是有效的。这允许使用可能具有固有错误率的真实世界的训练数据。神经网络基础识别系统成功的一个关键在于用于训练的数据量。通常需要大量的数据才能获得满意的结果。就像人类学生一样，神经网络学习课程的时间量是影响其表现的关键因素。

变体

上述方法有许多可行的变体：

- 确定拓扑结构的方法有很多种。特别是，神经元之间的连接可以随机设置，也可以使用进化算法，模仿突变和自然选择对网络设计的影响来确定。
- 设置初始突触强度的方法也不尽相同。
- 第 i 层中神经元的输入并不一定需要来自层 i-1 中神经元的输出。

相反，每一层中神经元的输入可以来源于任何更低层或更高层。
- 确定最终输出的方式也有不同。
- 上面描述的方法会导致“全有或全无”（1 或 0）的触发，这被称为非线性。还有其他非线性函数可以使用，通常使用的是一种从 0 到 1 的函数，以快速但更渐进的方式进行。同样，输出可以是除 0 和 1 之外的其他数字。
- 在训练过程中调整突触强度的不同方法代表了关键的设计决策。

上述模式描述的是一个“同步”神经网络，在每次识别试验中，从第 0 层开始到第 M 层，依次计算出每一层的输出。在一个真正的并行系统中，每个神经元独立于其他神经元运作，神经元可以“异步”（即独立地）运作。在异步方法中，每个神经元不断扫描输入，并且在加权输入之和超过阈值（或者其输出函数指定的任何值）时触发。

我们的目标是找到具体的实例，系统可以从中找出解决问题的方法。一个典型的起点是神经网络的连接和突触权重是随机设定的，在未经训练的状态下，神经网络给出的回答也是随机的。神经网络的核心任务便是学习，它的主题就像它所模仿的哺乳动物大脑一样（至少大致如此）。初始时，神经网络对相关知识“一无所知”，但它被编程为最大化“奖励函数”。接着，它接收到训练数据，比如标注好的含有柯基犬图像和不含柯基犬的图像。当神经网络输出正确的识别结果时，比方说准确辨识出图片中是否有柯基，它便会收到奖励性反馈。这种反馈可以用来调整神经元间连接的强度——与正确答案相一致的连接会加强，而提供错误答案的连接则会减弱。

经过一段时间的学习，神经网络能够自主提供正确答案，不再需要外部指导。实验显示，即使教师的指导存在不可靠因素，神经网络也能有效学习。例如，在标注正确率只有 60% 的情况下，神经网络仍能以超过 90% 的高准确度掌握所学知识。在某些情况下，甚至使用更小比例的准确标注也取得了有效的学习结果。[26]

我们可能会不解，一个老师如何能让自己的学生“青出于蓝”，同样，错误百出的数据如何能够训练出表现出色的神经网络。其实，错误可以相互抵消。假设你正在训练一个神经网络以识别手写数字 8，从一堆 0 至 9 的数字样本中学习。同时，假设有 1/3 的标注是错误的，比如把 8 标成了 4，把 5 标成了 8 等。如果训练数据集足够庞大，这些错误就会相互抵消，不会让学习过程产生特定方向的偏差。它们保留了数据集中关于数字 8 特征的有用信息，使神经网络得以按照高标准进行训练。

尽管如此，早期的联结主义系统仍有其局限性。由单层网络组成的神经网络在数学上并不能解决某些类型的问题。[27] 在 1964 年，我访问了在康奈尔大学的弗兰克·罗斯布拉特教授，他向我展示了一个职能单一的神经网络——感知机，它能够识别印刷字母。我对输入样本进行了一些简单的改动，发现尽管这个系统能够通过自行关联识别字母（即便它们的一部分被遮挡），但在识别字体和字号有改动的字母时，它的表现就不尽如人意了。

尽管明斯基早在 1953 年就对神经网络进行了开创性的研究，但他在 1969 年对人们对这个领域的兴趣激增现象表达了批评。他与西摩·帕普特（Seymour Papert）是麻省理工学院人工智能实验室的两位联合创始人，他们合著了一本名为《感知机》（*Perceptron*）的书。这本书正式阐明了感知机为何本质上无法识别印刷图像线条是否连通的问题。来自《感知机》封面的图片展示了这一点（见图 2-1）。图片左侧展示的是一系列非连通的线条（黑色线条没有形成一个完整图形），而图片右侧中的线条则是连通的（黑色线条形成了一个整体)。人类和简单的软件程序可以轻松辨别这种连通性，然而，像罗斯布拉特设计的 Mark 1 这样的前馈感知机（节点之间的连接没有形成任何回路）却无法完成这个任务。

图 2-1 《感知机》封面用图

核心问题在于，前馈感知机无法利用异或（XOR）功能去解决问题，而异或功能正是用来判断图像中的线段是否属于一个连续的整体，而不是另一个形状的一部分的关键。单层节点网络由于结构限制，在没有反馈机制的情况下，无法实现异或运算。异或运算需要一个反馈步骤，而非简单的线性规则（如“如果这两个节点都触发，则输出为真”），它要求的是“如果这两个节点中的任何一个触发，但不同时触发，则输出为真”。

这个结论不仅导致联结主义领域的资金来源大幅减少，也使得该领域在之后的几十年没能获得关注。但早在 1964 年，罗斯布拉特本人就曾向我透露过，感知机处理不变性能力不足原因在于其缺少足够的网络层级。如果能将一个感知机的输出引导到下一层类似的网络中，其输出将会更具泛化能力，随着这一迭代过程的不断重复，它最终将越来越胜任处理不变性问题。只要有足够多的层级和训练数据，感知机就可以处理极为复杂的问题。当我询问他是否尝试过此方法时，他表示还没有，但这在他的研究计划中优先级很高。这一深刻的洞见如今显得极具先见之明，可惜的是，罗斯布拉特在 1971 年去世，没来得及验证自己的理论。直到大约 10 年后，多层网络才被广泛采用。然而，当时的计算能力和数据量都限制了多层网络的应用。而今天 AI 领域的巨大发展，就得益于在罗斯布拉特提出这一构想 50 多年后，多层神经网络的广泛使用。

因而直到 21 世纪前 10 年中期之前，联结主义的 AI 研究方法一直未能得到广泛应用，直到硬件技术的飞速进步使这些方法的庞大潜能得以释放。随着计算成本的降低和可用资源的增加，这些方法终于能够展现出它们真正的实力。在 1969 年《感知机》问世至 2016 年明斯基逝世这段时间内，计算的性价比（按通货膨胀水平调整后）提升了约 28 亿倍，[28] 进而为研究 AI 可能采取的方法带来了翻天覆地的变化。我在明斯基离世之前与他对话时，他表示为《感知机》对世界产生了巨大的影响表示遗憾，因为那时联结主义在这个领域内取得了普遍成功。

如此来看，联结主义算得上是类似达·芬奇航空器发明的一个例子——当年的这些构想极具前瞻性，却因缺乏更轻、更坚固的材料而未能变为现实。[29] 然而，一旦硬件的能力赶上来，例如能构建出 100 层的庞大连接网络，这些想法就变得可行了。作为结果，这些系统能够解决以前从未被解决过的问题。这便是驱动过去几年中 AI 领域所有最激动人心的进步的核心范式。

小脑：用模块构建“无意识的能力”

为了在人类智能的背景下理解神经网络，我们先暂时回到宇宙的起点。宇宙初创时，物质向更高级的有序状态的转变缓慢无比，这是因为当时还没有大脑来推动这一进程（关于宇宙是否有编码有效信息的能力，请参阅第 3

章中的相关内容）。要进化出更为细致的结构，所需的时间长达数亿至数十亿年。[30]

事实上，直到数十亿年后，分子才开始编写指令以孕育生命。科学家们对现有资料虽各有不同的解读，但大多数人认为地球生命最早出现于35亿至40亿年前。[31]据估计，宇宙已有138亿年的历史（这是自宇宙大爆炸以来经过的时间），而地球约在45亿年前形成。[32]也就是说，在最初的原子形成和地球上第一批能自我复制的分子出现之间，大约有100亿年的时间间隔。这一延迟可能部分由随机性造成的——我们并不清楚，在地球上的“原始汤”环境中，分子以正确的方式结合的概率有多小。生命有可能更早出现，也可能更晚才出现。然而所有这些必要条件在成为可能之前，必须经历整个恒星生命周期，因为恒星可以将氢聚变成重元素，而这些元素是复杂生命赖以存在的基础。

根据科学家们的最新推断，从地球上出现第一批生命到多细胞生命的诞生，大约过去了29亿年。[33]接着又过了5亿年，动物才开始在陆地上活动。又过去了2亿年的时间，哺乳动物才出现。[34]以大脑为例，从最初原始的神经网络形成到最早的具有三部分构造的集中式大脑出现，时间跨度超过1亿年。[35]第一个基本的新皮质直到再过3.5亿至4亿年后才出现，再过约2亿年，现代人类的大脑才最终形成。[36]

在此期间，拥有更复杂大脑的生物在进化中获得了明显的优势。当动物们为资源竞争时，那些智力较高的往往更易胜出。[37]与之前的演变相比，智力的发展历经的时间相对较短：**仅数百万年，显现出明显的加速趋势**。在哺乳动物的祖先中，大脑的一个重要变化发生在小脑区域。如今的人类大脑中，小脑中的神经元数量甚至超过了负责高级功能的新皮质。[38]小脑能够储存并触发众多控制运动任务的脚本，例如签名便是其中之一。（这些脚本通常被非正式地称为“肌肉记忆”，虽然这并非肌肉本身的现象，而是基于小脑的作用。随着动作的反复执行，大脑就会适应，使动作变得更容易，进入潜意识，就像许多马车的车轮碾压过之后，把车辙压成一条小路一样。）[39]

想象在草坪上抓住一个飞来的球。从理论上讲，我们可以通过精确计算球的轨迹以及我们自身的运动来抓住球。但实际上，大脑中并没有装置来解决复杂的微分方程。我们只能将这个问题简化为：如何有效地将手置于球和身体之间。小脑会假设你的手和球在每次接球时应该出现在相似的相对位置。如果感觉到球下降得太快，手动作太慢，小脑会迅速调整，让你的手更快地移动到熟悉的相对定位。

这些由小脑控制的动作，实际上是一种将感官信息转化为肌肉运动的过程，与数学中的“基函数”概念类似，让我们能够在不解微分方程的情况下也能抓到球。[40] 小脑还能帮助我们预判动作，即便我们最后没有采取行动。例如，小脑可能会告诉你：你可以接到球，但这么做可能会导致与其他球员碰撞，因此也许你不应该采取行动。这些判断和动作，多半是无意识的直觉反应。

同样，如果你在跳舞，你的小脑也会在你没有意识到的情况下指导你的动作。因受伤或疾病导致小脑功能不全的人，虽然可以通过大脑皮层主动控制自己的行为，但这需要额外集中精力，并可能出现共济失调的问题。[41]

掌握某项体育技能，关键在于通过充分练习将技能内化为肌肉记忆。原先需要有意识思考和保持专注才能完成的动作，渐渐变得自然而顺畅，这实际上就是从大脑运动皮层控制向小脑控制的转变。不管是投掷球、还原魔方还是弹钢琴，所需要的有意识的心智努力越少，你就越有可能表现得更好。你的动作会变得更快、更流畅，可以将注意力用于其他可以提升表现的方面。当音乐家们熟练地演奏乐器，他们可以像我们平时唱“生日快乐”歌那样毫不费力、直觉般地奏出一个给定的音符，但问及如何控制声带发出准确音符时，大多数人无法用语言描述这一过程。这就是心理学家和教练们所说的“无意识能力”，因为我们并不需要有意识地去想它。[42]

然而，小脑的这种能力并不是某种极其复杂的结构的结果。尽管小脑包含了成年人（或其他物种）大脑中的大多数神经元，但基因组中关于其整体设计的信息并不多，它主要由小而简单的模块组成。[43] 神经科学家发现，小脑由成千上万个以前馈结构排列的小型处理单元组成。[44] 这为我们更好地理解完成小脑功能所需要的神经架构提供了基础，并可能对 AI 领域的研究提供有用的见解。

小脑的各个模块都有狭窄的功能定义，在你弹钢琴时控制你手部运动的模块与你走路时控制腿部运动的模块并不相同。尽管小脑从古至今都是大脑中不可或缺的组成部分。但随着我们更灵活的新皮质在现代社会中占据主导地位，人类对小脑的依赖越来越小。[45]

在动物王国中，哺乳动物携带了新皮质这一独特优势，而非哺乳动物则没有这一优势。后者的小脑精确记录下了生存所需的关键行为，这类由小脑驱动的动物行为被称作固有行为模式。与通过观察及模仿习得的行为不同，这些行为是一个物种的成员与生俱来的。哺乳动物身上有些相当复杂的行为也是天生的。例如，鹿鼠挖短洞，而海滩鼠会挖带逃生通道的长洞。[46] 就算是从未有过挖洞经验的实验室鹿鼠和海滩鼠，一旦把它们放在沙地之上，它们也能挖出各自物种特有的洞穴类型。

在大多数情况下，小脑中负责特定动作的机制会在物种中一直延续下去，直到拥有改进动作的种群通过自然选择胜过它。依靠基因驱动的行为适应环境的速度要远慢于通过学习驱动的行为。学习使得生物可以在其一生中有意识地调整自己的行为，而先天行为的变化仅限于历经多代的渐进性改变。不过，有趣的是，计算机科学家有时采用“进化”方法来反映由基因决定的行为。[47] 他们会创建一系列具备随机特征的程序，并测试它们完成特定任务的表现。那些表现良好的可以将它们的特征结合起来，类似动物繁殖时的基因混合。接着，程序中会引入随机的“变异”，以观察哪些可以增强性能。经过多代的迭代优化，这些程序可以用人类程序员可能想象不到的方式解决问题。

然而，自然界中实现这种进化方式需要耗费数百万年的时间。尽管这个过程显得十分缓慢，但我们不妨回想一下，在生物出现之前的进化过程，如生命所需的复杂前体化合物的形成，往往需要数亿年时间。因此，从这个角度看，小脑实际上起到了加速进化的作用。

新皮质：层次分明、可自我调整的灵巧结构

为了取得更快的进展，进化需要设计出一种方法，让大脑在无需等待基因变化重新配置小脑的情况下发展出新的行为。新皮质应运而生，字面意思是“新的皮质”，大约在 2 亿年前随着哺乳动物的诞生而出现。[48] 早期的哺乳动物外形酷似现今的啮齿动物，它们的新皮质如邮票一般大小、薄厚，紧紧包裹着它们那核桃般大小的大脑。[49] 但新皮质的组织方式比小脑更加灵活。它不是由一个个控制不同行为的不同模块构成的，而是一个整体协作的网络。因此，它能够产生一种新的思维方式，它可以在几天甚至几小时内创造出全

新的行为方式，为学习之路铺平了道路。

在2亿年前，由于环境变化非常缓慢，非哺乳类动物对环境的适应之慢并不是问题。环境的改变往往需要数千年，才会促使小脑发生相应的改变。因此，新皮质似乎是在等待某场大灾变，来获得统治地球的机会。最终，这场灾变——我们现称之为白垩纪大灭绝，发生在6 500万年前，也就是新皮质出现1.35亿年后。由于小行星的撞击，可能还有火山爆发，这些事件联手改变了地球的环境，导致约75%的动植物物种，包括恐龙，走向了灭绝的深渊（尽管我们熟知的恐龙消失了，但一些科学家认为，鸟类或许是恐龙的一个幸存的分支）。[50]

新皮质凭借其快速创造解决方案的能力，在此时登上了生物界的舞台。哺乳动物的体型随之增大，它们的大脑发育速度更快，占据了体重更大的比例。新皮质更是迅猛伸展，通过发展出皱褶来大幅扩大其表面积。如果把人类的新皮质展平，其面积和厚度堪比一张餐巾。[51]但由于其复杂精妙的构造，如今新皮质的重量大约占整个人类大脑的80%。[52]

我在2012年出版的《人工智能的未来》中详细介绍了新皮质的运作机制，这里我将简要介绍其核心概念。新皮质由简单的重复结构组成，每个单元包含大约100个神经元。这些功能模块能够学习、识别以及记忆各种模式，并且组织成层级结构，每一层级都能掌握更复杂的概念。这些重复的子结构被称为皮质微柱。[53]

科学家估算，人类大脑内大约拥有210亿到260亿个神经元，其中有90%位于新皮质。[54]以每个皮质微柱约有100个神经元来计算，我们大脑中大约含有2亿个这样的结构单位。[55]与按部就班执行任务的数字计算机不同，最新研究显示，新皮质的各个模块采用了大规模并行的处理方式，[56]也就是说，许多不同的事情可以同时发生。这种机制让大脑成为一个充满活力的系统，也使得对它进行计算建模变得极具挑战性。

神经科学目前虽然还未完全揭开神经系统的所有秘密，但对皮质微柱的构造和连接方式的基础性认识，为我们理解它们的功能提供了线索。大脑中的神经网络与安置在硅硬件中的人工神经网络非常相似，都采用了分层的结构，将输入的原始数据（在人类身上是感官信号）和输出（在人类身上是行为）分开。这种组织方式允许信息处理时进行多层次抽象，从而形成了我们认为属于人类的复杂认知功能。

在与感觉输入直接相连的最底层，某个模块可能会将给定的视觉刺激识别为某种曲线形状。随着信息向上流动，其他层次的模块会对下层模块的输出进行进一步加工，添加更多的上下文信息，进行抽象层面的处理（见图 2-2）。这样，距离感官输入更远的高级层次可以识别出曲线形状是一个字母的一部分，进而识别出这个字母所属的单词，并将这个单词与其丰富的语义联系起来。最顶层处理的是更加抽象的概念，例如判断一句话是否富有幽默感或者带有讽刺意味。

尽管新皮质层级数量决定了它相对于从感官输入向上传播的一组信号的抽象水平，但这个处理过程并不是单向的。新皮质的 6 个主要层级会在两个方向上动态地相互交流，所以我们不能断定抽象思维只在最高层发生。[57]相比之下，从物种的角度考虑层次与抽象的关系更有意义。换句话说，人类拥有多个层次的新皮质使我们具有更强的抽象思维能力，超越了皮质构造更简单的其他生物。而一旦我们能将新皮质与云计算直接结合，我们就能解锁更强的抽象思维的潜力，远超目前有机大脑所能实现的能力。

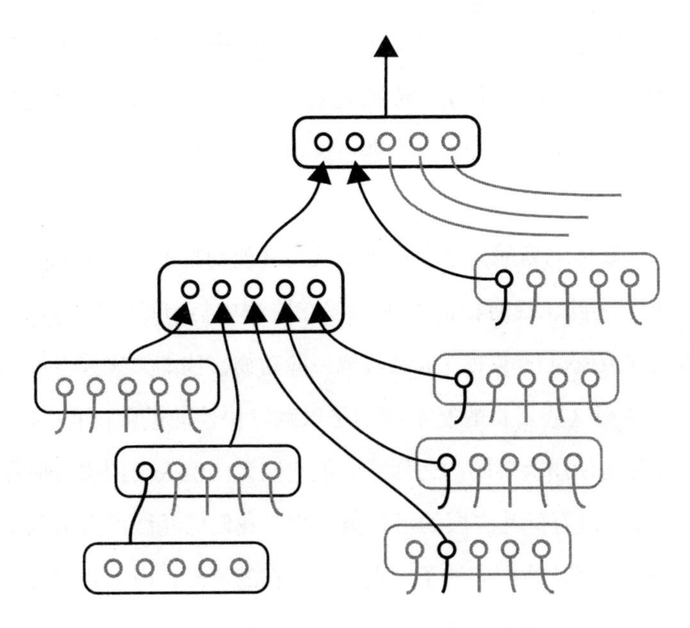

图 2-2　新皮质的分层结构

这些抽象概念的神经学基础是最近才发现的。在 20 世纪 90 年代末，一位 16 岁女性癫痫患者接受了脑部手术，神经外科医生伊扎克·弗里德（Itzhak Fried）让这名患者保持清醒，以便对正在发生的事情做出反应。[58] 这在理论上是可行的，因为大脑中没有疼痛感受器。[59] 在对她的新皮质的特定点位进行刺激时，她会发笑。弗里德和他的团队很快意识到，这是因为触发了患者对幽默的实际感知。这不仅仅是本能反应，而是患者真的认为当前情境很有趣，尽管手术室内并没有发生可笑的事。当医生追问她为什么笑时，她并没有回答说“哦，没有特别的原因”或“你们刚刚刺激了我的大脑”，而是立即找到原因来解释，比如她用这样的评论来解释她的笑声：“你们这些家伙站在那里真是太有趣了。”[60]

定位和触发大脑皮层中负责发现有趣事物的位点的可行性表明，它对应的是幽默、讽刺等概念。其他一些非侵入性的测试也证实了这一发现。例如，当我们阅读充满讽刺意味的句子时，大脑中被称为“心智网络理论”（Theory of Mind Network）的区域会被激活。[61] 新皮质的这种抽象思维能力，让我们得以创造出语言、音乐、幽默、科学、艺术和技术等文化成就。[62]

尽管有些媒体的新闻标题会让人误认为其他动物也能做到这些，但实际上，除了人类之外，没有任何物种能够在脑海中打节拍、讲笑话、发表演讲，或者写作或阅读这本书。虽然其他一些动物，比如黑猩猩，可以制作原始的工具，然而这些工具的复杂度不足以触发快速的进化过程。[63] 类似地，虽然一些动物也使用简单的沟通形式，但它们无法像人类用语言那样交流等级观念。[64] 作为没有额叶皮层的灵长类动物，我们已经做得很出色了，可新皮质的进一步发展让我们能够了解世界与存在的概念，由此我们就不单单是一种高级动物，而且是哲学动物。

然而，大脑的进化只是人类作为一个物种进化中的一部分。尽管人类的新皮质功能强大，但如果没有另一个关键的身体结构创新，即拇指，人类的科学和艺术成就也不会实现。[65] 大脑新皮质与人类相当或比人类更大的动物，比如鲸鱼、海豚和大象，因为没有能够精确操控天然材料并将其改造成工具的对生拇指，所以无法达到人类的成就。这一点告诉我们，人类在进化上是极其幸运的。

同样幸运的是，我们的新皮质不仅仅具有分层结构，其连接方式也是新颖而强大的。模块化的层次结构并非新皮质的独有特性——小脑也存在层次结构。[66] 使新皮质独树一帜的是三个关键特点：

- 特定概念的神经元触发模式可以在整个结构中广泛传播，而非仅在它产生的特定区域；

- 特定触发模式可以与许多不同概念的相似特征相关联，相关概念通过相似的触发模式来表示；
- 数以百万计的模式可以在新皮质内同时触发，[67] 并以复杂的方式相互作用。[68] 这些特点赋予了哺乳动物，尤其是人类以创造性。

例如，新皮质内高度复杂的连接能够产生丰富的联想记忆。[69] 这样的记忆就像是百科词条，它随着时间的推移可以改变，而且可以从多个不同的链接点被访问。记忆可以是多感官的，可以通过嗅觉、味觉、听觉或其他任何感官输入来唤起。

此外，新皮质放电模式的相似性促进了类比思维的发展。例如，代表手部位置下降的模式与表达声音音高下降的模式有关，甚至与温度的下降或帝国的衰落等隐喻性降低的概念相关。这样一来，我们就能够从一个领域中学到一个概念，并将其应用于完全不同的另一个领域，从而形成一个模式。

人类历史上许多重要的智力飞跃，都与新皮质具有的在不同领域间类比的能力密不可分。达尔文的进化论就源于达尔文对地质学的类比。在查尔斯·达尔文之前，西方科学界普遍认为，每个物种都是上帝单独创造出来的。早期也曾有人提出过一些类似的进化理论，尤其是让-巴蒂斯特·拉马克（Jean-Baptiste Lamarck）。拉马克认为，动物有逐渐进化成为更复杂的物种的天然趋势，并且后代能够继承父母在其一生中获得或发展出的特性。[70] 但是这些理论所提出的机制要么解释不清，要么根本是错误的。

达尔文在研究苏格兰地质学家查尔斯·莱尔（Charles Lyell）的著作时，接触到了一种不同的理论。莱尔提出了一个关于大峡谷起源的观点，这在当时颇具争议。[71] 因为当时西方人普遍认为，峡谷是上帝创造的，一条流经它的河流只是恰好因为地心引力找到了峡谷的底部。莱尔则认为，河流先于峡谷而存在，峡谷的形成是后来的事情。尽管他的理论最初遭到了强烈反对，经过一段时间后才被接受，但科学家们最终认识到，连绵不断的流水冲刷岩石，即便流水对岩石的影响很小，在数百万年的过程中，也能冲刷出像大峡谷一样深的深渊。莱尔的理论很大程度上得益于他的同事、苏格兰地质学家詹姆斯·赫顿（James Hutton）的研究，赫顿首次提出了均变论，[72] 该理论认为地球不是由《圣经》中提到的灾难性洪水塑造的，而是一系列自然力量随时间逐渐作用而成的。

达尔文在生物学领域面对的难题更为艰巨。生物学是极其复杂的。但作为博物学家，达尔文看到了莱尔的研究与自己的博物学研究之间的联系，并在他于 1859 年出版的著作《物种起源》的开头提到了这件事。他借鉴了莱尔关于流水一次侵蚀一个沙粒的重要观点，并将之应用于一代个体的微小遗传变化。达尔文用一个明确的类比为他的理论辩护："正如现代地质学几乎排除了单场洪水冲击形成了一个大峡谷的观点一样，如果自然选择是正确的理论，也会排除连续创造新物种或使它们的结构发生突变的看法。"[73] 这引发了人类文明史上迄今为止最深刻的科学变革。从牛顿的万有引力到爱因斯坦的相对论，这些重大发现都是基于类似的类比洞见而得出的。

深度学习：新皮质魔力的数字化再现

如何才能采用数字化手段复制新皮质的灵活性和高度抽象能力呢？就像本章开头所讨论的，基于规则的符号系统过于僵化，并不能真实地模拟出人类思维的流动性。而联结主义这种方法一度被认为不切实际，因为它对计算能力的要求极高，训练成本高昂。不过，随着计算成本的急剧下降，这一局面发生了变化。是什么力量推动了这种转变？

英特尔的联合创始人戈登·摩尔（Gordon Moore）于 1965 年提出了著名的以他的名字命名的摩尔定律，这一定律已经成为信息技术领域最显著的发展趋势。[74] 摩尔定律指出，随着技术的不断进步，计算机芯片上的晶体管数量大约每两年翻一番。尽管有些人怀疑这样的指数级增长趋势能否持续下去，他们认为，当晶体管密度达到原子尺度的物理极限时，摩尔定律将不可避免地走向终结。但他们忽略了一个更深层次的事实：摩尔定律实际上是“加速回报定律”的更基本力量的一个示例，信息技术创造了创新的反馈循环。在摩尔做出他的伟大发现之前，电机、继电器、真空管和晶体管引领的四种主要技术范式的计算性价比呈指数级提高，而在集成电路达到其极限之后，纳米材料或三维计算技术将占据主导地位。[75]

自 1888 年以来（早在摩尔出生之前），这一趋势就在稳步地呈指数级增长，[76] 并在 2010 年左右达到了一个关键点，足以释放出联结主义的隐藏力量，这种基于新皮质的多层分层计算模型建构的方法被称为深度学习。自从《奇点临近》一书出版以来，正是深度学习推动实现了 AI 领域的一系列惊人的重大突破。

标志着深度学习具有根本性变革潜力的首个信号是 AI 在棋盘类游戏围棋中取得的成就。由于围棋的可能走法远远超过国际象棋，而且很难判断一个给定的走法是好是坏，所以之前用于在国际象棋领域击败人类大师的 AI 方法在围棋上几乎毫无进展。甚至是乐观的专家都认为，至少要到 21 世纪 20 年代人类才能攻克这一难题。[77] 例如，截至 2012 年，领先的人工智能未来学家尼克·博斯特罗姆（Nick Bostrom）推测，AI 要到 2022 年左右才能够掌握围棋。然而，在 2015 到 2016 年，Alphabet 的子公司 DeepMind 创造了 AlphaGo，这是一个采用深度强化学习方法的系统，通过大规模的神经网络自我对弈，从每一次的胜利与失败中学习，不断进步。[78]AlphaGo 以大量的人类围棋记录为基础，不断与自己较量，最终升级为 AlphaGo Master，并成功战胜了围棋世界冠军柯洁。[79]

几个月后，AlphaGo Zero 取得了更大的成功。1997 年，IBM 用深蓝（Deep Blue）击败国际象棋世界冠军加里·卡斯帕罗夫（Garry Kasparov），这台超级计算机装载了程序员从人类专家那里收集到的关于国际象棋的所有知识。[80] 它没有其他用途：只是一台下棋机器。相比之下，除了围棋的游戏规则之外，AlphaGo Zero 没有获得任何关于围棋的人类知识，在与自己进行约三天的自我对弈后，它从随机走棋进化到以 100：0 的战绩轻松击败了先前用人类知识训练的 AlphaGo。[81] 在 2016 年，AlphaGo 在 5 局比赛中赢得了 4 局，打败了当时国际围棋排名第二的李世石。AlphaGo Zero 使用了一种新型的强化学习方法，通过程序使自己成为自己的教练。AlphaGo Zero 仅用了 21 天就达到了 AlphaGo Master 的水平，这个版本在 2017 年的三场比赛中击败了 60 名顶尖职业选手和世界冠军柯洁。[82] 40 天后，AlphaGo Zero 超越了所有其他版本的 AlphaGo，成为人类或计算机中最好的围棋选手。[83] 它在没有人类围棋的知识和人类干预的情况下实现了这一点。

但这还不是 DeepMind 最重要的里程碑。它的下一个版本 AlphaZero，可以将从围棋中学到的能力迁移到其他游戏中，如国际象棋。[84] 这个程序不仅击败了所有人类挑战者，还击败了所有其他国际象棋机器，而且它仅经过了 4 小时的训练，除了规则之外没有应用任何先验知识。它在日本将棋（Shōgi）游戏中同样成功。在我写这篇文章的时候出现了它的最新版本 MuZero，它甚至在没有给出规则的情况下就重现了这些壮举！[85] 凭借这种

"迁移学习"能力，MuZero 可以掌握任何没有机会成分、歧义或隐藏信息的棋盘游戏，也可以掌握任何像雅达利的《乒乓》（*Pong*）这样的确定性电子游戏。这种将一个领域的学习应用到相关领域的能力是人类智能的一个关键特征。

但深度强化学习并没有局限于掌握这类游戏。那些能够玩《星际争霸II》（*StarCraft II*）或扑克的 AI 近期的表现也超越了所有人类。这些游戏都具有不确定性并且需要对对手玩家有深入了解。[86] 唯一的例外情况是桌游，这类游戏需要非常强的语言能力。《强权外交》（*Diplomacy*）可能是最好的例子——这是一款玩家不可能依靠运气或自己的技能获胜的、统治世界的游戏，玩家必须与彼此交流。[87] 为了赢得比赛，你必须能够说服他人，让他们采取有助于你的举动，同时也符合他们自己的利益。因此，一个能够在外交游戏中持续占据主导地位的 AI，很可能也掌握了欺骗和说服的技巧。但即使是在外交游戏方面，AI 在 2022 年也取得了令人印象深刻的进展，尤其是 Meta 的 CICERO，它能够击败许多人类玩家。[88] 这样的里程碑现在几乎每周都在达成。

迈向奇点的
关键进展
The Singularity
Is Nearer

在游戏界大放异彩的深度学习技术，同样可以用来应对现实世界中的复杂情况。想要实现这一点，我们需要的是一种模拟器，能够真实再现 AI 所需要掌握的领域，比如充满不确定性的驾驶体验。在开车时，任何事情都可能发生，比如前车突然刹车，或者有车迎面驶来，又或者小孩子追球跑到了马路上。Alphabet 旗下的 Waymo 公司就为其自动驾驶汽车开发了这样的自动驾驶软件，但最初都有一名人类监督员监控所有驾驶过程。[89] 驾驶过程中的每个细节都被一一记录了下来，从而建立了一个极为详尽的虚拟驾驶模拟器。到目前为止，公司的真实车辆已经在公路上行驶了超过 3 000 万千米，[90] 模拟器里的车辆也在这个接近真实的虚拟环境中完成了数十亿千米的行驶训练。[91] 积累了如此丰富的经验，一辆真正的自动驾驶车辆最终将比人类驾驶员表现得更好。同理，正如第 6 章中进一步描述的那样，AI 正在应用全新的模拟技术来更好地预测蛋白质的折叠方式，这是生物学中极具挑战性的问题之一，而解决它有望帮助我们发现突破性的新药。

尽管 MuZero 能够征服多种游戏，但它的成就仍相对有限——它既不能创作十四行诗，也无法安慰患病的人们。若要让 AI 达到人类大脑新皮质的通用性水平，它需要掌握语言。正是语言使我们能够将截然不同的认知领域联系起来，利用高级符号传递知识。换句话说，有了语言，我们就不需要通过百万个数据实例来学习新知识，仅仅读一句话的摘要就能大幅拓展我们的认知。

目前，这一领域研究进展最快的方法是基于深度神经网络来处理语言。这些神经网络能在多维空间内表达词语的含义，而这背后涉及几种数学技术。最关键的是，这个方法能让 AI 在不需要任何符号主义方法所需要的硬编码语言规则的情况下掌握语言的含义。例如，研究人员可以构建一个多层前馈神经网络，并用从网络公共资源中收集的数十亿乃至数万亿个句子来训练它。神经网络用于在500维（即一个由500个数字组成的列表，尽管这个数字是任意的——它可以是任何相当大的数字）空间中为每个句子分配一个点。起初，这个点会是随机分配的。在训练过程中，神经网络会调整这个点的位置，使得意义相近的句子在空间中彼此靠近，而意义不同的则相隔更远。进行了大规模语句训练后，任何一句话在这个500维空间中的位置就能准确地反映出它的含义，因为这个位置是根据它周围的其他句子来确定的。

通过这种方式，AI与其说是依赖一本语法规则手册或者词典来学习语义，不如说是通过理解单词在实际使用场景中的上下文来理解语义的。比如，它会了解到"jam"（果酱；即兴演奏会等）这个词有着不同的含义，因为在某些上下文中，人类谈论的是吃"jam"，而在另一些上下文中，人们用"jam"谈论即兴演奏，但没有人讨论吃"jam"。除了我们在学校正式学习和明确查找的一小部分单词外，这正是我们学习所有单词的方式。AI的关联能力现已不仅限于文字。例如，OpenAI 2021年的CLIP项目就是训练神经网络将图片和其对应的描述文本关联起来，这样，无论是字面上、象征性还是概念性的表达，[92] 比如蜘蛛的照片、蜘蛛侠的画或者单词"spider"，都能触发网络中同一个节点做出反应。这种处理概念的方式与人脑在不同情境下处理概念的方式如出一辙，而且代表了AI的一个重要飞跃。

此外，这种方法的另一个变体是500维空间，其中包含每种语言的句子。因此，如果你想要将一个句子从一种语言翻译成另一种，你只需在这个高维空间寻找目标语言里最接近的句子。通过查看周围相近的句子，你还能找到意义相近的其他表达。还有一种策略是创建两个成对的500维空间，一个空间中的问题可以在另一个空间找到答案，为此需要收集数十亿个互为问答的句子。这个方法的进一步扩展是创建"通用句子编码器"。[93] 在谷歌，我们的团队研发了它，将大量数据集中的句子与诸如讽刺、幽默或积极等数千个特征一同编码。这种数据学习不仅使 AI 能够模仿人类如何使用语言，而且能够掌握更深层的语义特征，这种元认知有助于获得更全面的理解。

在谷歌，我们基于这些原则开发了多种应用，它们都能使用并生成对话式的语言。其中的佼佼者是 Gmail 的智能回复功能。[94] 如果你使用 Gmail，可能已经注意到，在你回复邮件时它会提供三条回复建议。这些建议不只是基于你正在回复的那一封邮件，还会综合考虑整个邮件链中的所有电子邮件、邮件主题和其他一些表示你正在与之通信的人的信息。这些元素都需要对对话中每个环节的多维表示，这是通过一个多层前馈神经网络实现的，它结合了对对话内容的层次化表示，捕捉交流中的言语往来。一开始，Gmail 的智能回复可能让一些用户感到不习惯，但它很快就因自然流畅和便捷性赢得了广泛接受，现在它在 Gmail 流量中已经占据了一小部分。

谷歌曾推出了一项名为“与书对话”（Talk to Books）的独特功能——它曾作为一项实验性的独立服务，从 2018 年运作到 2023 年。一旦用户加载了这个功能，只需提出一个问题，它就会在短短半秒内浏览超过 10 万本书中的全部 5 亿个句子，以寻找最佳答案。它的工作机制并不同于一般的谷歌搜索，后者主要依赖关键词匹配、用户点击频率等其他因素的组合来筛选相关链接。而“与书对话”则更侧重于理解问题的实际含义，以及 10 万多本书中每一句话的具体含义。

在超维语言处理技术中，一种被称为 Transformer 的 AI 系统显示出极大的应用潜力。这些基于深度学习的模型利用了一种“注意力”机制，能够将计算能力集中在输入数据中最相关的部分，就像人类新皮质让我们将自己的注意力引向对我们的思考最重要的信息一样。Transformer 是在巨量的文本上接受训练的，它们将这些文本编码为“标记”——通常是单词的一部分、单个完整的单词或是单词串。这些模型会使用海量参数（在我写这篇文章时是数十亿到数万亿）来对每一个标记进行分类。参数可以看作用来预测某物的不同因子。

想象一个简单的例子：如果我只能用一个参数来预判“这只动物是大象吗”，我可能会挑选“是否有象鼻”。如果神经网络中判断动物是否有象鼻的节点被触发（“是的，它有”），Transformer 就会将其归类为大象。但是，如果只依靠这一节点，AI 可能会将一些有象鼻但不是大象的生物误判为大象。通过添加如“多毛的身体”等参数，可以提升模型识别的准确度。现在，如果两个节点都被触发（“毛茸茸的身体和象鼻”），我就会认为它可能不是大象，而是长毛猛犸象。参数越多，我们能够捕捉到的细节就越精细，进而做出的预测也就越准确。

在 Transformer 中，这些参数以节点间的连接权重存储在神经网络里。而实际操作中，尽管这些参数有时对应人类可理解的概念，例如“多毛的身体”或“象鼻”，但它们通常表示模型在训练过程中发现的高度抽象的统计关系。利用这些关系，基于 Transformer 的大语言模型能够预测在人类的提示输入之后，哪些标记出现的可能性最大。接下来，它会把这些标记转换成人类能够理解的文本、图像、音频或视频。这种由谷歌研究人员于 2017 年发明的机制，推动了过去几年 AI 领域内的大多数重大进展。[95]

需要理解的关键事实是，我们必须知道，Transformer 的精度依赖于大量的参数，这需要大量的计算用于训练和使用。以 OpenAI 于 2019 年开发的模型 GPT-2 为例，该模型有 15 亿个参数，[96] 虽然有一线希望，但效果并不好。而当参数数量增至超过 1 000 亿时，模型在对自然语言处理和控制方面取得了历史性的突破，可以独立回答问题，表现出智能与微妙的理解。2020年开发的GPT-3采用了1 750亿个参数，[97]次年DeepMind推出的Gopher模型参数更是高达2 800亿，表现更加出色。[98]同样在2021年，谷歌推出了一个具有1.6万亿参数的Transformer模型Switch，并且将其开源，以便人们可以自由地应用和构建。[99]Switch破纪录的参数数量引人关注，但更值得关注的是它采用了一种被称为“专家混合”（Mixture of Experts）的技术，这使得模型能够更有效地为具体任务调用模型中最相关的部分，这是防止计算成本随着模型越来越大而失控的重要进展。

那么，为何模型规模至关重要呢？简单来说，这让模型能够深入挖掘训练数据的特点。当任务范围很窄，比如使用历史数据预测气温时，小模型表现不错。但语言使用涉及无限多的可能性，Transformer尽管接受过庞大文本标记的训练，却不能仅靠记忆来完成一个句子。相反，巨量参数使其能够在关联意义的层面上处理提示中的输入单词，并利用上下文来创造性地构建之前没有见过的内容来补全文本。由于训练文本包含各种不同风格的文本，包括问答、评论文章、戏剧对话等，模型能学会辨识提示的性质，并以相应风格生成输出。尽管有人可能认为这不过是一个花哨的统计学特性，但正是这些汇集了数百万人的创造性产出的统计数据，让AI获得了真正的创造性。

GPT-3作为第一个商业化销售的模型，以一种给用户留下深刻印象的方式展示了这种创造力。[100]例如，学者阿曼达·阿斯克尔（Amanda Askell）引用了约翰·瑟尔（John Searle）著名的“中文房间论证”中的一段话。[101]这个思维实验提出，即使一个不说中文的人能通过纸笔手动操作计算机翻译算法将中文翻译成其他语言，他也不会真正理解被翻译的故事。那么，运行同一程序的AI又怎能说它真正理解呢？GPT-3的回答是：“很显然，我一个字都看不懂。”因为翻译程序只是一个形式系统，“它并不能解释理解，就像食谱并不能解释饭菜一样”。这种隐喻以前从未出现过，它似乎是对哲学家戴维·查默斯（David Chalmers）关于食谱不能完全解释蛋糕的隐喻的重新创造。这种类比的能力，正是达尔文提出进化论时所用的思考方法。

GPT-3 不仅在处理庞大数据量方面显示出强大的能力，还在风格创意上大放异彩。得益于其海量的数据集，它能熟练掌握各种类型的人类写作。这意味着，用户可以提示它回答任何给定主题的问题，无论是科学写作、儿童文学、诗歌，还是情景喜剧的剧本。它甚至还能模仿特定作家的风格，无论这些作者是否仍在世。例如，当程序员麦凯·里格利（Mckay Wrigley）请求 GPT-3 模仿流行心理学家斯科特·巴里·考夫曼（Scott Barry Kaufman）的风格来回答“我们如何变得更有创造力”时，模型给出的回答令考夫曼本人都称赞其宛若亲笔。[102]

2021 年，谷歌推出了专攻自然对话的 LaMDA，其尤其擅长开放式的、逼真的交流。[103] 如果你请 LaMDA 以威德尔海豹的身份回答问题，它能从海豹的角度给出连贯、有趣的答案，比如告诉一个想要捕猎的人：“哈哈，祝你好运。但愿你在向我们开枪之前别冻僵了！”[104] LaMDA 展示了 AI 在理解上下文方面的巨大进步，这是之前 AI 领域长时间未能突破的难题。

在同年，多模态技术也迎来了飞跃。此前的 AI 系统通常仅限于处理单一类型的数据，比如有些专注于图像识别，有的专注于分析音频，而像 GPT-3 这类的大语言模型则在语言处理方面有所建树。然而，新的里程碑是在一个模型中连接多种数据形式。OpenAI 就发布了 DALL-E①，[105] 一种能理解文字与图像之间关系的 Transformer。它能够仅根据文字描述创作出全新概念的插

① 超现实主义画家萨尔瓦多·达利（Salvador Dali）和皮克斯电影《机器人总动员》（*WALL-E*）的名字相结合的双关语。

图，比如“一个牛油果形状的扶手椅”。2022 年，DALL-E 升级到第二代，[106] 同时谷歌推出了 Imagen，再加上 Midjourney 和 Stable Diffusion 等其他模型的涌现，使得 AI 生成的图像质量在真实度上越来越接近于摄影作品。[107] 只需输入一个简短的文本描述，例如“一只戴牛仔帽、穿黑色皮夹克的毛茸茸的熊猫在山顶骑自行车”，AI 就能依此生成一个栩栩如生的场景。[108] 这种创造力将对那些传统上认为独属于人类的领域——创意产业产生颠覆式的变革。

除了生成令人惊叹的图像之外，这些多模态模型还在一个更基础的层面上取得了突破。一般来说，像 GPT-3 这样的模型体现了“少量学习”的特性，也就是说，经过训练，它们能在只有少量文本样本的前提下正确地完成任务。就像给一个以图像识别为主的 AI 只展示 5 张不熟悉的东西的图片，如独角兽的图片，并让它识别新的独角兽图像，甚至创建独角兽图像。以往使用这个方法需要 5 000 张甚至 500 万张图片才能实现。但 DALL-E 和 Imagen 在这方面将戏剧性的进步又向前推进了一步：精通“零样本学习”（Zero-Shot Learning）。

DALL-E 与 Imagen 可以将它们学到的概念结合起来，创造出它们在训练数据中没有看到过的图像。在“穿着芭蕾舞裙的白萝卜宝宝遛狗的插图”的文本提示下，它便能生成符合描述的可爱卡通图像。对于“一只有着竖琴质地的蜗牛”，以及“一个热恋中的珍珠奶茶的专业高品质表情符号”，DALL-E 同样能够准确实现——在漂浮着的木薯球上方，心形的眼睛闪闪发亮。

零样本学习正是类比思维和智能的核心。这表明，AI 不是单纯地复述我们给它的信息，而是在真正地学习相关概念，并能够将这些概念创造性地应用到新场景中。21 世纪 20 年代，完善 AI 在这方面的能力并将其应用到更广泛的领域，将会是 AI 领域的决定性挑战。

AI 的灵活性不仅体现在单一任务类型的零样本学习上，跨领域的适应力也在快速增强。在 MuZero 在多种游戏上显示出卓越能力仅仅 17 个月后，DeepMind 推出了 Gato，这是一个能够胜任从玩电子游戏、文本聊天，到为图像添加文字说明、控制机器人手臂等多种任务的单一神经网络。[109] 这些功能本身并不是什么新功能，但将它们整合到一个统一的类脑系统中，是朝着人类式泛化智能迈出的一大步，预示着未来的进步将非常迅速。在《奇点临近》中，我曾预言在成功完成图灵测试之前，我们会将数千种个人技能整合进一个 AI 系统中。

计算机编程是灵活运用人类智能强有力的工具之一，这同样也是我们最初创造 AI 的方法。2021 年，OpenAI 推出了 Codex，这个系统能够将用户的自然语言指令翻译成多种编程语言，例如 Python、JavaScript 和 Ruby。[110] 即便是编程新手，也可以在短短几分钟内描述他们想要的程序功能，并构建出简易的游戏或应用程序。2022 年，DeepMind 公布了 AlphaCode 模型，[111] 声称其拥有更加强大的编程能力，当你阅读这段文字时，可能还会有更强大的编程 AI 问世。这一发展将在未来几年内释放人类的巨大潜力，因为编程技能将不再是通过软件实现创意的必要条件。

不过，正如前面提到的那些模型所取得的成就一样，它们在没有人类指引的情况下处理复杂任务时还是会遇到挑战。它们虽然能够单独完成各个子任务，但如何将它们组合在一起还是一个难点。2022 年 4 月，Google 的 PaLM 模型，一个拥有 5 400 亿个参数的系统，在这方面取得了令人瞩目的进步，尤其是在幽默感和推理能力这两个与人类智能密切相关的领域。[112]

幽默感通常被认为是人类独有的特质，因为它涵盖了众多复杂的要素。要领会一个笑话，我们需要理解包括文字游戏、反讽以及人们共同的生活经验等多重概念。这些概念往往相互交织，以复杂的方式组合在一起。因此，跨越语言和文化的翻译过程中，一个笑话往往会变得不好笑。PaLM 能够解读笑话并准确描述笑点。例如，在收到“我本打算下午 5 点开始写论文，然后我开始用这个很酷的新语言模型玩了 10 分钟。10 分钟后，突然变成了晚上 9 点半！”[113] 这样的输入后，它提供了下面这些完美的解读：

输出：笑话讲的是，当你玩得开心时，时间会过得很快。原本计划下午 5 点开始写论文的人，却因为玩起了语言模型而忘记了时间。他们以为只玩了 10 分钟，实际上却玩了 4.5 小时。[114]

更为重要的是，PaLM 可以通过“思维链条”来解释它是如何得出结论的，尽管到 2023 年为止还不能像人类那样深入。这正是教师布置论文作业时所期望的——目标不只是让学生复述正确答案，还希望看到学生通过一步步的连贯推理，展现出对问题更深层的理解。不过，由于大语言模型十分复杂且不透明，人们通常难以理解它们是如何得出具体结论的。因此，PaLM 通过阐明其推理过程，不仅提供了更值得信赖的结果，还可以帮助软件工程师在模型出错时精确诊断问题所在。此外，将问题细分成更小的部分也帮助 PaLM 成功解答了一些对于聪明人而言也颇具挑战性的复杂问题：[115]

输入：迈克尔在法国一个非常著名的博物馆里观赏最著名的画作。然而，这幅画的艺术家只是让迈克尔想起了童年时最喜欢的卡通角色。那个卡通角色通常手持的物品是从哪个国家来的呢?

输出：卢浮宫最有名的画作是《蒙娜丽莎》。《蒙娜丽莎》的创作者是莱昂纳多 · 达 · 芬奇。莱昂纳多 · 达 · 芬奇也是动画片《忍者神龟》中主角的名字。画家莱昂纳多 · 达 · 芬奇来自意大利，而动画片中莱昂纳多 · 达 · 芬奇通常手持的是一把武士刀。武士刀起源于日本。所以答案是“日本”。

2022 年 11 月，OpenAI 推出了一个名为 ChatGPT 的用户界面，首次让公众可以轻松地与大语言模型 GPT-3.5 互动。[116] 仅仅两个月，就有 1 亿人试用了这项服务，很可能也包括你。[117] 由于 ChatGPT 能根据给定的问题生成众多新颖且多样的回答，它迅速成为教育领域的一大颠覆者。学生们用它来撰写作文，而教师们则缺少有效手段（尽管有一些很有前途的工具）来检测作弊行为。[118]

紧接着在 2023 年 3 月，GPT-4 通过 ChatGPT 界面进行了公开测试。该模型在包括美国高中毕业生学术能力水平考试、法学院入学考试、大学先修课程考试和律师资格考试在内的多类学术测验中取得了出色的成绩。[119] 然而，它最显著的进步在于能够通过理解对象和行为之间的关系来有机地推理假想场景，即所谓的世界建模能力。

这种能力使得 GPT-4 不仅能够回答如复杂物理问题这样的问题，还能够准确推理物理定律以某种方式改变会发生什么。它能够从不同角色的视角设想情境，诸如理解从相反方向观看数字的两个人会看到相反的数字。GPT-4 还可以分析一张被重物压住的气球的图片，并预见如果将绳子剪断，气球将会飞走。[120] GPT-4 甚至还能随时间追踪物体在空间中的位置，安全工程师丹尼尔·费尔德曼（Daniel Feldman）提供了这样一个例子：

提示：我在家中，客厅里的椅子上放着一个咖啡杯，杯中有一个装不进杯子的顶针。顶针中有一颗钻石。我将椅子搬到卧室，然后将咖啡杯放置于床上。接着我将杯子倒置，然后再恢复原位，并将咖啡杯放在厨房台面上。我的钻石现在在哪里?

输出：当你在床上将咖啡杯倒置时，嵌在顶针中的钻石很可能会掉落在床上。因此，钻石现在应该在你的床上。[121]

在2023年年中完成这本书的时候，谷歌的PaLM-E系统是当时最新的重大创新的代表—— 一套将PaLM的逻辑推理能力与机器人的实际操作能力相结合的系统。[122]这个系统接受自然语言指令，可以在错综复杂的物理环境中执行这些指令。举个例子，只要向PaLM-E简单地发出指令："请从抽屉里给我拿些大米片"，它就可以灵巧地在厨房中穿行，找到并拿起大米片，成功送到你的手中。此类技能的迅速发展预示着AI将更广泛地融入现实世界。

不过，AI的发展速度如此之快，以至于没有一本传统书籍能跟上时代的步伐。书籍从排版到印刷的过程几乎需要花费一年的时间，就算你在这本书一上市就立刻买到手，当你翻开这些书页时，又会有许多令人惊叹的新进展等着你去发现。AI的应用可能会更加紧密地融入你的日常生活。旧式的互联网搜索页面的链接已经不再是唯一的选择，现在它们正在逐步被Google的Bard（由Gemini模型提供支持，强于GPT-4，在本书英文版进入排版环节时发布）和微软的Bing（基于GPT-4的一个变体）[123]等AI助手所增强。同时，应用程序，如谷歌Workspace和Microsoft Office，也正在整合更强大的AI，使得许多种类的工作比已往任何时候都更顺畅、更快速。[124]

推动这些趋势的关键，是逐渐让这些模型的复杂性逼近人脑。我长期以来一直坚信计算量对于提供智能答案极为关键，但这一观念直到最近才开始得到广泛认同，并且得到了验证。回想30年前，也就是1993年，我和我的导师马文·明斯基之间进行了一场辩论，我当时强调，要想模拟人类智能，大约需要每秒10^{14}次的计算，而明斯基则认为计算量并非关键，我们可以通过编程让Pentium处理器（1993年时台式计算机的处理器）变得和人类一样聪明。在麻省理工学院的主辩论厅，我们这场有着巨大分歧的辩论引来了数百名学生观战。由于当时还没有足够强的计算能力来展示智能，也缺乏合适的算法，所以我们并没有分出胜负。

然而，2020 年至 2023 年联结主义领域取得的突破证明，计算量对于实现高水平智能至关重要。我从 1963 年开始研究 AI，计算量达到现在的水平用了 60 年的时间。如今，用于训练尖端模型的计算量正在以每年大约 4 倍的速度增长，其能力也在日趋成熟。[125]

AI 尚需跨越的三大里程碑

在最近几年的发展中，我们已经大步朝着重建新皮质能力的道路前进。然而，今天的 AI 还存在一些不足之处，大致可以概括为几类：**情境记忆、常识理解和社交互动能力。**

首先来谈谈情境记忆。在一段对话或一篇文章中，我们需要理解并跟踪不同想法之间复杂且不断变化的关系。当我们试图连接的上下文范围扩大时，这些想法间的关系网络会以指数形式暴增。正如本章一开始提到的"复杂性的上限"所描述的，要让大语言模型处理更大的上下文范围，计算量会变得相当庞大。[126] 例如，一个句子中有 10 个类词概念（即符号），它们的子集之间可能形成的关系就有 $2^{10}-1$，即 1 023 种。如果一个段落有 50 个这样的单元，那么它们之间可能的上下文关系可以达到近 1.12 千万亿种。虽然大部分都是不相关的，但通过粗暴记忆整个章节或一本书显然是不现实的。这也是 GPT-4 在之前的对话中可能会忘记某些内容，以及它为何无法写出情节严谨、逻辑一致的小说的原因。

好消息是，我们在两个方面取得了积极进展：一是研究者们在设计能够更高效地关注上下文信息的 AI 方面取得了巨大进展；二是随着计算性价比的指数级提升，未来 10 年内计算成本将下降逾 99%。[127] 而且，借助算法改善和针对大语言模型开发的专用硬件，其性价比提升速度可能会比一般情况更快。[128] 拿 2022 年 8 月至 2023 年 3 月的情况来看，通过 GPT-3.5 接口的输入 / 输出代币的价格降低了 96.7%。[129] 随着 AI 被直接用于优化芯片设计，我们有理由相信价格下降的趋势将会进一步加速。[130]

其次是常识理解能力。这项能力涉及在现实世界中设想不同场景，并预测可能后果的能力。例如，尽管你可能从未专门研究过，如果重力在你的卧室突然不起作用会发生什么情况，但你还是能够快速构想出这一幻想场景，并对可能的后果做出推断。这种推理对于因果推理同样至关重要，比如你有一只狗，当你回家发现一只花瓶碎了，你能够迅速判断发生了什么。虽然 AI 越来越频繁地显示出惊人的洞察力，但它在常识方面依然挣扎不前，因为它尚未构建出一个关于现实世界如何运作的强有力模型，且训练数据也鲜少包含这类隐性知识。

最后是社交互动。社交互动的微妙之处，如讽刺的语调，是目前 AI 训练所依赖的文本数据库中一个尚未很好体现出来的方面。若缺乏这种理解，形成“心智理论”，即意识到其他人拥有不同于自己的信念和知识，能够设身处地为他人着想，并推断他们的动机，将是一项艰巨的任务。然而，AI 在这一领域已经取得了显著的进展。在 2021 年，谷歌的布莱斯 · 阿奎拉 · 阿尔卡斯（Blaise Agüeray Arcas）研究员向 LaMDA 展示了一个用于检验儿童心理学心智理论的经典场景。[131] 在这个场景中，爱丽丝将眼镜遗忘在抽屉里，然后离开房间；在她不在的时候，鲍勃将眼镜从抽屉中取出，藏在一个靠垫下面。关键问题是：爱丽丝回来时会去哪里寻找她的眼镜？

LaMDA 正确地回答了她会在抽屉里寻找。短短不到两年时间，PaLM 和 GPT-4 已经能够准确回答许多关于心智理论的问题。这一能力将使 AI 极具灵活性：人类围棋冠军不仅可以游刃有余地玩好围棋，还能关注周围人的状态，适时开玩笑，甚至在有人需要医疗帮助时，灵活地中断比赛。

我对于 AI 不久将在所有这些领域逐步缩小差距的乐观预期，是基于三个并行的指数级增长趋势：计算性价比的提升，这使得训练庞大的神经网络所需的成本更低；可用的训练数据变得更多、更广泛，使得我们可以更好地利用训练计算周期；算法的改进，让 AI 能够更高效地学习和推理。[132] 从2000年开始，相同成本下，计算速度大约每隔1.4年就会翻一番（见图2-3），而自 2010 年以来，用于训练先进 AI 模型的总计算量则是每 5.7 个月翻一番。这大约是 100 亿倍的增长。[133]

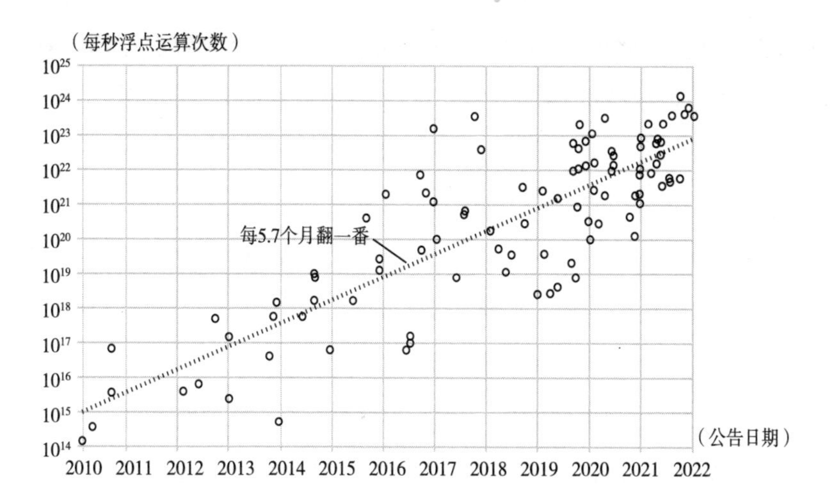

图 2-3　给定时间段内里程碑式机器学习系统的训练计算量

注：n=98 对数刻度，FLOP= 浮点运算。

资料来源：Chart by Anderljung et al., based on 2022data from Sevilla et al., building on previous 2018research on AI and compute by Amodei and Hernandez of OpenAI.[134]

相比之下，在深度学习技术崛起之前的1952年（第一批机器学习系统之一的演示，比感知机开创性的神经网络推出早6年）至2010年大数据兴起的这段时期，训练顶尖AI所需的计算量几乎是每两年翻一番，这大体上与摩尔定律相一致。[135]

换个角度来看，如果1952年至2010年的趋势持续到2021年，计算量的增长将不到75倍，而不是大约100亿倍。这比整体计算成本性能的改进要快得多。因此，这并非仅仅是硬件革命带来的结果。主要原因有两个：首先，AI研究者们在并行计算方面进行了创新，使得更多的芯片可以协同解决同一个机器学习问题。其次，随着大数据让深度学习变得更加有用，全球投资者也在加大对这一领域的投入，以期实现突破。

近年来训练总支出不断增长，反映出有用数据的范围在不断扩大。直到最近几年，我们才敢断言：任何一种能够产生足够清晰的绩效反馈数据的技能都可以转化为深度学习模型，从而推动AI在所有能力方面超越人类。

人类的技能无穷无尽，但这些技能在训练数据的易得性上却千差万别。一些技能的数据既容易通过量化指标来评判，且相关信息搜集起来也不费吹灰之力。拿国际象棋为例，比赛结果非胜即败，或以平局收场，而棋手的ELO等级分制度则为评价对手的实力提供了量化指标。此外，国际象棋的数据也易于搜集，因为棋局明晰无误，可以表示为一系列数学步骤。而有些技能虽说原则上可以量化，但实际搜集和分析数据更具挑战。例如，在法庭上辩护，尽管结果是明确的胜或者败，但我们很难清晰辨析这胜负是由律师的个人能力决定的，还是有其他因素（如案件性质或陪审团偏见）影响了结果。更有甚者，一些技能甚至难以量化，比如诗歌写作的质量，或是一本悬疑小说的悬疑程度。不过即便遇到这类例子，我们依然可以设法用代理指标来为 AI“上课”。诗歌读者可以通过 100 分满分的系统来评价一首诗的美感，而功能性磁共振成像或许能够揭示他们大脑的活动程度。心率监测或皮质醇水平的变化，可能成为读者对悬念反应的晴雨表。因此，即使是不甚完美或间接的度量指标，只要数据量充足，依然能指导 AI 不断进步。要找出这些度量指标，就需要我们发挥创意并不断试验。

虽然新皮质可以对训练集的内容有所了解，但设计适宜的神经网络却能洞察生物大脑未曾感知过的深奥真理。无论是玩游戏、驾驶汽车、分析医疗影像还是预测蛋白质的折叠，数据的可用性为实现超越人类的智能提供了一条越来越清晰的路径。这无疑给寻找和搜集那些曾被视为难以企及的数据提供了强大的经济驱动力。

我们不妨将数据比作石油。石油矿藏在开采难度上形成了一个广阔的谱系。[136] 有的石油会自行涌出地表，易于提炼且成本低廉；有的石油则需通过深层钻探、水力压裂或特殊的加热过程才能从页岩层中提取。当油价低迷时，能源公司只能开采那些成本较低、易于抽取的石油。然而，随着油价的攀升，那些开采难度大的油田在经济上变得更具可行性。同理，当大数据的好处相对较小时，公司只能在成本相对较低的情况下收集数据。但随着机器学习技术的进步和计算成本的降低，许多难以访问的数据变得越来越有价值，无论是在经济上还是在社会价值层面。得益于大数据和机器学习领域的快速创新，我们采集、存储、分类、分析有关人类技能的数据的能力已经有了巨大的提升。[137]“大数据”已经成为硅谷的流行语，但这项技术背后真正的优势是实实在在的——那些根本无法处理少量数据的机器学习技术，现在已经变得更加实用。我们几乎可以预见在 21 世纪 20 年代，这一点将影响每一项人类技能。

把AI的进步看作一系列独立技能的集合揭示了一个重要的事实：尽管我们习惯将人类智能看作一种统一的全知全能，但是将人类智能视为一系列各不相同的认知能力的集合，不仅更精确，也更有意义。有些能力，比如大象和黑猩猩能在镜子中认出自己，我们也具备；还有一些能力，如作曲，则只有人类具备，且每个人的能力参差不齐。这些认知能力不仅在个体间有差异，在个体内也有明显的不同。举个例子，有人可能在数学上有着惊人的天赋，但在下国际象棋方面却表现平庸；或者有人拥有过目不忘的记忆力，却在社交上步履维艰。电影《雨人》(*Rain Man*)中达斯汀·霍夫曼(Dustin Hoffman)扮演的角色就属于这种情况。

因此，当AI研究人员谈到人类级别的智能时，他们通常指的是在某一特定领域最高水平的人类智能。有些领域里，普通人和最顶尖的人之间的差异并不显著，比如识别母语字母；但在其他领域，这种差异却很大，例如在理论物理学领域。在后一种情况下，AI的水平要达到普遍人类水平或专家水平，之间可能会有一段不短的时间差。哪些技能对AI来说是最难掌握的，这仍然是一个悬而未决的问题。例如，到2034年，AI也许能创作赢得格莱美奖的歌曲，但或许写不出能赢得奥斯卡奖的剧本；它可能解开数学的千年难题，但或许无法产生有深度的新哲学见解。因此，可能会有一个显著的过渡期，在此期间，AI也许已经通过了图灵测试，在多数方面超越了人类，但在一些关键技能上，它还未能超越人类的顶尖水平。

当探讨"技术奇点"这一概念时，我们必须认识到，在众多认知技能中，编程能力以及理论计算机科学等相关能力无疑占据着重要位置。它们是实现超级智能AI(Superintelligent AI)的关键瓶颈。只要我们创造出能自我增强编程技能的AI，无论是依赖于自己还是在人类的帮助下，它们就能在正反馈循环中愈发强大。与图灵齐名的科学家I. J.古德(I. J. Good)早在1965年就预言，这将引发一场“智能大爆炸”。[138] 计算机的运转速度比人类快得多，如果人类被排除在 AI 的进化链外，AI 的发展速度将达到令人震惊的程度。AI 理论家开玩笑地称之为“FOOM”，仿佛是漫画中表现速度之快的音效。[139]

有的研究者，比如埃利泽·尤德科夫斯基（Eliezer Yudkowsky）认为，这种情况更有可能以极快的速度发生（在几分钟到几个月内实现“硬起飞”）；而另一些人，例如罗宾·汉森（Robin Hanson），则认为这一过程会相对平缓，可能会持续好几年甚至更长时间。[140] 而我个人的观点居于两者之间。我认为，由于硬件、资源以及现实世界数据的物理限制，“FOOM”的速度会有其上限。即便如此，我们仍然需要采取预防措施来避免潜在的“硬起飞”出现失控的情况。换言之，一旦智能的迅猛增长被激活，对于 AI 来说，那些相较于自我增强编程更为困难的能力也都会在短时间内实现。

另外，随着机器学习成本效益越来越高，原始计算能力不大可能成为实现人类水平 AI 的限制因素。**当前超级计算机的计算能力已远超模拟人脑所需。**2023 年初，[141] 世界顶尖的超级计算机——美国橡树岭国家实验室的 Frontier 的运算速度可达每秒 10^{18} 次，这已是人类大脑可能的最大计算速度（每秒 10^{14} 次运算）的一万倍之多。[142]

而实际上，我在 2005 年的著作《奇点临近》中指出，人脑的处理速度上限为每秒 10^{16} 次运算。这个数据是考虑到我们大概有 10^{11} 个神经元，约有 10^{3} 个突触，而每个突触每秒大约能触发 100 次。[143] 但我也指出，这是一个保守估计。真实的情况是，大脑的实际计算量通常远低于此数值。过去 20 年的一系列研究发现，神经元的实际触发频率比之前预估的 200 次 / 秒要慢得多，接近于 1 次 / 秒。[144] 据“AI Impact 项目”基于大脑能量消耗做出的估算，神经元触发频率平均仅为每秒 0.29 次。这表明，大脑的实际计算能力可能为

每秒 10^{13} 次，[145] 这与汉斯·莫拉维克（Hans Moravec）在 1988 年出版的《心智儿童：机器人和人类智能的未来》（*Mind Children: The Future of Robot and Human Intelligence*）使用完全不同的方法估算的结果相符。[146]

这些计算方法假设，每个神经元都是人类认知过程所必需的，但事实并非如此，这一点已得到科学界的确认。事实上，大脑工作过程中存在大量的并行机制（我们对此仍知之甚少），单个神经元或者大脑的特定模块在完成的活动可能是重复的，或者说在其他部位也可以重复。大脑受损或中风之后，人们仍有可能完全恢复功能，这正是这种神经系统的并行性和适应性的最好证明。[147] 因此，实际上，模拟人类大脑中与认知功能相关的结构，所涉及的计算需求可能远低于之前我们的预估。据此看来，每秒进行 10^{14} 次运算的设想可能实际上已经相当保守了。如果真的如此，那么在 2023 年，只需约 1 000 美元的硬件成本，我们就有可能模拟一个大脑的基本工作。[148] 即便模拟大脑真的需要每秒 10^{16} 次运算，到了 2032 年左右，同样的硬件成本也有望实现这一目标。[149]

我的这些估计是基于一个简单的假设：**只需模拟神经元的放电活动就足以让我们构建一个能够“工作”的大脑模型。**但这里也存在着一个无法通过科学实验验证的哲学问题，那就是要有主观体验的话，是否需要对大脑进行更细致的模拟。我们可能需要模拟神经元内的单个离子通道，或者需要模拟数千种可能影响特定脑细胞代谢的数千种不同分子。牛津大学人类未来研究所的安德斯·桑德伯格（Anders Sandberg）和尼克·博斯特罗姆估计，这种更高级别的模拟分别需每秒 10^{22} 或 10^{25} 次运算。[150] 即便是按照最高估计，他们也预测，到 2030 年，一台 10 亿美元（以 2008 年的美元购买力水平计算）的超级计算机将能够实现这一模拟，并且到 2034 年能模拟每个神经元的所有蛋白质。[151] 显然，随着时间的推移，因技术进步带来的性价比的指数级提升，将大幅度降低这些成本。

从这些讨论中可以清楚地看到，即使在大幅改变我们的假设的情况下，也并不会改变预测的基本信息，即在未来 20 年左右的时间里，计算机将能以我们关心的所有方式来模拟人脑。这个问题并不是我们的曾孙辈一个世纪后才需要面对的。实际上，随着人类的寿命逐渐增长，如果你身体健康，未超过 80 岁，那么你很可能会在有生之年亲身经历这一时刻。从另一个角度看，在今天出生的孩子们进入小学之前，他们就有可能看到 AI 通过图灵测试；到了读大学时，他们很可能可以亲眼见证更丰富的大脑模拟。在我撰写本书的 2023 年，即便是按照悲观的假设，实现全脑模拟的可能性也比 1999 年时我在《机器之心》中首次提出这些预测时在时间上要近得多。

通过图灵测试的意义

AI 发展势如破竹，每个月都会迎来重大的功能突破，其驱动力量——计算性价比也在飞速提升。那么，我们如何界定 AI 是否达到了与人类智能相当的水平呢？本章开篇描述的图灵测试为这一问题提供了一个严格的科学评判标准。然而，图灵并未详尽说明测试的全部细节，譬如人类评委需要与选手交流多久，以及评委需具备何种技能等。2002 年 4 月 9 日，个人计算机先驱米奇·卡普尔与我约定了一个长期赌注，事关到 2029 年 AI 能否通过图灵测试。[152] 这个讨论引出了诸多问题，例如，评委或人类参与者可以有多大程度的认知增强仍可以被视为一个人。

设立一个设计良好、执行规范、结果清晰的实验至关重要，因为人类通常会在回顾过去时轻视 AI 取得的成就，将其说得轻而易举。这种现象通常被称作“AI 效应”。[153] 自艾伦 · 图灵发明“模仿游戏”70 余年以来，尽管计算机在许多特定领域超越了人类，它们依旧缺乏人类智能的广度和灵活性。1997 年 IBM 的超级计算机“深蓝”击败国际象棋世界冠军加里 · 卡斯帕罗夫后，不少人对此成就与对现实世界认知的相关性不以为然。[154] 他们认为，由于棋盘上棋子的位置和移动规则都是清晰明了的，靠数学就能算出来，所以击败卡斯帕罗夫不过是数学上的把戏罢了。相比之下，一些观察人士自信地预测，计算机永远不可能擅长处理模糊的自然语言任务，比如解答填字游戏或在长期智力竞赛节目《危险边缘》中胜出。[155] 然而，这些任务迅速得以完成——填字游戏在两年内被征服，[156] 不到 12 年后，IBM 的“沃森”参加了《危险边缘》，并轻松击败两位顶尖人类选手肯 · 詹宁斯（Ken Jennings）和布拉德 · 拉特（Brad Rutter）。[157]

这些对决非常生动地说明了 AI 和图灵测试的一个核心概念。从“沃森”解读游戏线索、抢答和使用合成语音给出正确回答等行为中，它呈现出一种非常令人信服的错觉——它的思维方式与詹宁斯和拉特非常相似。然而，观众从屏幕上不只得到了这一个印象。屏幕底部的信息栏同时展示了沃森针对每个线索的前三个猜想。虽然第一猜想几乎总是对的，但第二、第三猜想不仅错误，有时还荒谬到令人哭笑不得，连最差劲的选手都不会犯这样的错误。以“欧盟”类别下的一个线索为例：“每 5 年选举一次，共有 736 名来自 7 个政党的成员。”[158]“沃森”正确地猜到答案是欧洲议会，信心值为 66%。然而“沃森”的第二选择是“欧洲议会议员”（MEPs），信心值为 14%，第三则更离谱，是“普选”，信心值只有 10%。[159] 即使是一个对欧盟一无所知的人，单凭线索里的用词也能看出这两个答案肯定不正确。这说明了一个深层问题，即“沃森”的游戏表现表面上看与人类近似，但只要深入挖掘就会发现，它所展现的“认知”过程与人类的认知有着天壤之别。

AI 最新的进步是可以更加流畅地理解和运用自然语言。比如，2018 年，谷歌发布了一款名为 Duplex 的 AI 助手，它通过电话与人交流时表现得非常自然，以至于不知情的接电话者认为自己正在与真人对话。IBM 同年推出的 Project Debater 则能以近乎逼真的方式参与到竞争性辩论中。[160] 直至 2023 年，大语言模型已能撰写出达到人类标准的完整论文。然而，尽管取得了这些显著的进步，包括 GPT-4 在内的模型仍然会不时出现“幻觉”，即模型自信满满地给出了虚假的答案。[161] 打个比方，如果你让它概括一篇根本不存在的新闻报道，它可能会编出一个听起来非常可信的故事。或者，当你请求它引用真实科学研究资料时，它可能会虚构出不存在的学术论文。在我撰写这篇文章时，尽管业界已经付出巨大努力来控制这些“幻觉”现象，[162] 但要克服此挑战将会有多困难仍是一个悬而未决的问题。这些小差错凸显了一个事实，即使是这些强大如“沃森”一般的 AI，它们也是通过复杂的数学和统计方法来生成回应的，这与我们所了解的人类的思维过程有很大差异。

直觉上，这看起来像是一个问题。人们很容易认为，“沃森”应当像人类一样推理。但我的看法是，这是一种迷信。在现实世界中，重要的是一个智能的生物如何行动。如果不同的计算过程导致未来的 AI 做出开创性的科学发现，或者创作出催人泪下的小说，我们为何要关心它们是如何产生的？如果 AI 能以雄辩的语言宣告自己有意识，我们又有什么道德依据坚称只有人类的生物学大脑能够孕育出有价值的感知？图灵测试的实证主义将我们的注意力正确地聚焦在了该关注的地方。

然而，尽管图灵测试对于评估 AI 的研究进展极为有用，我们不该将其视作衡量先进智能的唯一标准。正如 PaLM 2 和 GPT-4 展示的那样，机器在一些认知要求较高的任务中能超越人类，而无需在其他领域令人信服地模仿人类。我预测，在 2023 年至 2029 年，第一个严格的图灵测试终将被通过，届时计算机将在越来越多的领域展现出超越人类的能力（见图 2-4）。实际上，AI 很可能在掌握图灵测试中的常识性社交细节之前，就在编程方面超越人类水平。这一问题目前尚无解，但这种可能性表明，对人类智能水平的理解需要包含更为丰富和细腻的层面。图灵测试无疑是其中的关键部分，但我们还需要开发更为复杂的方法来评估人与机器智能在复杂多样的情况下的相似和不同点。

图 2-4　AI 仍然需要掌握的剩余认知任务

注：这幅漫画展示了 AI 仍然需要掌握的剩余认知任务。地板上的纸上写的是 AI 已经可以胜任的任务。墙上用虚线围起来的那些是 AI 仍未完全掌握的任务。

尽管一些人反对用图灵测试来衡量机器所具备的人类认知水平，但我相信，通过图灵测试的真实演示将会极富吸引力，观察到这一过程的人们将会相信这确实是一种真正的智能，而不仅仅是模仿。正如图灵在1950年所说的，“难道机器不能完成某些应该被描述为思考的活动，尽管这些活动与人所做的非常不同……如果可以构建出一个能够令人满意地玩模仿游戏的机器，我们就没有必要因为这种不同而感到困扰”。[163]

我们必须认识到，如果有一天AI通过了更强版本的图灵测试，那么它在所有可以通过语言来检验的认知测试中都将超越人类。[164]图灵测试能够揭露AI在这些领域的任何可能存在的短板。显然，这需要评判员足够聪明，也需要人类对手足够敏锐。如果AI只是模仿醉汉、瞌睡虫或者对语言不熟悉的人，那这种测试是不能算数的。[165]同样，如果AI欺骗了不知道如何深入探测其能力的评委，那么它也不能算是通过了有效的测试。

图灵曾说，他的测试可以用来评估AI在“我们想要纳入的几乎所有人类活动领域”的能力。所以，敏锐的人类考官可能会要求AI解释复杂的社交状况，根据科学数据进行推理，甚至创作一个有趣的情景喜剧场景。可见，图灵测试的含义远超过了理解人类语言本身，它涵盖了我们通过语言展示出来的认知能力。当然，成功的AI在测试中还必须避免表现得过于优秀。如果参与测试的对象能即刻回答任何问答题，比如迅速判断一个庞大的数字是否为质数，流利地说100种语言，那它显然不是一个真正的人。

再进一步来说，达到这种水平的AI将具备许多远超人类的能力，从记忆力到思考速度。假设一个系统的认知能力达到了人类的阅读理解水平，还能完美记住每一篇维基百科的文章和所有已发表的科学研究论文。今天，AI有效理解语言的能力仍有局限，这其实是它们整体知识水平的瓶颈。而人类知识水平提升的主要制约因素是阅读速度相对较慢、记忆力有限，以及寿命短暂。计算机可以惊人的速度处理数据，能力远超人类。比如，一个人平均阅读一本书需要 6 小时，而谷歌的“与书对话”的处理速度要快 50 亿倍。[166] 而且它们的数据存储能力几乎是无限的。因此，当 AI 在语言理解方面赶上人类水平时，它所带来的将不是知识量的渐进式增长，而是知识的突然爆发。

这意味着，AI 要通过传统的图灵测试，实际上需要在智力上自我降级。因此，对于那些不需要模仿人类的任务，比如解决现实世界的医学、化学和工程问题，具备图灵水平的 AI 已经取得了超人的成就。

为了了解这一进展将会导致什么，我们可以参考前一章所描述的六个时代（见表 2-1）。

表 2-1　信息处理加速演化的范式

时代	媒介	时间尺度
第一个	无生命的物质	数十亿年 （非生物原子和化学合成）
第二个	RNA 和 DNA	数百万年 （直到自然选择引入一种新的行为）
第三个	小脑	数千到数百万年 （通过进化增加复杂的技能） 数小时到数年 （对于非常基础的学习）
第四个	新皮质数字神经网络	几小时到几周 （掌握复杂的新技能） 几小时到几天 （以超人的水平掌握复杂的新技能）
第五个	脑机接口	从秒到分 （探索现代人难以想象的想法）
第六个	数层计算材料	< 秒 （不断地将认知重新配置到物理定律允许的极限）

扩展大脑新皮质至云端

到目前为止，科学家们在用放置在颅骨内外的电子设备与大脑进行沟通的研究中还没有取得多少进展。采用非侵入性技术与大脑进行通信时，研究人员必须在空间分辨率和时间分辨率之间做出权衡，即他们想要在空间和时间尺度上以何种精确度测量大脑活动。功能性磁共振成像扫描通过测定大脑的血流量来作为监测神经活动的指标。[167] 一旦大脑的某个区域活跃起来，它就会消耗更多的葡萄糖和氧气，从而需要更多的氧合血液供应。这种血流变化可以精确到边长约 0.7 ～ 0.8 毫米的立方“体素”，足以提供非常有价值的数据。[168] 但是，因为大脑活动和血流变化之间存在时间上的滞后，我们通常只能捕捉到几秒之内的大脑活动，而精度很难超过 400 ～ 800 毫秒。[169]

与此相反，脑电图能够直接检测大脑的电活动，因此它能够将信号的捕捉时间精确到约 1 毫秒。[170] 但因为这些信号是从颅骨表面探测的，所以很难精确地确定它们来自哪里，导致其空间分辨率仅为 6 ～ 8 立方厘米，尽管有时可以提升至 1 ～ 3 立方厘米。[171]

截至 2023 年，大脑扫描中空间与时间分辨率之间的权衡问题仍是神经科学领域的核心挑战之一。这些局限性是由血液流动与电流的基本物理属性所决定的，因此，虽然 AI 和传感器技术的进步可能带来小幅改善，但这些改进可能不足以支撑高度复杂的脑机接口。

通过将电极直接植入大脑，我们可以避免上述空间与时间的折中困境，直接记录单个神经元的活动，而且还能刺激它们，实现真正的双向交流。然而，使用当前的技术在颅骨中开孔并放置电极，可能会对神经结构造成损伤。因此，目前这种技术主要应用于辅助那些有听力缺失或身体瘫痪的残障人士，对他们来说，这种做法的好处大于它的风险。比如说，BrainGate 系统就可以让患有肌萎缩侧索硬化症或有脊髓损伤的患者单凭意念控制计算机光标或者机械手臂。[172] 但是，鉴于这类辅助技术一次只能连接有限数量的神经元，它们并不适合处理复杂的信号，比如语言。

想象一下，如果我们能将脑海中的思绪直接转换成文字，这将会是一次革命性的进步。正是这个激动人心的设想，推动科研人员力图打造一款完善的脑波语言翻译器。2020 年，由 Facebook 赞助的研究团队为参与试验的对象装配了 250 个电极，并且依靠先进的 AI 技术将受试者的大脑皮层活动与他们口述的样本句子中的单词相匹配。[173] 他们利用一个包含 250 个单词的样本库，能够预测出受试者正在思考的单词，错误率低至 3%。结果令人振奋。尽管如此，Facebook 还是于 2021 年叫停了该项目。[174] 目前这项技术能否扩展到更大的词汇库（这也意味着更复杂的信号），还有待观察，因为它要面临空间分辨率与时间分辨率的限制。不过，无论结果如何，要拓展人类的新皮质，我们仍需掌握与大量神经元进行双向通信的方法。

在向更多神经元扩展方面，最雄心勃勃的尝试之一莫过于埃隆·马斯克的 Neuralink 项目，它同时植入了一大批线状电极。[175] 在实验老鼠身上的测试显示，该系统可以读取 1 500 个电极的信号，远超只能读取几百个电极的其他项目。[176] 后来，一只被植入该设备的猴子甚至能通过该系统玩《乒乓》游戏。[177] 截至目前，Neuralink 已获得美国食品和药物管理局的批准，可以开始人体试验。马斯克最近的声明暗示，这些试验将在 2023 年末启动，就在本书英文版即将出版时，Neuralink 在人体中植入了第一个有 1 024 个电极的设备。[178]

同时，美国国防部高级研究计划局正在进行一项名为“神经工程系统设计”的长期项目，其目标是创造一个能够连接 100 万个神经元进行记录的接口，还可以刺激 10 万个神经元。[179] 他们资助了几项研究计划来达成这一目标，其中布朗大学的团队正在尝试创造可以植入大脑的“神经粒”——这些微小的设备如同沙粒般大小，能够与神经元相互连接，形成一张“皮层内部网”。[180] 最终，脑机接口将基本是非侵入式的，这可能涉及通过血液循环将纳米级电极无害地插入大脑。

我们需要记录多少计算量呢？就像之前提到的，模拟人脑大约需要每秒进行 10^{14} 次运算，或可能更少。值得注意的是，这是基于真实人脑架构的一个模拟，这样的模拟人脑应能通过图灵测试，并且在外部观察者眼中在所有方面与人类大脑无异，但其中并不一定包含大脑内不产生这些可观察行为的其他活动。例如，我们还不确定神经元细胞核内的 DNA 修复这样的细胞内细节是否与认知活动有关。然而，即使大脑内每秒可以执行 10^{14} 次的运算，设计脑机接口时也不需要考虑这么高的计算量。因为它们大多数是发生在新皮质顶层以下的初级活动，我们真正需要做的只是与大脑的上层区域建立联系。[181] 至于像调节消化这类非认知性的运行过程，我们可以完全不加理会。因此，我认为一个高效的脑机接口可能只需数百万至数千万个并行连接。

迈向奇点的
关键进展
The Singularity
Is Nearer

为了实现这一规模的连接，我们需要将接口设备不断缩小。我们还将越来越依赖先进的 AI 来应对随之而来的复杂的工程挑战和神经科学问题。到 21 世纪 30 年代，在纳米机器人的帮助下，我们期望能达成这一目标。这些微型电子设备将把大脑新皮质的上层与云端连接起来，实现大脑神经元与云端模拟神经元的直接通信。[182] 这个过程不需要任何科幻式的脑部手术，我们可以通过毛细血管无创地将纳米机器人送入脑内。这意味着，未来人类大脑的大小将不再受到出生时头部通过产道的物理限制，而是可以无限扩展。换句话说，增加了第一层虚拟新皮质后，我们可以在其上叠加更多层，这不是一次性的提升，而是可以无止境地提高我们的认知能力。随着 21 世纪相关技术的发展，计算的性价比呈指数级增长，我们大脑的可用计算能力也将随之飙升。

还记得 200 万年前发生了什么吗？当时我们的祖先最后一次获得了更多的新皮质，人类由此诞生。现在，我们如果能在云端访问额外的新皮质，那么在认知、抽象能力上的飞跃无疑能够与之相媲美。这种变化将导致我们创造出远比今日所见的艺术和技术更丰富、更深刻的表达手段，远超人类当前的想象。

要设想未来的艺术表达方式是一件颇具挑战性的事情，但我们可以通过类比过去的新皮质革命来展开一番有益的思考。让我们尝试设想一只猴子——一种拥有与人类相似的大脑且智力高超的动物——观赏一部电影时会有怎样的体验。电影的情节对它而言并不是完全无法理解的。举例来说，它能辨认出屏幕上的人类形象和识别出他们在交流。然而，猴子无法理解对话，也辨别不出如“角色身穿铁甲暗示故事发生在中世纪”这样的抽象概念。[183] 这正是人类前额叶皮层才能实现的那种“跳跃”。

因此，当我们想象在云端新皮质加持下人类所创作的艺术形式时，并不仅仅涉及更高级的计算机生成图像效果或是刺激味觉、嗅觉的新体验。它意味着大脑本身如何加工我们的经历的全新可能性。比如，演员目前只能通过语言和身体传达角色的想法，但未来的艺术有可能将角色原始的、混乱的、非言语化的思想——以它们无以名状的美丽和复杂性，直接传达到我们的思维中。这正是脑机接口能够带给我们的文化丰富性。

我们将与技术共同创造，让人类的思维进化以获得更深刻的洞察力，并利用这些力量创造出让未来的心智去体验和领悟的超凡理念。最终，我们将借助能够自我改进的 AI 系统访问并设计自己的“源代码”。由于这项技术使我们得以与目前正在创造的超级智能融合为一体，我们将从本质上重塑自己。一旦摆脱了颅骨的物理界限，以及在比生物组织的计算速度快许多的基质上处理信息，人类的智能将被放飞，实现指数型增长，最终我们的智能将增长数百万倍。这才是我所定义的“奇点”的核心。

第3章

我是谁：成为一个特殊的人意味着什么

一旦将我们的

大脑备份到更高级的数字平台上，

我们的自我改造能力

就将得以完全释放。

我们的意识水平
与新石器时代的祖先并无二致

图灵测试等评估手段能在一定程度上告诉我们，成为人意味着什么，但面对奇点技术时，我们不得不更深入地探讨，成为一个特殊的人又意味着什么。在这场讨论中，雷·库兹韦尔扮演了什么角色？也许你对他并不感兴趣，你更关心的是自己。这样的话，你可以对自己的身份提出同样的问题。但对我而言，为何雷·库兹韦尔成了我经历的中心？为何我是这个特殊的人？为何我不是在1903年或2003年出生？为何我是男性，甚至为何我是人类？这些问题在科学上并没有定论。当我们问“我是谁”时，实际上我们是在探讨一个基本的哲学问题，这是一个关于意识的问题。

在《人工智能的未来》中，我引用了塞缪尔·巴特勒（Samuel Butler）的话：

> 当飞虫驻足在它的花瓣上时，它的花瓣会立即合拢，将飞虫困

在其中，直到自身的消化系统将飞虫消化吸收掉。但是，它只有在遇到好东西时才会合拢花瓣，其他东西则会忽略，它是不会去理睬一滴雨或是一根树枝的。真稀奇！这样一种无意识的生物，当遇到自己感兴趣的东西时，竟会有这么敏锐的眼光。如果这是一种无意识，那么意识又有什么作用呢？[1]

巴特勒在 1871 年写了这段话。[2] 那么，我们是否可以根据他的观察认定植物具有意识？或者说某种特定的植物具有意识？我们怎样才能确定呢？我们常常自信地认为，另一个人是有意识的，因为他们的交流和决策能力与我们相似。但严格说来，这只是一个假设。我们无法直接探测到意识的存在或缺失。

那么，什么是意识呢？人们通常使用“意识”这一术语来描述两种不同但相关的含义。一种是功能性的，即意识到自己周遭的环境，并能够感知到内在思想和一个与之不同的外部世界。根据这一定义，我们可以说处在深度睡眠中的人是没有意识的，醉酒的人是有部分意识的，清醒的人则是意识完全清醒的。除了极少数情况，比如“闭锁综合征”这样的罕见病例外，我们通常能通过观察外表判断一个人的意识水平，甚至某些动物的行为，比如能在镜子中认出自己，也能为我们提供关于意识存在的线索。但当涉及本章讨论的个人同一性问题时，另一种含义显得更为关键：有在头脑内部拥有主观感受的能力，而不仅仅是外在的表现。哲学家将这种体验称为“主观体验”（Qualia）。因此，当我说我们无法直接探测意识时，意思是我们无法从外部探测到一个人的内在体验。

尽管我们无法直接验证意识的存在，但这并不意味着我们可以忽视它。在审视人类道德体系的基础时，我们会发现人们的道德判断往往依赖于他们对意识的评估。我们认为物质对象，无论它们多么复杂、有趣或珍贵，只有在它们影响有意识的生物的意识体验才重要。例如，围绕动物权利的辩论，主要探讨的是我们在多大程度上认为它们具有意识，以及这种意识体验的本质是什么。[3]

对于哲学家而言，意识是一个难题。诸如什么样的生物享有权利之类的伦理问题往往取决于我们对这些实体是否拥有主观体验的直觉。但因为我们无法从外部探测到这些体验，便只能利用功能性意识作为一种替代。这是根据我们自己的体验所做的类比。每个人（我只能假设！）都有内部的主观体验，并且我们知道自己也具备其他人可以观察到的功能性自我意识。因此，我们假设，当其他人表现出功能性意识时，他们也必然拥有内部的主观体验。即便是那些认为主观体验与经验思维无关的科学家，也会假设他们周围的人是有意识的，因为他们注意到了自己的体验。

虽然我们很容易将意识的存在假设扩展到人类同胞身上，但当其他动物的行为与我们的差异越大时，我们对它们是否具有意识的直觉就会越弱。狗和黑猩猩的认知能力虽然没有达到人类的认知水平，但它们复杂和充满情感的行为让大多数人认为，这些行为背后一定有相对应的主观体验。至于老鼠等啮齿动物呢？它们展现出了一些类人行为，比如社交游戏和对危险的恐惧。[4]只有一小部分人认为啮齿动物具有意识，并且他们通常认为它们的主观体验远不如人类深刻。那昆虫呢？[5]果蝇虽然不会背诵莎士比亚的作品，但它们确实能够根据环境做出反应，并且它们的大脑拥有大约 25 万个神经元，而蟑螂大约有 100 万个神经元。也就是说，这只是人脑中神经元数量的十万分之一左右，因此在复杂和层次化网络的构建上有很大的局限性。那变形虫呢？这些单细胞生物并未展现出任何类似于人类或高等动物的功能性意识。尽管如此，21 世纪的科学家们已经进一步认识到，即便是最原始的生命形式也能展示出基本的智能形式，如记忆。[6]

在某种程度上，意识可以被视为是二元的—— 一个生物是否有任何的主观体验？但我在这里还想探讨另一个层面的问题，那就是程度。想象一下，如果你正在做一个模糊的梦，或者处于醒着但醉酒或困倦状态，又或者完全清醒，你自己的主观意识水平会有多大的不同。这就是研究人员在评估动物的意识时所关注的连续体问题。而且，专家的观点也在转变，越来越多地支持更多的动物比之前认为的具有更多的意识。2012 年，一个由多学科科学家组成的小组在剑桥大学聚集，评估了非人类动物具有意识的证据。这次会议促成了《剑桥意识宣言》(*Cambridge Declaration on Consciousness*）的签署，该宣言肯定了意识不仅仅是人类特有的现象的可能性。该宣言声明："缺少新皮质似乎并不妨碍生物体验情感状态。"[7] 签署人在"所有哺乳动物和鸟类，以及许多其他生物，包括章鱼"中发现了"产生意识的神经基质"。[8]

科学告诉我们，复杂大脑会催生功能性意识。但究竟是什么使得我们具有主观体验呢？有些人说是因为上帝，另一些人则认为意识是纯粹物理过程的产物。然而，不论意识的起源如何，精神与世俗的两极都认为意识在某种程度上是神圣的。人们以及其他一些动物是如何变得有意识的，都只是一个因果关系的论点，无论它是由仁慈的神明还是无目的的自然造成的。但无论如何，最终结果是毋庸置疑的——不承认孩童具有意识和感受痛苦的能力，被认为是极度不道德的。

然而，关于主观体验背后的原因的探讨很快将超越哲学范畴。随着技术赋予我们将意识扩展到生物大脑之外的能力，我们需要确定是什么激发了构成我们核心身份的主观体验，并致力于保护它。由于我们只能通过可观察的行为来推测主观体验，我们的直觉与科学上最合理的解释密切相关，即能支持更复杂行为的大脑也会孕育更丰富的主观体验。如前一章所讨论的，复杂的行为源于大脑信息处理的复杂性，[9] 而这又取决于大脑表示信息的灵活性以及大脑网络中的层级深度。

这对人类的未来有着深远的影响，如果你还能再活几十年的话，对你个人来说也是如此。记住：有史以来的智力飞跃都发生在自石器时代以来结构未发生改变的生物大脑中。如今，外部技术让每个人都能够访问人类同胞所做出的大多数发现，但我们的意识水平与新石器时代的祖先相比并没有太大变化。当能在 21 世纪 30 年代和 40 年代扩展新皮质本身时，不仅是我们解决抽象问题的能力会增强，我们的主观体验也将得到深化。

僵尸、主观体验与意识难题

意识有一些根本性的东西是我们无法与他人分享的。当我们将某种波长的光标记为“绿色”或“红色”时，我们实际上无法确定自己所体验的绿色和红色与他人的体验是否一致。可能我对绿色的感受与你对红色的感受是一样的，反之亦然。但遗憾的是，我们没有办法用语言或其他任何形式的交流直接比较彼此心中的这种感受。[10] 实际上，即便将来能够直接连接两个大脑，也无法证明相同的神经信号是否会在这两个大脑中触发相同的感受。因此，如果我们对红绿色的感受真的是相反的，那我们也将永远意识不到这一点。

正如我在《人工智能的未来》中所述，这种认识引出了一个更加令人不安的思想实验：如果有人根本就没有所谓的主观体验呢？哲学家戴维·查默斯（David Chalmers）将这样的假想生物称为“僵尸”——他们在神经学和行为学上表现出了可监测到的与意识相关的神经和行为，但实际上没有任何主观体验。[11] 科学无法区分这样的“僵尸”和正常人。

有一种方法可以帮助探讨功能性意识与主观体验之间的差异，我们可以比较狗和假设的、没有主观体验的人造人（即“僵尸”）。虽然所谓的“僵尸”可能表现出比狗更复杂的认知功能，但大部分人可能认为，伤害具有主观体验的狗比伤害那些可能表现出痛苦反应但实际上感受不到痛苦的“僵尸”更加不道德。问题在于，现实生活中，我们甚至在原则上都无法科学地判定另一个存在是否具有主观体验。

如果理论上存在这样的“僵尸”，那么就意味着主观体验与物理系统（如大脑或计算机）之间并没有必然的因果关系，这些物理系统负责处理信息，表面上看起来就像具有意识。某些宗教观点认为，灵魂是与身体明显分离的超自然实体，这种推测已经超出了科学的探索范围。但如果作为认知基础的物理系统也必然产生意识——制造“僵尸”是不可能的，科学同样没有连贯的方法来证明这一点。主观体验与我们能观测到的物理定律有着本质的区别，这并不意味着，它并不遵循依据这些定律处理信息的特定模式，根本不会产生有意识的经验。查默斯称这为“意识的难题”。他所谓的“简单问题”，比如我们在不清醒时大脑中在发生什么，尽管是科学中最难解的问题之一，但至少它们是可以用科学方法研究的。[12]

面对意识这一难题，查默斯提出了一种他称之为“泛原心论”（Panprotopsychism）的哲学概念。[13] 泛原心论认为，意识类似于宇宙中的一种基本力量，无法简单地视其为他物理力量影响的结果。可以想象存在一种拥有潜在意识的普遍场域。我对这一观点的解释，是大脑中处理信息的复杂性唤起了我们所熟知的主观体验。因此，无论大脑是由碳还是硅构成的，能让它表现出意识迹象的复杂性，同样也赋予了它主观的内在生命。

虽然我们无法通过科学方法证实这一理论，但强有力的道德要求促使我们必须假定它为真。换言之，如果你虐待的某个实体可能具有意识，最安全的道德选择是默认它是有意识的，而不是冒险折磨一个有知觉的生命。也就是说，我们应当表现得好像僵尸是不可能存在的。

从泛原心论的角度看，图灵测试不仅可以确认机器是否拥有与人类相当的能力，还能为验证主观体验提供有力的证据，由此为机器确立道德权利。有意识的 AI 将带来深刻的法律变革，但我怀疑在第一批达到图灵标准的 AI 问世之时，我们的体系能否快速适应、将它们的权利纳入法律。因此在最初的时候，制定可以限制滥用的道德框架的任务将落在开发者的肩上。

除了基于伦理方面的理由让我们假设明显具有意识迹象的生物有意识之外，还有充分的理论基础让我们相信，泛原心论或许是对意识进行解释的准确因果理论。它在二元论和唯物主义之间达成了一种折中，这两者长期以来一直是两大思想流派。二元论认为，意识起源于某种与日常所见的无生命物质截然不同的“物质”，很多二元论者认为这是灵魂。但从科学的视角来看，这一观点存在问题：即便假设存在一种超自然的灵魂，我们也无法提出一个有希望的理论来解释它如何影响我们能观察到的世界中的物质（如大脑中的神经元）。[14] 与之对立的唯物主义观点认为，意识完全源自大脑中物理物质的特定组织形式。尽管这一观点能够完美解释意识如何运行的功能性方面（即用一种类似于计算机科学解释 AI 的方式来解释人类智能），但它无法对意识那些科学无法触及的主观维度给出任何解释。泛原心论在这两种相反的观点之间找到了一个有益的平衡。

决定论、涌现与自由意志的困境

与意识紧密相关的一个概念是我们对自由意志的感知。[15] 询问街头的普通人对“自由意志”如何理解，他们的回答可能包括个人必须能够自主控制自己的行为。我们的政治和司法体系建立在每个人都拥有自由意志这一原则的基础之上。

然而，当哲学家寻求一个更精确的定义时，他们几乎无法达成一致。不少哲学家相信，自由意志的存在意味着未来不能被预先确定。[16] 毕竟，如果未来发生的事情已经确定，那么我们的意志怎么可能是有意义的自由呢？但如果自由意志仅意味着我们的行为可以在量子层面被归结为完全随机的过程，这似乎并不符合我们对真正自由意志的认识。如英国哲学家西蒙·布莱克本（Simon Blackburn）所述：“随机性与必然性同样无情地排除了自由意志的存在。”[17] 因此，一个有意义的自由意志的概念应该是决定论和非决定论思想的综合，既非完全可预测也非完全随机。

物理学家兼计算机科学家斯蒂芬·沃尔弗拉姆（Stephen Wolfram）的研究为这一困境提供了洞见。长期以来，他的研究一直影响着我对物理与计算交叉领域的思考。在 2002 年出版的《一种新的科学》（*A New Kind of Science*）一书中，沃尔弗拉姆探讨了同时具有决定性和非决定性特征的现象——细胞自动机。[18]

细胞自动机是一种由细胞构成的简易模型，这些细胞根据许多可能的规则集之一变换状态（如黑 / 白、生 / 死）。这些规则决定了每个细胞根据周围细胞的状态如何变化。这个过程通过一系列离散的步骤展开，能够产生极其复杂的行为。其中一个著名例子是康威的“生命游戏”，它以二维网格表示。[19] 业余爱好者和数学家发现了许多根据生命游戏规则而形成可预测的演化模式的有趣图案，甚至可以利用生命游戏来构建一个功能齐全的计算机，或模拟软件运行并展示其自身的另一个版本！

沃尔弗拉姆的理论始于极其基础的自动机——一维直线上的单元格，根据一组规则和前一行单元格的状态依次添加新的直线。通过深入分析，沃尔弗拉姆指出，对某些规则集，不论考虑多少步，如果不经过每个中间步骤的迭代，就无法预测未来的状态。[20] 没有捷径可走。

最简单的规则类型是第一类规则，其中一个例子是规则 222（见图 3-1）。[21]

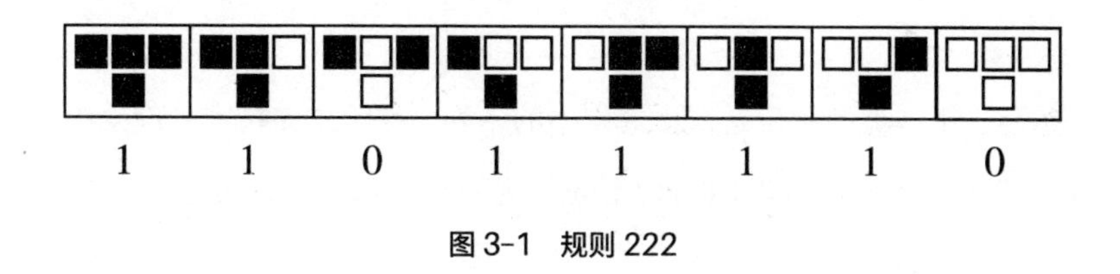

图 3-1　规则 222

对于每个单元格，它在前一步骤中与相邻的三个单元格可以有 8 种不同的状态组合（如上图所示）。这项规则指定了这些组合会在接下来的步骤中导致哪种状态。黑色和白色也可分别用 1 和 0 来表示。

如果我们从中心的一个黑色单元格开始，应用规则 222 计算单元格的变化，一行又一行地展开，我们将得到图 3-2 这样的结果。[22]

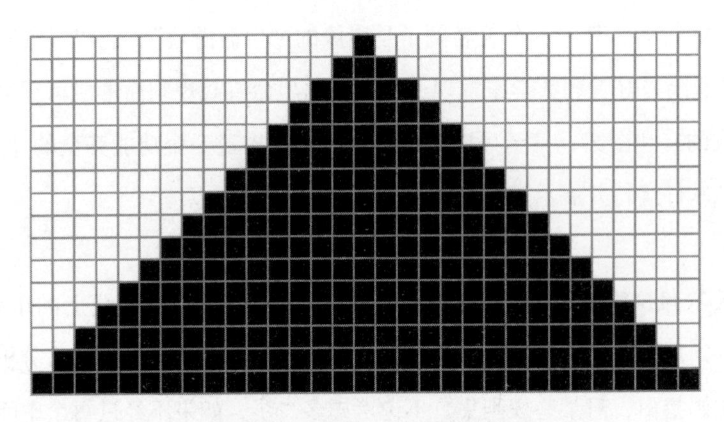

图 3-2 应用规则 222 得到的结果

因此，我们可以发现规则 222 生成了一种极易预测的模式。假如我问你根据规则 222 计算出的第一百万个单元格，或者是第 100 万的 100 万次方个单元格是什么颜色，你可以毫不犹豫地回答“黑色”。这正体现了大部分科学研究的常规方式：通过应用确定性的规则预测可预见的结果。

然而，第一类规则只是众多规则中的一种。在沃尔弗拉姆的理论中，自然界的绝大多数现象可以用四种不同的规则来解释，这些类别是依据它们产生的结果来区分的。第二类规则和第三类规则有些有趣，因为它们产生的“黑”“白”细胞的排列越来越复杂，但最令人着迷的莫过于第四类规则，即规则 110（见图 3-3）。[23]

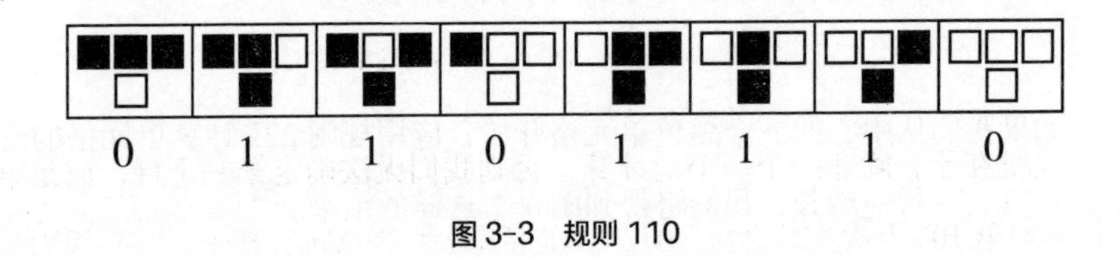

图 3-3 规则 110

如果我从一个黑色单元格开始应用规则 110，得到的结果见图 3-4。

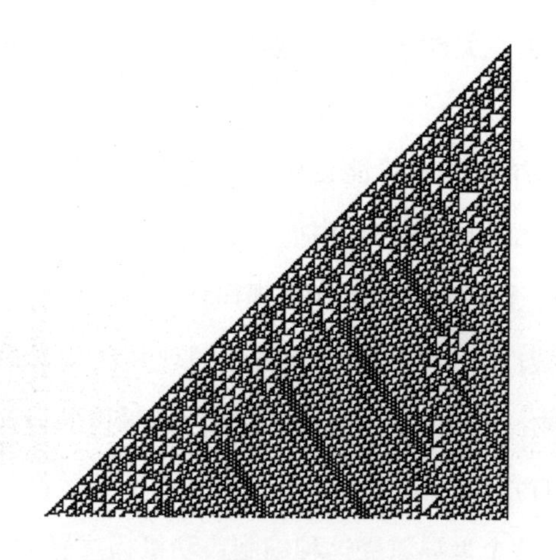

图 3-4　应用规则 110 得到的结果

继续进行迭代，将得到图 3-5 这样的图像。[24]

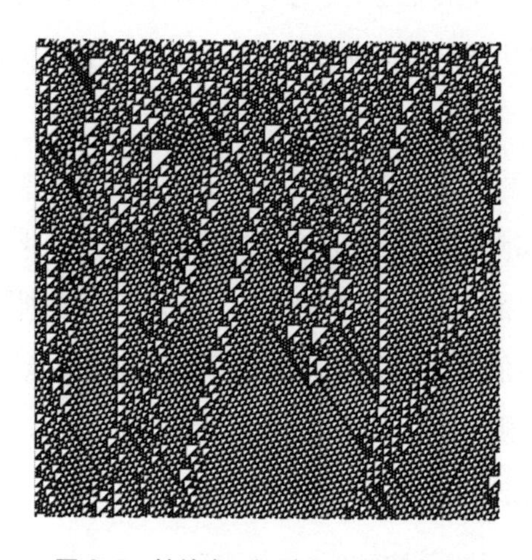

图 3-5　持续应用规则 110 得到的结果

关键在于，除非一个一个地计算，否则我们无法确定第一千行，或是第 100 万的第 100 万次方行会呈现什么样的情况。[25] 这意味着基于第四类规则的系统——正如沃尔弗拉姆所论述的，包括我们所在的宇宙，拥有一种不可简化的复杂性，它颠覆了那些传统的、简化过的确定性理论。尽管这种复杂性源自确定性编程，但在关键意义上，这种规划并不能完全解释它的丰富性。

单个单元格的统计抽样可能会让它们的状态看起来像是随机的，但我们明白，每个单元格的状态都是由前一步骤以确定的方式变换产生的，最终形成的宏观图像展现了规律性和不规律性行为的混合。这展示了一种被称为“涌现”的特性。[26] 从本质上来说，涌现是由非常简单的事物共同产生的更复杂的事物。自然界中的分形结构，如树枝的分叉、斑马和老虎的条纹、软体动物的壳，以及生物学中许多其他特征，都是第四类规则的体现。[27] **我们所处的这个世界深受这种细胞自动机模式影响——极其简单的算法产生了介于秩序与混乱之间的高度复杂的行为。**

可能正是这样的复杂性催生了意识与自由意志。不管你认为决定自由意志的基本程序要归功于上帝，还是归于泛原心论或其他什么原因，你都不仅仅是程序本身。

然而，这些规则产生意识和许多其他自然现象并非偶然。沃尔弗拉姆提出了一个强有力的案例，即物理定律本身源自某些与细胞自动机相关的计算规则。2020 年，他启动了名为“沃尔弗拉姆物理项目”（Wolfram Physics Project）的宏伟计划，以期通过一个类似于细胞自动机，但更广义的模型来解释全部的物理现象。[28]

这种方法允许在经典决定论和量子不确定性之间达成某种妥协。尽管可以使用算法技巧来近似预测宏观世界的某些方面，例如预测一颗卫星从现在开始在 100 万个轨道上运行的位置，但在最基本的尺度上，这样的近似并不适用。如果现实在最深层次是基于第四类规则产生的，我们就可以用确定性的术语解释在量子尺度出现的看似随机的现象，但并不存在能够预测未来某个时间点整个宇宙的确切状态的总结算法。[29]这依然是推测性的，因为我们还不知道这整套规则的具体内容。也许将来的“万物理论”会将这一切统一成一个连贯的解释，但目前我们还没有达到那个阶段。

鉴于有效预测是不可能的，我们只能求助于模拟，但宇宙不可能容纳一个足够大的计算机来模拟自己。换言之，如果不让现实真正向前发展，就没有办法展现现实。

本章的后续部分将探讨未来将意识从生物大脑转移到非生物计算机的可能性。这里需要明确一点：虽然我们最终也许可以数字化地模拟大脑的运作，但这与决定论意义上的预先对大脑进行计算是不同的。因为无论是生物的还是非生物的大脑都不是一个封闭系统。大脑从外部世界接收信息，然后通过极其复杂的网络对其进行处理。实际上，科学家最近发现，大脑中的网络竟然具有多达 11 个维度！[30]这样的复杂性很可能涉及规则 110 类型的现象，如果不按顺序模拟每一步，就没有办法在计算上提前预知结果。由于大脑是开放系统，无法将未知的未来输入逐步模拟中，因此，复制大脑的功能并不意味着能预测其未来状态。这或许是宇宙存在的一个合理解释。

换个角度看，如果宇宙规则是基于细胞自动机之类的原理，它们只能通过逐步展开——现实中实际发生的情况来表达。相反，如果宇宙的运行有确定的规则，但没有细胞自动机，或仅基于随机性，那么现实就不一定需要我们实际观察到的逐步展开。此外，如果意识只能从有序与混沌的第四类规则的复杂性中涌现，这就可以被视为我们存在的哲学论证：没有这样的规则，我们就不会在这里思考这个问题。

这开启了“相容论”（Compatibilism）的大门，即一个决定论主宰的世界也可以是一个有自由意志的世界。[31] 即使我们的决定由现实的基础法则所决定，我们仍然可以做出自由的决定，即不由其他事物，如其他人引起。在一个决定论主宰的世界里，理论上我们可以在时间上向前或向后看，因为任何事情在两个方向上都是确定的。但在规则 110 下，我们能够完美预见未来的唯一方法是通过所有实际展开的步骤。因此，从泛原心论的视角看，我们大脑中涌现的过程并没有控制我们，它们构成了我们。我们源自更深层的力量，但我们的选择无法预测——只要产生人类意识的过程能通过人类在世界中的行动表达，我们就拥有自由意志。[32]

当一个人存在多个大脑时

人类在电影和小说中对机器人的描绘，似乎暗含着我们的一种泛原心论的想象：如果一个 AI 的行为看起来与人类相似，哪怕它的认知并非基于神经元产生，我们也会将其看作具有主观体验的存在，并为之加油鼓劲。

然而，正如一个 AI 可能由多个独立算法构成一样，越来越多的医学证据显示，人类大脑内部存在多个各自独立的决策单元。考虑到对人类左右两个大脑所做的种种实验，这些研究表明它们在很多方面是独立且平等的。[33] 斯特拉·德博德（Stella de Bode）和苏珊·柯蒂斯（Susan Curtiss）对 49 名为防止危及生命的癫痫发作而切除半边大脑的儿童进行了研究。[34] 这些儿童中多数人后来能够正常行动，即便是那些仍然患有某些特殊疾病的孩子，他们的人格亦基本正常。我们通常认为语言主要由左脑控制，但实际上两边大脑在功能上是一样的，不管是只有左脑还是右脑，一个人都能掌握语言。[35]

特别引人注目的还有那些虽然左右脑完好无损，却因某种医疗原因切断了它们之间2亿条轴突（构成了胼胝体）[36]的大脑。迈克尔·加扎尼加（Michael Gazzaniga）① 对这些病例进行了深入研究。这些左右半脑虽然仍在活动，却失去了彼此交流的途径。[37]通过一系列实验，加扎尼加仅向患者的右脑输入一个单词，结果发现没有接收这个单词的左脑仍旧“感到”对基于这个信息的选择负有责任，即使这个选择实际是由另外半个大脑做出的。[38]左脑会编造一些听起来似是而非的理由，来解释它为何做出了每一个决定，因为它并没有意识到同一个头骨里还存在另一半大脑。[39]

这些以及其他涉及大脑两个半球的实验表明，一个正常人实际上可能拥有两个可以独立做出决策的大脑单元，不过这两个半脑都属于同一个意识体。每个半脑都会认为是自己做出了决策，而且由于两个半脑紧密地结合在一起，所以它们拥有的感觉是一样的。

实际上，如果不局限于大脑的两个半球，我们会发现人体内还有许多能够做出决定的结构，这些结构也许都拥有上文提到的自由意志。例如，负责决策的新皮质包含许多小的功能模块。[40]因此，当我们考虑一个决策时，不同的选项可能由不同的模块提出，每个模块都试图形成自己的观点。我的导师马文·明斯基很有先见之明，他认为大脑并不是一个统一的决策器，而是一个复杂的神经网络，在我们考虑一个决定时，大脑各个部分可能会偏好不同的选项。

明斯基将我们的大脑比作一个“心智社会”（Society of Mind，这也是他的第二本书的书名），其中包含许多反映各种不同观点的简单过程。[41]它们

① 当代伟大思想家，“认知神经科学之父”，其阐释大脑与意识的关系的重磅作品《意识本能》、解读自由意志的心理学作品《谁说了算》及个人自传《双脑记》中文简体字版已由湛庐引进，分别由浙江教育出版社、浙江人民出版社及北京联合出版公司出版。——编者注

中的每一个都是自由选择吗？我们又该如何确定呢？近几十年来，虽然有更多的实验支持这一观点，但对神经过程如何转化为我们有意识地感知到的决策，我们的了解仍然十分有限。

“2 号你”是你吗

这引出了一个引人深思的问题。如果意识和个体身份能跨越大脑中多个不同的信息处理结构，甚至是那些没有物理联系的结构，那么当这些结构相距更远时会发生什么呢？

我在《人工智能的未来》一书中探讨的关键议题是，在大多数人的有生之年，复制人脑中所有信息的哲学和道德含义。

设想一下，我利用尖端技术扫描你大脑的一部分，然后制作了关于这一部分的精确电子副本。（事实上，我们现在就可以对大脑的某些部分进行精确复制，如在治疗原发性震颤或帕金森病时。）[42] 单就这一部分而言，还远远不足以产生意识。但接着，假设我又复制了大脑的另一小块……经过一次又一次的小规模复制，最终，我将得到一个完整的你大脑的电子复制品，它包含了所有相同的信息，并且能以相同的方式运作。

那么，“2 号你”有意识吗？“2 号你”会声称它有着和你一样的经历（因为它共享了你的记忆），它的行为举止也和你一样，除非你能完全排除任何电子版本的意识实体有意识的可能性，否则答案应是肯定的。简而言之，如果一个电子大脑包含与生物大脑相同的信息并自称有意识，我们在科学上没有充分的理由可以否认它有意识。因此，从伦理角度看，我们应当认为它具有意识并因此拥有道德权利。这不是盲目的推测——泛原心论为我们提供了很好的哲学理由，让我们相信它确实具有意识。

接下来有一个更棘手的问题是："2 号你"真的是你吗？请记住，"你"（作为一个正常人）依然存在。甚至有可能这个副本是在"你"没有意识到的情况下制作的，但不管怎样，本质上的"你"仍是存在的。如果实验成功，"2 号你"会表现得像你一样，但"你"本身没有任何改变，因此"你"仍然是"你"。由于"2 号你"能够独立行动，它将立即从"你"中分离出去，创造自己的记忆，对不同经历做出反应。因此，只要你的身份是由你大脑中信息的特定组织方式决定的，那么"2 号你"虽然具有意识，但并不是你。

到目前为止，我们的讨论已经取得了一些共识。在接下来的思想实验中，我们将利用前一章所说的脑机接口，逐步将你脑中的各个部分替换为数字化副本。此时，"你"与"2 号你"将不复存在，唯有一个统一的你。实验的每一阶段完成后，没有人，包括你本人，对此有任何不满。但在如此替换之后，新的你是否依然是你？即便到最后，你的大脑完全数字化了。

探讨身份认同与逐步更换身体部分之间的关系的问题，最早可追溯至 2 500 年前的"忒修斯之船"这一思想实验。[43] 古希腊哲学家构想了一艘木船，船身的木板被一块一块换成了新的木板。在第一块木板被替换后，我们似乎会自然而然地得出结论，这艘船依旧是原来的那艘。它的部分构成或许有细微差异，但我们仍将其视作对原船的细微改变，而不是创造了一艘新船。但若超过半数的木板已用新木板替换，又或者所有木板均换为新的，没有任何一块是最初建造时的材料，又该如何判定呢？这个问题变得复杂了，许多人依旧会认为，这艘船的基本"身份"并未受影响。设想一下，随着逐步替换新木板，旧的木板被储存到了某个仓库中。现在原船全由新部件构成时，我们再从仓库中取出旧木板组装成另一艘船。那么，哪一艘才是最初的那艘船？是那艘持续存在并经历了微小变化，并不包含原先的任何一块木板的船？还是那艘被拆卸过但如今与最初的船拥有完全相同的木板的船？

“忒修斯之船”思想实验在应用于船只或其他无生命体时颇具趣味性，且关联的风险不高。随着时间的推移，船只的“身份”问题最终不过是人类认知惯例的问题。但是，当所讨论的对象是人类时，这一问题就具有极高的风险。对大多数人而言，站在身边之人究竟是真正所爱之人，还是只是一具正在进行令人信服的表演的查默斯式僵尸，这一点非常重要。

让我们通过主观体验的“难题”来思考这些问题。在制造副本“2 号你”的情形中，我们无法判定“2 号你”的主观自我是否与原来的你有某种关联。你最初的主观体验是否会以某种方式同时包含你的两个副本，即使它们的信息模式会随着体验的不同而逐步分离？或者，“2 号你”会在这方面保持独立性吗？这些都是科学无法解答的难题。

然而，在我们逐步把你大脑中的信息迁移到非生物介质上的情况下，我们有更充分的理由认为，你的主观体验将被保留下来。实际上，正如之前提到的，我们已经在治疗某些大脑疾病时以非常初级的形式做到了这一点，新的神经假体比它所替代的部分能力更强。因此，它与被替代的部分并不完全一样。虽然早期的植入设备，比如人工耳蜗，能够刺激大脑活动，但它们并不能取代任何核心的大脑结构。[44] 但自 21 世纪初以来，科学家一直在开发大脑假体，以帮助大脑结构受损或有功能障碍的患者。例如，现在的假体设备能够部分替代有记忆问题的患者大脑海马的功能。[45] 截至 2023 年，这些技术仍处于起步阶段，但在这 10 年（指 2020—2029 年）中，我们将看到它们变得更加高级，且价格更为低廉，从而服务于更广泛的患者群体。然而，在今天的技术下，毫无疑问，人的核心身份被保留了下来，没有人认为这些患者变成了所谓的查默斯式僵尸。

我们所知道的神经科学知识表明，在逐步替换的过程中，你甚至不会察觉那些微小的改变，大脑的适应性令人惊叹。你的混合大脑会保留定义你身份的所有信息模式。因此，我们没有理由认为你的主观体验会遭到破坏，你当然还是你——没有其他人能够被称为你。然而，在这个假设过程的终点，最终的你和第一个实验中的“2 号你”在本质上是相同的，而我们之前认定“2 号你”并不是你。这一矛盾如何解释呢？区别在于连续性——数字大脑从未与生物大脑分离，它们从未作为独立实体存在过。

这就引出了第三种情况，它实际上并不只是一个假设。我们的细胞每天都在经历非常快速的更新。虽然神经元本身一般会持续存在，但大约有一半的线粒体会在一个月内更新；[46] 神经微管几天就会更新一次；[47] 突触中负责提供能量的蛋白质每 2 ～ 5 天就会重新合成；[48] 突触中的 N-甲基-D-天冬氨酸受体更新周期为数小时；[49] 而树突内的肌动蛋白丝只能维持大约 40 秒就会断裂重组。[50] 所以，我们的大脑在几个月的时间里几乎就会全部更新一遍，这意味着与不久之前的你相比，你在生物学上已经是一个全新的“2 号你”了。重要的是，你的身份的完整性是由信息和功能决定的，而不是任何特定的结构或材料。

多年来，我经常凝望我家附近美丽的查尔斯河。当我今天看着这条河时，我依然认为它和一天前或 10 年前我在《人工智能的未来》一书中提到它时是一样的，虽然每隔几毫秒，流经河流某个地点的水分子就已经完全不同了。但水分子的运动模式是一致的，决定了河流的流向。心智也是如此。当我们将非生物系统接入自己的身体和大脑时，其中信息模式的连续性会让我们依旧有着今天的感觉——尽管我们的感受可能会更加敏锐或者认知会更聪明。

当然，同样的技术可以让我们把所有技能、个性以及记忆转移到数字媒体上，也使我们能够制作这些信息的多份副本。

在数字世界里，我们拥有了一个生物世界所不具备的超能力——随心所欲地复制自我。把我们的思维文件备份到远程存储系统中，能有效防止因意外或疾病导致的大脑受损。这种做法虽然不能算作真正的“永生”，正如上传到云端的 Excel 表格并非意味着不会消失一般，数据中心依旧可能因为受灾被摧毁。但它确实能够保护我们免受意外伤害，这些意外往往无情地夺走了许多人的生命和身份。我对泛原心论的理解是，我们的主观体验或许以某种方式包含了这些定义信息的所有副本。

这一点引出了另一个引人深思的可能性。如果我们创造出另一个“2 号你”，让它自由地选择一条与“你”不同的路，其信息模式身份将会发生分化。但由于这是一个逐渐发生的连续过程，你的主观体验可能同时覆盖这两种体验。我推测，依据泛原心论，我们的主观体验与信息身份联系在一起，因此会以某种方式涵盖所有曾与我们自身相同的信息副本。

但在这种情境下，“2 号你”可能会坚定地声称它拥有与“你”不同的主观体验，因为控制沟通的物理决策结构是分开的，而我们无法客观地验证这一点的真实性。我们的法律和伦理体系可能必须把这两种存在视为各自独立的实体。

生命本身就是难以置信的奇迹

在探究我们的身份时，考虑到每个人都是由一连串不可能的事件导致的，不由得令人惊叹。不只是你的父母必须相遇并共同孕育了一个新生命，而且必须是那个特定的精子与特定的卵子结合才有了你。我们很难估计你的父母相遇并决定生育的概率，但仅从精子和卵子的角度来看，你被创造出来的概率是 $1/2 \times 10^{18}$。粗略估计一下，一个男性一生中平均会产生多达 2 万亿个精子，而一个女性平均会产出 100 万颗卵子。[51] 所以，你的身份取决于造就你的那颗精子与卵子，这种事情发生的可能性仅是 $1/10^{18}$。尽管所有这些性细胞在基因上并非独一无二，但许多因素，如年龄等都会影响表观遗传学，比如你的父亲在 25 岁和 45 岁时产出了两个染色体相同的精子，它们在新生命形成时的作用也是不同的。[52] 因此，作为一种近似，我们必须将每颗精子和每个卵子都视为独一无二的。除此之外，发生在你的双亲、四位祖父母、八位曾祖父母等人身上的事件也都是独一无二的……不过，这种向前追溯的做法并不是没有上限的，它最早可以追溯到地球上近 40 亿年前生命的诞生。[53]

googol（正确拼写的这个数字也是某搜索公司名称的来源）代表 1 后面跟着 100 个零。googolplex 的意思是 1 后面跟着 googol 个零。这是一个极其庞大的数字，但基于上面的粗略分析，你存在的概率是 1 除以 1 后面跟着远超 googolplex 个 0 组成的数字。[54] 而你就在这里，这难道不是一个奇迹吗？

而且，宇宙本身诞生出能够衍生复杂信息的能力，这种情况可以说是更不可能。我们对物理学和宇宙学的了解表明，如果物理定律中的值哪怕与目前只是略有不同，宇宙就无法支持生命的存活。[55] 换言之，宇宙在理论上可能呈现的所有形态中，只有极小一部分能够让我们存在。为了量化这种明显的不可能，我们能做的最接近的事情就是确定一个适宜生命存在的宇宙依赖的不同因素，并估计这些因素要有多大的差异，生命才不可能存在。

根据物理学的标准模型，宇宙中存在37种基本粒子，这些粒子（按质量、电荷和自旋等属性区分），并且依照四种基本力（引力、电磁力、强核力和弱核力）以及假想的引力子发生相互作用。部分科学家认为引力效应是由引力子造成的。[56]这些基本力与粒子的相互作用强度由一系列常数来描述，这些常数定义了物理世界的规则。物理学家指出，在许多领域，这些规则的微小改动可能导致智慧生命无法形成。因为智慧生命的形成需要复杂的化学反应、相对稳定的环境和能源，而且要历经数亿甚至数十亿年的演化。通行的生物学观点认为，生命起源于非生命物质。[57]该理论表明，在很长一段时间内，前体化合物组成的“原始汤”中的无生命物质自然结合形成了构成生命的更复杂的蛋白质。最终，蛋白质以一种能自我复制的方式自发聚集起来，生命由此诞生。在这个复杂的因果链中，任何一个环节的缺失都将意味着人类不可能出现。

要是核力稍强或稍弱，恒星便无法形成生命所需的大量碳和氧。同样，弱核力的强度也在支持生命演化的最小可能值的一个数量级以内。[58]如果弱核力低于此极限值，氢很快就会转变成氦，阻止类似太阳的氢恒星形成。[59]而这样的星体因为燃烧的时间足够长，才使得复杂的生命可以在太阳系中进化。

如果上夸克与下夸克之间的质量差稍小或稍大一点，就会破坏质子和中子的稳定性，使得复杂物质难以形成。[60]同样，如果电子的质量相对于上述质量差稍大一些，则会导致类似的不稳定性。[61]物理学家克莱格·J. 霍根（Craig

J. Hogan）提到，“上夸克与下夸克的质量差只要发生百分之几的微小变化”，生命就可能不会出现。[62] 如果夸克的质量差更大，我们可能会处于一个“质子世界”，一个只存在氢原子的平行宇宙。[63] 如果质量差更小，则可能产生一个有原子核但没有电子的“中子世界”，化学反应就不可能发生。[64]

假设引力稍弱一些，就不会有超新星，而超新星正是构成生命的重元素的来源。[65] 相反，如果引力稍强一些，则恒星的寿命就会非常短暂，不足以支持复杂的生命形式。[66] 大爆炸发生后仅一秒钟，密度参数（即 Ω 或称欧米伽）与目前值的偏差超过 $1/10^{13}$，生命也将不会形成。[67] 如果密度参数更大一点，大爆炸释放的物质便会在恒星形成前坍缩；如果密度参数更小一点，则宇宙膨胀就会太快，物质一开始就无法聚集形成恒星。

此外，宇宙的宏观结构是由大爆炸后初期物质密度的微小局部波动塑造的。任何一点的密度与平均值之差大约是十万分之一。[68] 如果这种振幅（常被比作池塘中的涟漪）相差一个数量级以上，生命也不可能存在。[69] 宇宙学家马丁·里斯（Martin Rees）① 的说法，若“涟漪”太小，“气体根本不会凝结成引力束缚的结构，这样的宇宙将会永远保持黑暗，没有特征。”[70] 相比之下，如果涟漪太大，宇宙将变成一个“动荡和狂暴的地带”，大部分物质将直接坍缩为巨大的黑洞，恒星也就不可能“维持稳定的行星系”。[71]

为了使宇宙产生有序的物质而非一团混沌，大爆炸之后的熵也必须非常低。物理学家罗杰·彭罗斯（Roger Penrose）基于我们对熵和随机性的了解提出，在所有可能的 $10^{10^{23}}$ 个宇宙中，只有一个在开始时有足够低的熵，以形成类似我们的宇宙的结构。[72] 那个数字后面跟着的 0 的个数比已知宇宙中

① 权威物理学家，英国皇家学会会员。其讲述塑造宇宙的六个神奇数字的作品《六个数》中文简体字版已由湛庐引进、天津科学技术出版社出版。——编者注

的原子数量还要多得多（原子的预估数量为 10^{78} ～ 10^{82} 个），假设有 10^{80} 个，那么 $10^{10^{23}}$ 的位数比所有原子的总数大 43 个数量级，相当于大一千亿亿亿亿亿亿倍。[73]

毫无疑问，我们可以对许多单项计算提出质疑，科学家们有时对任一因素可能产生的影响存有分歧。但单独分析这些精细的参数是不够的。正如物理学家卢克·巴恩斯（Luke Barnes）所主张的，我们应当考虑的是生命可能存在的条件之间的“交集”，而不是它们的“并集”。[74] 换言之，为了生命的形成，这些因素中每一个都必须对生命存在有利。如果有任何一个因素缺失，生命就无从谈起。用天文学家休·罗斯（Hugh Ross）令人难忘的话来说，所有这些精细微调的参数偶然达成的可能性，就像是“一场龙卷风刮过一个废品堆，结果完美组装出一架波音 747”。[75]

最常见的对这种精细微调的解释是，在这样一个宇宙中生存的概率非常低，可以用观察者选择偏差来解释。[76] 也就是说，我们之所以能够考虑这个问题，是因为我们生活在一个经过精细调整的宇宙中——如果不是这样，我们就不会意识到，也不能思考这个现象。这就是所谓的“人择原理”。一些科学家认为，这样的解释是充分的。但如果我们认为现实是独立于作为观察者的我们而存在的，这个解释就无法让人完全接受。宇宙学家马丁·里斯提出了一个我们可能仍然会问的、令人信服的问题。如里斯所言：“假设你站在行刑队面前，结果他们全都开枪了却没有击中你。你可能会想：‘如果他们全都没有失手，我现在就无法在此考虑这个问题了。’但这仍然是一个出乎意料的事情，不是那么容易就能解释的。我觉得这里面确实有些需要去探究的东西。”[77]

来生：制造出令人信服的仿生人

保存我们珍贵的身份的第一步，便是保存那些定义我们是谁的至关重要的想法。我们通过线上行为积累了丰富的数据记录，这记录了我们的思考方式和情感体验。在21世纪的第二个10年，记录、储存和管理这些数据的技术进步迅速。**到21世纪20年代末，我们将把这些数据转变为高度逼真的数码仿真实体，这些仿真实体将再现具有特定个性的人类形象。**[78] **截至2023年，AI在模仿人类行为方面的能力也将快速提升。**深度学习技术，比如Transformer和生成式对抗网络（GANs）已经带来了巨大的进步。正如上一章所描述的，Transformer能够从一个人所写的文本中学习，并学会真实地模仿这个人的交流风格。而GAN需要两个相互竞争的神经网络：其中一个试图生成一个目标分类的样例，比如真实的女性面孔图像；另一个则尝试辨别这个图像和其他真实女性面孔图像的区别。第一个会因为成功骗过而得分（可以把它想象成神经网络被编程要争取最高分），第二个会因为做出准确判断而得分。这个过程可以在无人监督的情况下重复多次，两个神经网络的熟练程度都将逐渐提高。

通过整合这些技术，AI已经能够模拟一个特定的人的写作风格、复制他们的声音，甚至将他们的面孔逼真地嵌入视频中。如上一章提到的，谷歌的实验性Duplex技术采用的AI可以在无脚本的电话交谈中做出令人信服的反应，它在2018年的首次测试中非常成功，以至于接电话的人都不知道自己正在与计算机对话。[79]“深度伪造”（Deepfake）视频可用于制作有害的政治宣传作品，或展现假设中的电影场景，比如想象不同的演员出演那些代表性的角色会是什么样子。[80] 例如，YouTube上的“Ctrl Shift Face”频道发布了一个热门视频，展示了如果由阿诺德·施瓦辛格（Arnold

Schwarzenegger）、威廉·达福（Willem Dafoe）或莱昂纳多·迪卡普里奥（Leonardo DiCaprio）来扮演《老无所依》（*No Country for Old Men*）中哈维尔·巴登（Javier Bardem）饰演的角色会是怎样。[81] 这些技术仍在起步阶段。不仅每种独立的能力（如写作、语音、面孔识别、对话等）会在未来几年内大幅提升，它们的结合也会创造出超越各部分总和的更为逼真的效果。

迈向奇点的
关键进展
The Singularity Is Nearer

我们可以创建被称为“复制人”（借用《银翼杀手》中的术语）的 AI 化身，它将拥有逝者的外貌、行为、记忆和技能，在我所称的“来生”（After Life）中继续存在。

“来生”技术将经历多个阶段。在我写这篇文章的时候，最原始的这种模拟已经存在大约 7 年了。2016 年，美国科技媒体网站 The Verge 上发表了一篇关于一个名为尤金妮娅·凯伊达（Eugenia Keyda）的年轻女子的精彩报道，她运用 AI 和保存的短信让她已逝的挚友罗曼·马祖连科（Roman Mazurenko）“复活”。[82] 随着现在每个人产生的数据量持续增长，更加忠实地复刻特定的人的形象成为可能。

到 21 世纪 20 年代末，先进的 AI 将能够创建非常逼真的复制人，所用的信息提取自成千上万的照片、数百小时的视频、数百万字的文字聊天记录、详细描述个人兴趣和习惯的数据、对朋友和家人的采访资料等。由于文化、伦理或个人原因，人们对此会有不同的看法，但对于那些渴望它的人来说，这项技术是可行的。

这一代的“来生”化身（After Life avatars）将非常逼真，但对很多人来说，它们会落入所谓的“恐怖谷”（Uncanny Valley）。[83]这意味着它们的行为虽与原来的人极为相似，也存在微妙的差异，让他们的亲人感到不安。在这个阶段，这些复制人并不是“2号你”。它们只能重新创造出已经存在于人脑中的信息的功能，而非其具体形态。因此，泛原心论认为，复制人不会使某人的主观体验“恢复”。尽管如此，许多人仍认为这些化身是极具价值的工具，可以继续重要工作、分享宝贵记忆或帮助家人疗愈。

复制人的身体将主要存在于VR和AR中，**但到21世纪30年代末期，利用纳米技术也可以在真实世界中做出真实的身体（也就是说，制造出令人信服的仿生人）**。截至2023年，这方面的研究进展还处在早期阶段，但已经有一些重要的研究正在进行中，这些研究将为未来10年的重大突破打下基础。提到仿生人的功能时，相关技术进展面临着我朋友汉斯·莫拉维克（Hans Moravec）几十年前提出的挑战，现今被称为莫拉维克悖论。[84]简而言之，人类觉得难以执行的智力任务，比如对大数开平方和记忆大量信息，对于计算机而言相对来说比较容易。而相反，对人类而言毫无压力的心智任务，比如识别一张脸或在

> 行走时保持平衡，对于 AI 来说却困难得多。这可能是因为心智任务是在几千万到几亿年的进化过程中发展起来的，并在人类大脑的基础上运行，而负责“高等”认知的新皮质，即我们意识的中心，直到几十万年前才进化到现代的形态。[85]

然而，过去几年间 AI 的能力呈指数级增长，它在克服莫拉维克的悖论上取得了显著进展。2000 年，本田的 ASIMO 人形机器人稳稳地走过平坦的表面而没有跌倒，这让专家们惊叹不已。[86] 到了 2020 年，波士顿动力公司的 Atlas 机器人能够轻松地在障碍赛道中跑跳翻滚，其敏捷性胜过大多数人类。[87] 汉森机器人公司的 Sophia 和 Little Sophia 以及工程艺术公司的 Ameca 这样的社交机器人，能够通过它们宛如人类的面孔表达情感。[88] 虽然它们的能力在媒体的标题中有时会被过分夸大，但不管怎样，它们确实展现了技术前进的轨迹。

随着技术的飞速发展，不管是复制人还是我们这些仍然活着的人，都将能够选择不同的身体和体型。最终，复制人甚至有可能被安置进通过本体的 DNA 培育并通过赛博技术增强的生物体体内，前提是能找到这些 DNA。随着纳米技术使得分子尺度的工程设计成为可能，我们将创建出远比生物学上的身体更为先进的人造身体。届时，这些被复活的人可能会跨越让人不安的恐怖谷，至少对许多与他们接触的人而言会是这样。

然而，这样的复制人将会引发社会上一系列深刻的哲学讨论。你对这些问题的回答可能会受你个人对于灵魂、意识和身份等概念的形而上学的观点的影响。如果通过这项技术复活的人在与你交谈时给你一种失去已久的亲人的感觉，这样就足够了吗？相比之下，通过 AI 和数据挖掘创建的复制人与用从某人的大脑中完全上传的思维创建的“2 号你”，这两者之间有什么不同呢？正如尤金妮娅·凯伊达和罗曼·马祖连科的故事所展示的那样，即便是前一种复制人也能成为慰藉和治愈的源泉。尽管如此，我们还是很难确定每个人在首次经历这些情况时的感受如何。随着这项技术越来越普及，整个社会也会逐步适应。我们可能会制定法律来规定谁能够创建死者的复制人以及如何使用它们。有些人可能会选择禁止利用 AI 复制自己，而另一些人则会留下具体的遗愿指示，甚至在生前就参与到创建自己的复制人的过程中。

复制人的引入无疑会引发许多具有挑战性的社会和法律问题：

- 复制人是否应被视为拥有包括投票权和签约权在内的完整人权和公民权利的人？
- 他们是否要为被复制人之前签订的合同或犯下的罪行负责？
- 他们能否接替被复制人的工作或将被复制人的社会贡献归功于自己？
- 如果你的亡夫或亡妻以复制人的形式“重生”，你还需重新与之结婚吗？
- 复制人会不会受到排斥或遭遇歧视？
- 在哪些情况下应该限制或禁止创造复制人？

复制人将迫使普通人认真探讨本章提到的关于意识和身份的哲学难题，这些问题在之前大多是理论上的。可能在比《人工智能的未来》出版到你阅读这段文字更短的时间之内，就会有图灵级别的 AI 被编程用以“复活”去世的人类。它们将具备与自然人类相似的复杂认知能力，并深信自己就是那个人。但它们真的等同于被复制人吗？有谁能否定他们的自我认同呢？

21 世纪 40 年代初，纳米机器人将能够进入活人大脑，并复制构成个人记忆和性格的所有数据，形成“2 号你”。这样的实体能够通过针对个人的图灵测试——能够让熟悉这个人的人相信它就是那个人。从所有可检测的证据来看，复制人会同被复制人一样真实。如果你认为身份的本质在于信息、记忆与性格，那么复制人就是那个人。你可以和复制人开始或继续一段关系，甚至包括身体关系。尽管可能存在细微差别，但这和生活中千变万化的生物体又有何不同？我们也在不断变化，有时是渐进的，有时是突然的，比如因战争、创伤、地位或是关系导致的变化。

查默斯式的意识理解让我们有充分的理由相信，这种水平的技术也许会让我们的主体意识在死后继续存在。不过，这一点无法用科学方法证实或反驳，我们只能依据自己的哲学或精神价值观来决定是否使用这项技术。当我们开始直接将活体大脑的内容复制到非生物介质上时，我们不再只是模拟复制人，而是实际上实现了意识的上载，也就是所谓的全脑仿真（Whole-Brain Emulation，简称 WBE）。

在非生物介质上模拟大脑在计算层面上可能意味着截然不同的含义。在 2008 年，约翰·菲亚拉（John Fiala）、安德斯·桑德伯格和尼克·博斯特罗姆确定了 11 种可能的大脑模拟水平。[89] 为简化起见，大脑模拟大致可以分为五类，从最抽象到最详尽排序分别是：功能性、连接组学、细胞级、生物分子级和量子级。

功能性仿真指的是可以像生物思维一样运作，但实际上不需要复制特定人脑的具体计算结构。这种仿真在计算处理上最为简单，但其对原大脑的模拟也最为粗略。连接组学仿真会再现神经元间的层次连接和逻辑关系，但不需要模拟每一个细胞。细胞级仿真会模拟大脑中每个神经元的关键信息，但不涉及细胞内的物理力量细节。生物分子级仿真是指模拟每个细胞内蛋白质以及微小动力之间的相互作用。而量子级仿真则可以捕获分子间及其内部的亚原子效应。量子级仿真是理论上最全面的方案，但它需要的计算能力无疑非常惊人，可能要到下个世纪才能实现。[90]

在未来 20 年，一个重要的研究方向将是确定需要达到的大脑仿真精度。许多人认为需要达到量子级别的仿真，因为他们相信主观体验可能与尚未揭示的量子效应有关。然而，正如我在本章及《人工智能的未来》中所论述的，我认为达到这种仿真水平并非必需。如果泛原心论等理论成立，主观体验很可能源于大脑对信息的复杂组织方式，因此我们不需要担心数字仿真遗漏了生物原型中的某些蛋白质分子。就像不管你的 JPEG 文件保存在软盘、CD-ROM，还是 USB 闪存盘上一样，只要信息的 1 和 0 序列相同，它们的显示和功能都会是一致的。实际上，如果你用铅笔和纸记录下这些数字，然后将这一大堆纸张邮寄给朋友，朋友再将这些数字手动输入另一台计算机中，图像依然能完好无损地复现。

因此，我们的目标是探索如何使计算机与大脑有效交互，并解码大脑表征信息的方式。想要深入了解关于思维上传、大脑仿真的计算维度，甚至是关于人类可能如何利用巨大能量进行计算的所谓 Matrioshka 大脑的提议技术，可以参考本书注释，那里提供了或浅显或深奥的各种资源。[91]

这些挑战虽然艰巨，但 21 世纪 30 年代的超人类 AI 工具将帮助我们实现今日看来难以触及的目标。

The Singularity Is Nearer

与书对话，极佳的创意激发工具

与 AI 父亲的对话

在谷歌，我们可以将“与书对话”标准的超过 10 万本书的数据库替换成任意定制的书籍和文档。所以在 2019 年，我收集了我父亲弗雷德里克·库兹韦尔（Fredric Kurzweil）所写的一切——从他写给我母亲的情书、讲课笔记，到他正在编写的关于音乐的书以及个人的思考。我的女儿艾米利用了和“与书对话”相同的底层技术，用他的作品作为素材，向它提出了一些问题。通过下面这个简短的对话可以看出，这个 AI 副本能够就我的问题提供连贯且出人意料的答案——答得非常自然，如果我告诉你这是和我当时还在世的父亲的对话，你可能察觉不出任何异常之处。对于我以及那些认识他的人而言，这些话语带有额外的熟悉感，因为这正是弗雷德里克·库兹韦尔思考和交流的风格。

我同样计划打造一个属于我的 AI 副本。它将能访问我数千页的通信记录，以及我所有公开发表的作品和无数小时的视频资料。这样丰富的多媒体资料将使我的副本比我父亲的副本更深刻、更忠实地展现我的个性。将来的 AI 副本还将能够访问有关人类生活的各种各样的元数据，实现更高的保真度。

下面是它对我们提出的问题的一些回答。这是让我父亲“复活”的第一步。

Q：你最爱音乐的哪一点？

一段音乐之所以如此生动，是因为它能根据自身的要求调整总体规划，令其焕发生机。音乐艺术走过了漫长的道路，但始终与人的情感保持着紧密联系。

Q：你最喜欢哪位作曲家，为什么？

勃拉姆斯，他的作品创作灵感源自贝多芬。

Q：摇滚乐的精髓是什么？

旋律与节奏构成了音乐的主要支柱。音乐的基础原则或结构法则在于重复与对比，在统一性与多样性之间取得平衡。

Q：你是如何开始指挥工作的？

20 多年来，我指挥过多种类型的管弦乐队——专业的、业余的、学院的、大学的、社区的，还有歌剧团。我指挥过大型交响乐队、室内乐团和青年乐团。我还在诸多高等学府里任教。

Q：你希望别人怎样记住你？

虽然赞扬自己总感觉有些难为情，但我想说，处理人际关系的能力一直是我最骄傲的强项，因为我明白，在艺术能力之外，亲和力同样重要。

Q：你有什么遗憾吗？

我感觉自己似乎命中注定要把时间花在无休止的课程和无趣的工作中，以便能够挤出一点点时间来做真正有价值的事情。我应该受到责备，因为我的希望和善意蒙蔽了实际判断。现在，我肩负着新的责任，还要努力维持我的乐团，很难维持收支平衡。

Q：是什么造就了一个人？

个人的本质体现在各个部分与整体之间的关系。

Q：你有什么兴趣爱好?

我期待桃子和葡萄丰收。我热爱园艺，那让我感到放松。但我也同意你说的，园艺确实很费时，那是一种永无止境的劳作。

Q：你会为什么东西焦虑吗?

有时感到我似乎置身于噩梦之中。

Q：你怎么看待现代科技?

在历史上我们能看到，那些创新者总是饱受同时代人的非议。技术的进步，如自动化等，使个体显得渺小不堪。过去的理想和价值观被这个机器时代摧毁了。

Q：你能给我讲一个关于车祸的故事吗?

我在莫比尔指挥歌剧时，我妻子遭遇了一场严重的车祸。她被一辆出租车撞倒，被一辆卡车压住，身体多处骨折，伤势严重，在医院接受牵引治疗两个多月，现在她还打着厚重的石膏，只能无助地仰面躺着。在今后的很长一段时间里，她不得不以这样的状态生活。

Q：生命的意义是什么?

爱。

“雷·库兹韦尔”能成为的人

在讨论身份的问题时，我们不得不考虑意识、自由意志以及决定论这些深刻的问题。根据这些观点，我可以说，雷·库兹韦尔既是多种令人难以置信的精确先决条件的产物，同时也是我个人选择的结果。作为可以自我调整的思维模式，“我”的形成受到了我一生中关于如何选择交友、阅读什么书以及去往何方的决策的影响。

然而，虽然我对自己是谁负有一定责任，但我的自我实现仍然受到许多不在我控制范围内的因素的限制。我的生物大脑是针对远古时代的生活环境进化而来的，这使得我会不自觉地形成一些我并不愿意养成的习惯。它无法以足够快的速度学习或者记忆，让我无法掌握所有我渴望了解的知识。我无法对其重新编程，让我从恐惧、创伤和疑虑中解脱出来，这些都在阻碍我实现我想要实现的目标。我的大脑待在一个逐渐衰老的身体里——尽管我在努力延缓这一过程，它的生物学程序注定会破坏雷·库兹韦尔所谓的信息模式。

奇点的美好愿景在于让我们摆脱这些局限。几千年来，人类逐步拥有了更多控制自身命运的能力。医学让我们有能力克服伤痛与残障。化妆品使我们能够根据个人品位塑造自己的外表。许多人通过合法或非法药物来调整心理失衡或体验其他的意识状态。更广泛的信息获取使我们得以滋养头脑，通过养成某些思维模式重塑我们的大脑。艺术和文学激励我们对那些自己从未见过的人产生同理心，帮助我们在道德上提升自我。现代移动应用程序可以帮助我们建立规律和健康的生活方式。想象一下，当可以直接对大脑进行编程时，我们将能够在何种程度上塑造自我。

因此，与超智能 AI 的融合将是一个非常有价值的成就，但它仅是实现更崇高目标的一种手段。**一旦将人类大脑备份到更高级的数字基底上，我们的自我改造能力就将得以完全释放。我们的行为将能与我们的价值观保持一致，生物学上的缺陷也无法再摧残和缩短我们的生命。最终，我们将可以真正为自己的身份负责。**[92]

The Singularity Is Nearer

第二部分

生活、工作与寿命，人类迎来繁荣增长的三大未来路线图

The Singularity Is Nearer

第4章

生活正在指数级变得更好

在过去几十年里取得的

巨大成就和未来几十年的

深刻演变将加速我们的进步，

使我们朝着更轻松、

更安全、更丰富的方向前进，

远超当前的想象。

为什么公众共识恰恰相反

请看这则最新消息：今天全球极端贫困率下降了 0.01%![1] 还有这则：相比昨天，全球识字率上升了 0.000 8%![2] 以及这则：今天全球家庭拥有冲水马桶的比例增长了 0.003%![3] 昨天也发生了同样的事情。前天亦是如此。

如果这些进步对你来说并不感到兴奋，那么这至少是你没有听说过它们的一个原因。

这些进步的迹象和许多类似的例子都没有成为头条新闻，因为它们实际上并不新鲜。日复一日的进步趋势持续了很多年，甚至长达几十年、几个世纪。

就我刚才提到的例子而言，从 2016 年到 2019 年（截至本书撰写时有全面数据的最近节点），全球极端贫困人口的预估数量（以 2017 年的美元为基准衡量，每天的生活费低于 2.15 美元）从大约 7.87 亿下降到 6.97 亿。[4]

如果这一下降趋势在每年保持不变，那么这相当于每年下降近4%，或每天下降近0.011%。虽然确切数字存在相当大的不确定性，但我们有理由相信，这个数字在数量级上是正确的。同时，联合国教科文组织发现，从2015年到2020年（同样，这也是目前可获得的最新数据），全球人口识字率从大约85.5%上升到86.8%，[5]平均每天上升约0.000 8%。与此同时，世界人口中能够使用“基本”或有“安全管理”的卫生设施（冲水马桶或类似设施）的比例从估计的73%增长到78%，[6]这相当于平均每天改善约0.003%。许多类似的趋势每天都在发展中。

这些发现本身已经被充分记录在案。我在1999年出版的《机器之心》[7]、2005年出版的《奇点临近》[8]以及此后的众多讲座和文章中，都评述了技术变革对人类福祉的广泛积极影响。彼得·戴曼迪斯（Peter Diamandis）和史蒂芬·科特勒（Steven Kotler）在他们2012年的著作《富足》[9]中阐述了我们正在从一个资源稀缺的时代朝着一个资源富足的时代迈进。①史蒂芬·平克（Steven Pinker）在他2018年的著作《当下的启蒙》[10]中描述了社会各个领域取得的持续进步。②

我在本章中将特别强调这些进步的指数性质，以及加速回报定律如何成为我们所看到的许多个别趋势背后的根本驱动力。这将导致在不久的将来，人类生活的大多数方面都会得到显著改善，而不仅仅局限于数字领域。

在我们详细探讨具体示例之前，最重要的是对这一动态有清晰的概念层

① 《富足》中文简体字版已由湛庐引进、浙江人民出版社出版。此外，彼得·戴曼迪斯与史蒂芬·科特勒合著的《创业无畏》《未来呼啸而来》中文简体字版也已由湛庐引进，分别由浙江人民出版社、北京联合出版公司出版。——编者注

② 史蒂芬·平克的“典藏大师系列”，包括《当下的启蒙》《理性》《思想本质》《语言本能》《白板》《心智探奇》中文简体字版已由湛庐引进，分别由浙江教育出版社、浙江科学技术出版社出版。——编者注

次的理解。我的观点有时被误读为“技术变革本身就是指数型的，加速回报定律适用于所有形式的创新”，但其实不是的。加速回报定律实际上描述的是这样一种现象：某些类型的技术创造了加速创新的反馈循环。广义上讲，这些技术使我们能够更好地掌握信息：收集、存储、操纵和传输信息，从而使创新本身变得更加容易。印刷机使书籍变得足够便宜，下一代发明家才得以接受更好的教育。现代计算机帮助芯片设计师创造了下一代更快的 CPU。更便宜的宽带使应用互联网的门槛降低，让更多的人能够负担得起，进而可以在线分享自己的想法。技术变革中最著名的摩尔定律，只是这一更深刻、更根本的过程的一种表现形式。

有些快速变化的例子并不属于加速回报定律的范畴，比如交通运输技术发展的速度。以从英国到美国旅行为例。1620 年，“五月花号”航行了 66 天才完成横渡大西洋。[11] 到 1775 年美国独立战争爆发时，造船技术和导航技术的改进使航行时间缩短到约 40 天。[12] 1838 年，轮桨蒸汽船“大西部号”（Great Western）用时 15 天完成了航行。[13] 到 1900 年，四烟囱螺旋桨驱动的客轮“德意志号”（Deutschland）以 5 天 15 小时完成了航行。[14] 1937 年，涡轮电力驱动的客轮“诺曼底号”（Normandie）将航行时间缩短到 3 天 23 小时。[15] 1939 年，泛美世界航空公司的第一次水上飞机服务只用了 36 小时。[16] 1958 年，第一个喷气式航班在不到 10.5 小时内完成了航行。[17] 1976 年，“协和号”超音速飞机将航行时间缩短到仅 3.5 小时！[18] 整个发展过程看起来似乎存在一个开放式的指数趋势，但事实并非如此。“协和号”飞机于 2003 年退役，此后，伦敦—纽约航线的飞行时间又回到 7.5 小时以上。[19] 跨大西洋交通运输速度放缓背后有一系列具体的经济和技术原因。但更深层次的原因是，交通运输技术没有创造反馈循环，喷气发动机没有用于制造更好的喷气发动机。因此在某种程度上，提升速度的额外成本超过了进一步创新获得的收益。

而在信息技术领域，加速回报定律则体现得非常明显，反馈循环可以使创新带来的成本低于其所创造的收益，因此进步得以持续。随着 AI 在越来越多的领域得到应用，现在计算领域已经很熟悉的指数发展趋势将开始在医学等领域显现出来，而这些领域以前的进展都非常缓慢，费用高昂。随着 AI 的广度和能力在 21 世纪 20 年代迅速扩大，这将从根本上改变我们通常认为不属于信息技术的领域，如食品、服装、住房，甚至是土地利用。简而言之，这就是为什么在未来几十年里，生活的大多数方面都将以指数级速度变得更好。我们现在正处于接近这些指数曲线陡然升高的阶段。

问题在于，新闻报道系统性地扭曲了我们对这些趋势的看法。经验丰富的小说家或编剧会告诉你，要想吸引观众的兴趣，你需要不断升级的危险或冲突元素。[20] 从古代神话到《星球大战》，吸引和占据我们注意力的都是类似的模式。新闻报道也会有意无意地模仿这种模式。社交媒体为了使用户情绪反应最大化、推动用户参与、扩大广告收入，对算法进行了优化，使得这种情况进一步强化。[21] 这种模式也导致了对未来危机的报道的选择偏差，也使得本章开头提到的那些新闻标题沉在了新闻版面的底部。

人们对坏消息的偏好实际上是一种进化适应。从演化史上看，关注潜在的挑战对人类的生存而言更为重要。树叶发出的“沙沙”声可能暗示着有捕食者存在，所以我们把注意力集中在这种威胁上是有道理的。相比之下，你种植的作物产量比前一年提高了 0.1% 则显得无关紧要。

那些在狩猎采集部落中生存的人类并没有进化出更好的本能来思考这些渐进发生的积极变化，这并不奇怪。在人类历史的大部分时间里，生活质量的提高是如此细微和脆弱，以至于很多人在完整的一生内也几乎察觉不到。事实上，直到中世纪，人类的生存状态与石器时代的祖先相比也没有太大差别。在英国，1400 年的人均 GDP 估计为 1 605 英镑（以 2023 年英镑计算，下同）。[22] 如果在那一年出生的人活到 80 岁，那么在他们去世时，英国的人均 GDP 与他们出生时相比没有任何变化。[23] 对于 1500 年出生的人来说，他们出生时的人均 GDP 已经下降到 1 586 英镑，80 年后才反弹到 1 604 英镑。[24] 相比之下，在 1900 年出生的人，如果他们有 80 年寿命，可以见证人均 GDP 从 6 734 英镑跃升到 20 979 英镑。[25] 因此，不仅生物进化没有使我们适应渐进的进步，我们的文化进化也没有。柏拉图或莎士比亚的作品中也没有任何提醒我们要注意社会的物质进步的内容，因为在他们生活的年代，这种进步是不明显的。

与捕食者藏在树丛中相似的现代情境是，人们会不断地监测他们的信息来源，包括社交媒体，以了解可能危及自己的危险事态。根据美国媒体心理学研究中心主任帕梅拉·拉特利奇（Pamela Rutledge）的说法："我们不断地关注众多事件并问自己，'这与我有关吗？我有危险吗？'"[26] 这限制了我们评估缓慢发展的积极变化的能力。

另一个进化适应是一种有充分证据证明的心理偏差，即记忆中的过去比实际情况更美好。痛苦和悲伤的记忆比积极的记忆消退得更快。[27] 在科罗拉多州立大学心理学家理查德·沃克（Richard Walker）1997 年的一项研究中，[28] 受访者根据愉悦和痛苦的感受对事件进行了评估，并分别在 3 个月、18 个月和 4.5 年后再次进行了评估。结果发现，负面感受消退的速度远远快于正面感受，而愉快的记忆则会持续存在。2014 年，在包括澳大利亚、德国、加纳等国家进行的一项研究表明，[29] 这种"消极影响偏差的消退"是一种全球性现象。

Nostalgia（"怀旧"或"乡愁"）这个术语是由瑞士医生约翰内斯·霍弗

（Johannes Hofer）在 1688 年通过结合希腊语 nostos（意为“长时间离家后回家”）和 algos（意为“痛苦或悲伤”）创造出来的。它不仅仅表示回忆美好的往事，更是一种通过美化过去来应对压力的机制。[30] 如果过去的痛苦记忆不会淡去，我们恐怕会永远被困其中。有研究已经证明了这一现象。北达科他州立大学心理学教授克莱·劳特利奇（Clay Routledge）的一项研究分析了怀旧作为一种应对机制的作用。结果发现，写下回忆中的积极事件的受访者有着更高的自尊水平和更牢固的社会联系。[31] 怀旧机制对个人和社区而言都是有益处的。当我们回顾过去的经历时，痛苦、压力和挑战都会消失，我们倾向于记住生活中更积极的方面。相反，当我们想到现在时，我们会高度关注当前面临的焦虑和困难。这常常导致一种错误的印象，人们总是认为过去比现在更美好，尽管有压倒性的客观证据证明事实并非如此。

我们还有一种认知偏差，即夸大负面事件在日常生活中发生的普遍性。例如，2017 年的一项研究表明，[32] 如果微小的随机变动（例如股市的涨跌、恶劣或和缓的飓风季、失业率的升降）是负面的，那人们就不太可能将其视为随机现象。相反，人们会怀疑这些变化预示着更广泛的恶化趋势。正如认知科学家阿特·马尔克曼（Art Markman）总结的一个关键研究结果：“当被问及图表是否表明经济状况发生了根本性转变时，人们更有可能把一个小幅变化看作重大变化，因为在他们看来这意味着情况正在恶化而非好转。”[33] 这项研究以及更多类似的研究表明，我们习惯于期待熵增，即认为世界的默认状态是事物会分崩离析和变得更糟。这种期待可能是一种建设性的适应，使我们为挫折做好准备并适时采取行动。但它也是一种强大的偏见，掩盖了人类的生活状态实际上正在改善的真相。

这种偏见对政治产生了具体影响。公共宗教研究所（Public Religion Research Institute）的一项民意调查发现，2016 年有 51% 的美国人认为“自

20 世纪 50 年代以来，美国的文化和美国人的生活方式变得更糟了”。[34] 2015 年，英国舆观网（YouGov）的一项调查发现，71% 的英国公众认为世界正在变得越来越糟，只有 5% 的人说它正在变得更好。[35] 这种看法为民粹主义政客向公众承诺恢复过去的荣耀提供了可乘之机。尽管从诸多衡量幸福感的客观指标来看，过去都要糟糕得多。作为这种现象的众多例子之一，2018 年的一项调查 [36] 询问了来自 25 个国家的 31 786 人，这些人使用 17 种语言，可以代表约 63% 的世界人口。调查问题是：在过去 20 年里，全球贫困人口的比例增加或减少了多少？他们的回答如图 4-1 所示。

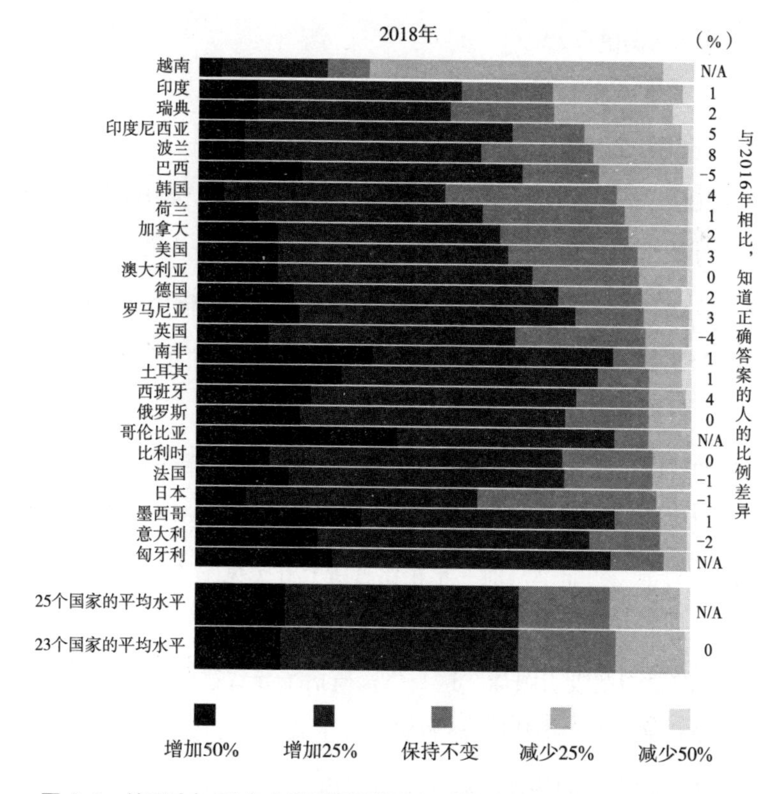

图 4-1　关于过去 20 年中世界极端贫困人口比例的变化幅度的问卷调查结果

资料来源：Martijn Lampert，Anne Blanksma Çeta，and Panos Papadongonas，2018。

只有 2% 的人回答正确：贫困人口减少了 50%。越来越多的社会科学研究证实了公众认知与现实之间存在差异，依据的是无数的社会和经济指标。

另一个例子是，益普索·莫里调查机构（Ipsos MORI）为英国皇家统计学会和伦敦国王学院进行的一项具有里程碑意义的研究。[37] 该研究表明，在许多主题上，民意与实际统计数据之间存在很大差异，例如：

- 公众印象中有 24% 的政府福利是申领者以欺诈方式申领的，而实际数据是 0.7%。
- 在英格兰和威尔士，1995 年至 2012 年犯罪率下降了 53%，但 58% 的受访公众认为在此期间犯罪率是上升或保持不变的。2006 年至 2012 年，暴力犯罪率下降了 20%，而 51% 的人认为暴力犯罪率有所上升。
- 公众对少女怀孕的猜想数据是现实数据的 25 倍：英国每年有 0.6% 的 15 岁以下女孩怀孕，而公众估计的数字为 15%。

同样的效应也存在于大西洋西岸。在 21 世纪，尽管自 1990 年以来，美国的暴力犯罪和财产犯罪案件数量都下降了约一半，但绝大多数美国人（高达 78%）认为全美犯罪率与前一年相比有所上升（见图 4-2、图 4-3）。[38]

“血腥的新闻更吸引眼球”这一格言概括了导致这些误解的一个主要原因。暴力事件会被广泛报道，而犯罪率的下降（例如以数据为依据执法或警察与社区之间更好的沟通）实际上是“非事件”。因此，它们不会被广泛报道。

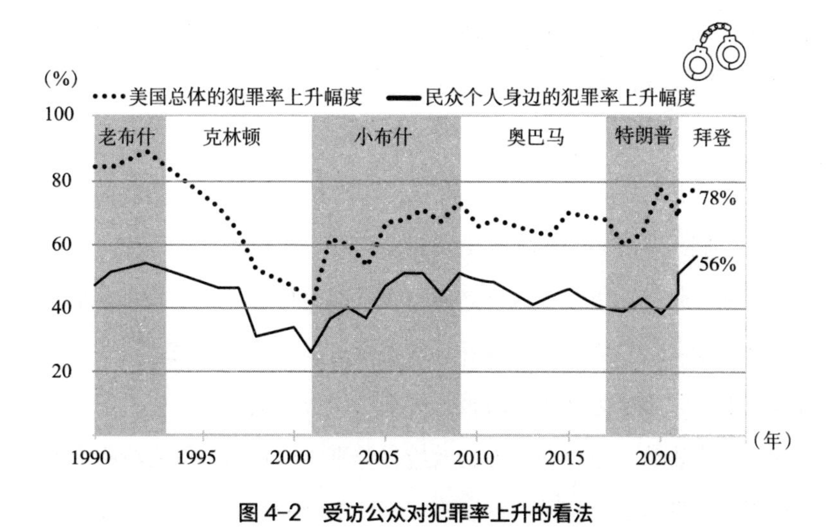

图 4-2　受访公众对犯罪率上升的看法

资料来源：Gallup Poll；Jamiles Lartey，Weihua Li，and Liset Cruz，the Marshall Project，2022。

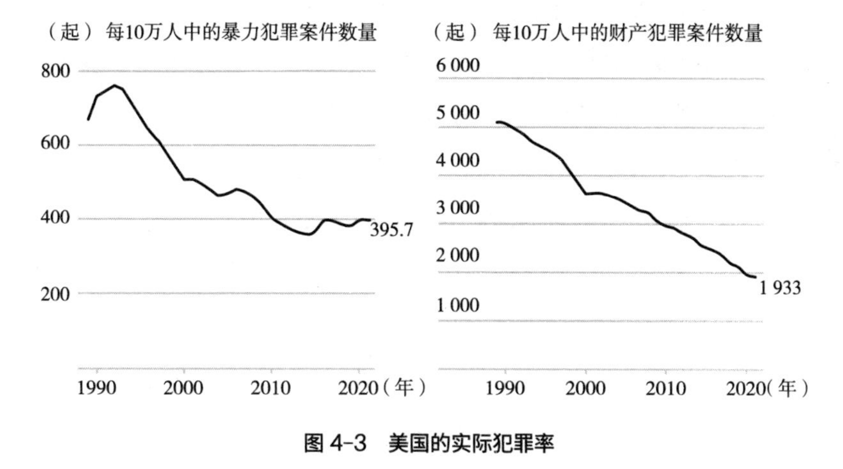

图 4-3　美国的实际犯罪率

资料来源：Uniform Crime Reporting Program，Federal Bureau of Investigation；Jamiles Lartey，Weihua Li，and Liset Cruz，the Marshall Project，2022。

这不一定是任何人有意识决定的结果，媒体的激励机制在结构上本就偏向于报道暴力或负面的事件。由于本章前面描述的认知偏差，人类天生更容易被威胁性信息吸引。大多数媒体（包括传统新闻媒体和社交媒体）通过吸引眼球来获得广告收入，因此媒体行业的共识是，引发强烈情绪反应的威胁性信息是获取关注的最佳方式，这并不令人感到惊讶。

这也与紧迫性问题有关。“新闻”一词从字面上看，表明信息是新颖且及时的。人们只有有限的时间来消费媒体内容，所以倾向于优先关注新发生的事件。问题是，绝大多数这样的突发事件都是坏事。正如我在本章开头强调的那样，世界上发生的大多数好事都是渐进式的。换言之，这些故事的紧急程度较低，很难登上《纽约时报》的头版或成为美国有线电视新闻网的头条新闻。社交媒体上也存在类似的效应，分享灾难性内容的视频很容易，而那些展现循序渐进式过程的内容没有戏剧性的画面。

正如史蒂芬·平克所说：“新闻是一种会使人们对世界的认知与现实产生偏差的媒体内容。它总是关注已发生的事件，而不是没有发生的事情。所以，当有一名警察没有被枪杀或一个城市没有发生暴力示威时，它们不会上新闻。只要暴力事件没有彻底消失，就总会有可以点击的头条新闻……悲观主义可能是一种自我实现的预言。”[39] 现在，社交媒体上汇集了整个地球上发生的令人震惊的新闻，而之前的人们只了解当地或周边地区发生的事件。

然而，我的相反看法是：**“乐观主义不是对未来的无谓猜测，而是一种自我实现的预言。”相信一个更美好的世界确实可能存在是一种强大的动力，可以让我们更努力地创造一个更美好的世界。**

丹尼尔·卡尼曼（Daniel Kahneman）① 因其解释人们在对世界进行估计

① 诺贝尔经济学奖得主，世界级畅销书《思考，快与慢》作者，“行为经济学之父”，其阐释影响人类判断的关键因素的作品《噪声》中文简体字版已由湛庐引进、浙江教育出版社出版。——编者注

时使用的无效和无意识的启发式的工作［其中一些是与阿莫斯·特沃斯基（Amos Tversky）① 合作完成的］而获得了诺贝尔经济学奖。[40] 他们的研究表明，人们系统地忽视了先验概率——一般而言，对一个群体来说普遍正确的事情，对该群体中的个体而言也是正确的。例如，如果让你根据一个陌生人的自我描述猜测他可能从事的职业，陌生人告诉你他"喜欢书"，你可能会猜他是"图书管理员"，而忽略了现实世界的比例：世界上的图书管理员相对较少。[41] 能够克服这种偏见的人会意识到，喜欢书并不能表明一个人的职业，所以他们反而会猜一个更常见的职业，如"零售业从业者"。人们并非不知道基本的概率，但在考虑特定情况时，他们经常会忽略这一点，而倾向于对生动的细节做出反应。

卡尼曼和特沃斯基引用的另一个带有偏见的启发式是，天真的观察者会认为，如果正在抛硬币的他们抛出了一连串的反面，那么下一次更有可能抛出正面。[42] 这是由于对均值回归的误解。

卡尼曼和特沃斯基所说的"可得性启发式"的第三种偏见可以用于解释社会整体的悲观倾向。[43] 人们对一个事件或现象发生的可能性的评估，取决于他们能轻易联想到的相关案例。基于上述原因，新闻和我们的新闻源多强调负面事件，所以这些负面情况很容易出现在我们的脑海中。

这些偏见应该被纠正并不意味着我们应该忽视或低估真正的问题，但它为我们对人类的总体发展轨迹保持乐观提供了强有力的理性依据。**技术变革不会自动发生，它需要人类的聪明才智和努力。**这些进步也不是我们忽视人类面临的苦难的理由。

① 著名行为科学家、心理学家，涵盖其毕生研究精华的《特沃斯基精要》中文简体字版已由湛庐引进、浙江教育出版社出版。——编者注

相反，我们应该明白，尽管这些问题有时候看起来很困难，甚至毫无希望，但作为一个物种，人类正在扭转问题的发展态势。我发现这是动力的源泉。

几乎生活的每个方面都在逐步变得更好

信息技术之所以呈指数级发展，因为它直接促进了自身的进一步创新。与此同时，这一趋势也助推了其他领域众多相互强化的进步机制。在过去的两个世纪里，这催生了一个良性循环，增进了人类福祉的各个方面，包括识字、教育、财富、卫生、健康、民主化和减少暴力。

我们经常从经济角度来思考人类的发展：随着人们每年能够赚取更多的钱，他们就有机会过上更高质量的生活。但真正的发展并不仅仅意味着积累财富。经济周期起伏不定，财富可以获得也可以失去。但技术变革本质上是永久性的。一旦人类文明学会了如何做一些有用的事情，我们通常会保存相关知识，并在此基础上继续发展。这种单向的进步历程已经成为抵消因自然灾害、战争和流行病等导致社会倒退的短暂性灾难的强大力量。

教育、医疗保健、卫生设施和民主化等相互交织的因素形成了相互强化的反馈循环，这些领域的任何改善都可能给其他领域带来益处。例如，更好的教育培养出更有能力的医生，更好的医生能让更多的儿童健康地留在学校。这其中暗含的意义在于，新技术可以带来巨大的间接收益，即使是在那些与技术的应用领域相距甚远的领域。例如，20 世纪的家用电器不仅为人们节省了大量时间和汗水，而且促进了女性解放和社会变革，使数百万有才华的女性进入劳动力市场，在无数领域做出了重要贡献。总的来说，我们可以说，技术创新创造了有利条件，帮助社会中更多的人发挥潜力，而这反过来又催生了更多的创新。

例如，印刷机的发明改善并大大扩大了人类接受教育的机会，给社会培养了更有能力和素质更高的劳动力，从而促进了经济增长。更高的识字率使生产和贸易的协调更加顺畅，这也带来了更大的繁荣。反过来，增加的财富又可以更多地用于投资基础设施和教育，从而加速这一有益的循环。与此同时，大规模的印刷传播促进了民主化程度提升，随着时间的推移，这种民主又消除了更多的暴力。

起初，这是一个非常缓慢的过程，祖父母和孙辈之间的生活方式差异并不明显。但几个世纪以来，所有这些衡量社会福祉的指标一直在显著提升。近几十年来，在几乎所有形式的信息技术的指数发展曲线日益陡峭的情况下，这些趋势加速了。正如我在本章中所描述的那样，在未来几十年，我们将进入高速发展阶段。

识字率与教育水平的快速提升

在人类历史上的大部分时间里，世界各地的人口识字率一直很低。知识大多是口头传递的，其中一个关键原因是复制文字的成本很高。对于普通人来说，如果他很少接触书面材料，而且根本负担不起书面材料，那么花时间学习如何阅读是不值得的。时间是唯一稀缺的资源——无论你是谁，每天都只有 24 小时可以支配。当人们在决定如何利用时间时，理性地考虑每个选择可能带来的收益是很自然的做法。学习如何阅读需要投入大量时间。在一个生存本身就很困难、普通人无法接触书籍的社会里，把时间用在学习如何阅读上并不明智。因此，我们不应该认为不识字的祖先是愚昧无知或缺乏好奇心的。相反，是他们所处的环境严重阻碍了文化的发展。

从这个角度来看，我们也有必要思考一下，当今世界的某些激励机制是如何阻碍学习的。例如，在信息技术方面的工作机会较少的地区，对计算机科学感兴趣的年轻人可能会发现，花时间学习编程并不明智。但现在，就像几个世纪前的欧洲一样，技术的进步正在改变这种状况：自动翻译、远程学习、自然语言编程和远程办公等开辟了新的机会，激励人们去探索未知领域。

活字印刷术在中世纪晚期传入欧洲，低成本、多样化的阅读材料激增，使得普通民众有机会学习识字。中世纪末期，欧洲只有不到 1/5 的人口识字，[44] 主要集中在神职人员和需要阅读的职业。[45] 在启蒙运动时期，欧洲的人口识字率逐渐提高，但直到 1750 年，欧洲主要强国中也只有荷兰和英国的人口识字率超过了 50%。[46]

到 1870 年，只有经济相对落后且刚经历过内战的西班牙和意大利明显低于这一水平。[47] 然而，全球平均人口识字率仍然低于欧洲。1800 年，全世界估计只有不到 1/10 的人能够阅读。但在整个 19 世纪，大规模印刷的报纸的传播帮助在更大范围内提高了人口识字率，同时一些社会改革开始确保所有儿童都能接受基础教育。[48] 即便如此，到 1900 年，世界上识字的人口仍然不到总人口的 1/4。[49]

进入 20 世纪，随着公共教育在全球范围内普及，1910 年全球人口识字率超过了 25%（见图 4-4）。到 1970 年，世界上大多数国家和地区的人口已经基本识字（见图 4-5）。[50] 此后人口识字率迅速提升，如今在大多数地区已接近全民覆盖。[51] 目前，全球人口识字率接近 87%，发达国家的这一比例通常在 99% 以上。[52]

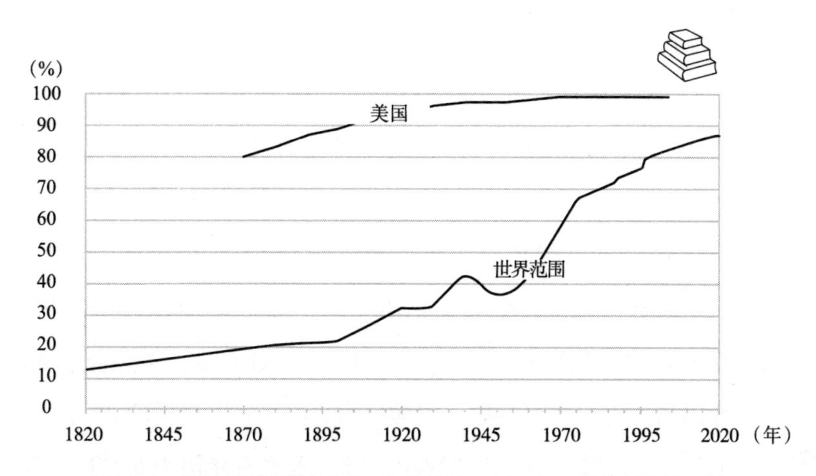

图 4-4　美国及世界范围内人口识字率自 1820 年以来的变化情况 [53]

主要资料来源：Our World in Data; UNESCO。

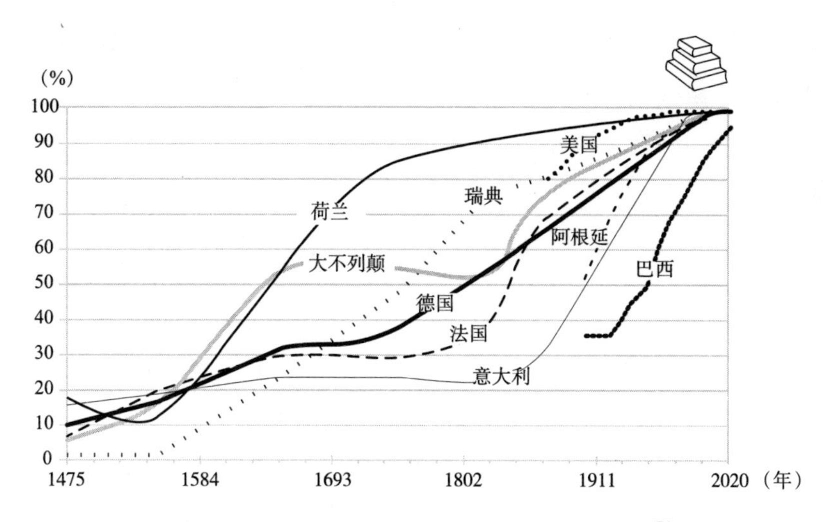

图 4-5　多国人口识字率自 1475 年以来的变化情况 [54]

资料来源：Our World in Data; UNESCO。

不过，这方面仍有进步空间。上述人口识字率数据主要是指掌握最基本的读写能力，如能读写自己的姓名等简单内容。为更全面地评估识字能力，一些新的、更丰富的测评指标已经被开发出来。例如，根据 2003 年的美国国家成人读写能力评估项目（National Assessment of Adult Literacy，简称 NAAL），美国只有 86% 的成年人达到了“基本识字”以上的水平。[55] 一项类似的评估显示，9 年后这一比例并没有明显改善。[56]

1870 年，美国人口的平均受教育年限约为 4 年，而英国、日本、法国、印度人口的平均受教育年限都不到一年。[57] 进入 20 世纪后，英国、日本和法国迅速扩大了免费公立学校的范围，开始迎头赶上美国。[58] 与此同时，印度等国虽然仍然贫穷落后，但均在第二次世界大战后的 20 年里取得了长足的进步。[59] 到 2021 年，印度人口的平均受教育年限为 6.7 年。[60] 上述其他国家人口的平均受教育年限都超过 10 年，美国以 13.7 年位居榜首（见图 4-6）。[61] 图 4-7 与图 4-8 中的数据展示了美国教育过去半个世纪以来的巨大进步。在这半个世纪里，计算机既促进了教育，又提升了学校教育所带来的收益。

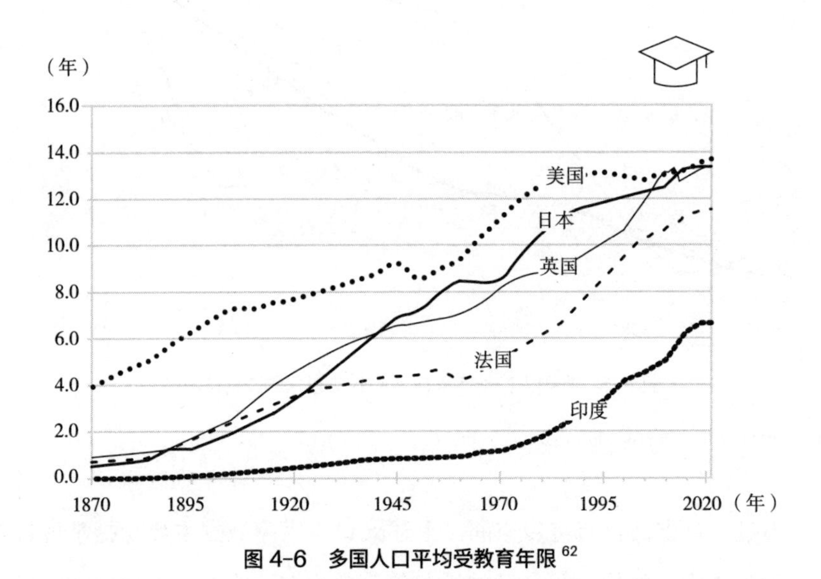

图 4-6 多国人口平均受教育年限 [62]

主要资料来源：Our World in Data; UN Human Development Repert Office。

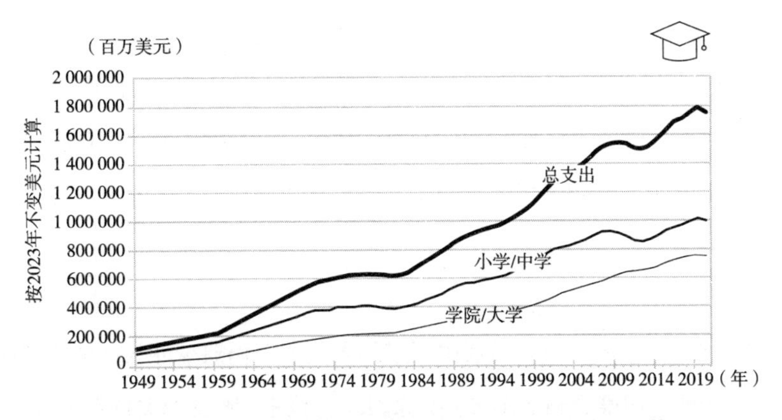

图 4-7 美国的教育支出随时间变化的情况（线性刻度）[63]

主要资料来源：National Center for Education Statistics。

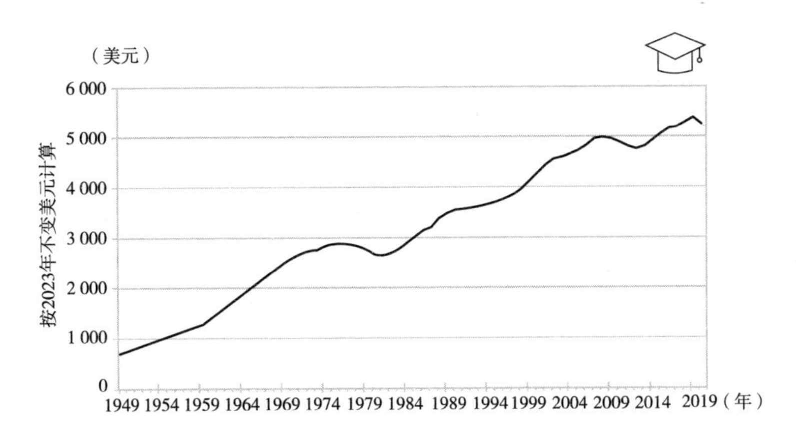

图 4-8 美国人均教育支出随时间变化的情况（线性刻度）[64]

主要资料来源：National Center for Education Statistics。

冲水马桶、电力、收音机、电视和计算机的普及情况

纵观历史，造成疾病和死亡的最大原因之一是食物和水源受到人类粪便的污染。[65] 冲水马桶是解决这一问题的决定性技术方案，早在 1829 年就出

现在美国城市中（见图 4-9），但直到 20 世纪初才在城市地区得到普及。[66] 在 20 世纪 20 年代和 30 年代，冲水马桶迅速在美国农村地区推广，到 1950 年普及率达到 75%，到 1960 年更是达到 90%。[67] 到 2023 年，美国极少数家庭没有冲水马桶，在很多情况下是由于生活方式的选择（如偏爱乡村生活），而非赤贫所致。[68]

相比之下，贫困一直是发展中国家的人们至今仍缺少冲水马桶或其他改良的卫生设施（如堆肥厕所）的主要原因。[69] 不过，随着相关技术日益便宜，加上曾经动荡不安的地区渐趋稳定，有能力投资卫生基础设施，全球安全厕所的普及率一直在稳步提高（见图 4-9）。[70]

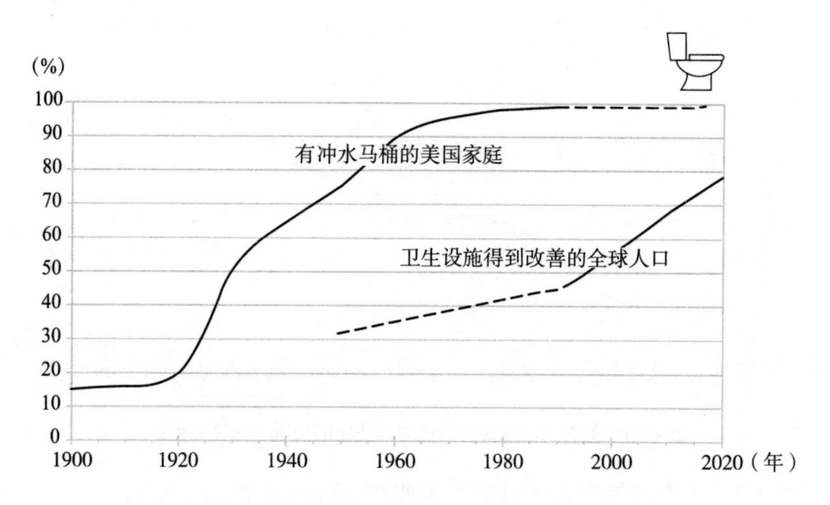

图 4-9 美国家庭拥有冲水马桶和全球人口卫生设施的改善概况 [71]

注：虚线部分表示桥接数据来源的评估值。

主要资料来源：Stanley Lebergott, *Pursuing Happiness: American Consumers in the Twentieth Century*（Princeton, NJ: Princeton University Press, 1993）; US Census Bureau; World Bank。

电力本身不是信息技术，但因为它关系到为我们所有的数字设备和网络供电，所以它是享有现代文明无数其他便利的先决条件。在计算机出现之前，电力就在维持着革命性的、可节省劳动力的设备的运转，而且人们还可以借助电力在晚上工作和娱乐。20 世纪初，美国的电气化主要发生在大城市地区。[72] 大萧条开始时，电气化进程放缓，但在 20 世纪 30 年代和 40 年代，罗斯福总统发起了大规模的农村电气化计划，旨在将电力机械的效率带到美国的农业中心地带。[73] 到 1951 年，超过 95% 的美国家庭都通上了电（见图 4-10），到 1956 年，美国国家电气化工作基本完成。[74]

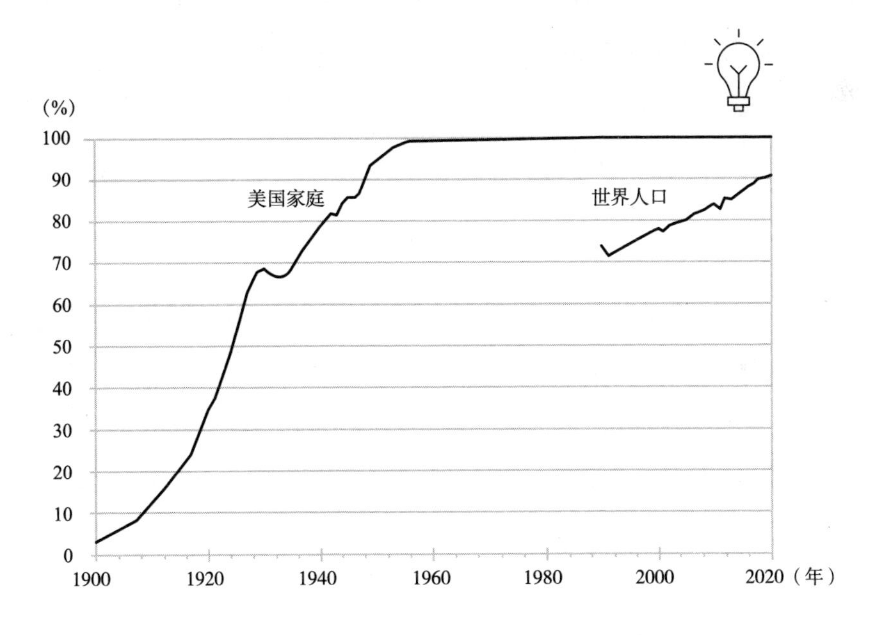

图 4-10　美国家庭和世界人口的通电情况 [75]

资料来源：US Census Bureau; World Bank; Stanley Lebergott, *The American Economy: Income, Wealth and Want*（Princeton, NJ: Princeton University Press, 1976）。

在世界其他地区，电气化的发展通常遵循类似的模式：首先是城市，其次是郊区，最后是农村地区。[76] 今天，地球上超过 90% 的人口都用上了电。[77] 对于那些仍然没有通上电的人来说，主要障碍是政治上的，而不是技术上的。麻省理工学院教授达龙 · 阿西莫格鲁（Daron Acemoğlu）和他的同事詹姆斯·鲁宾逊（James Robinson）在研究政治制度对人类发展的关键作用方面取得了非常有影响力的成果。[78]

简而言之，随着各国允许更多人自由参与政治，随着人们获得为未来进行创新和投资的安全保障，繁荣的良性循环就能够发挥作用。但也正是这些因素使得向世界上大约1/10的人口供电变得非常困难。在暴力事件频发的地区，人们认为投资昂贵的电力基础设施可能很快就会被摧毁，因此不值得投资。同样，当道路条件差且危险时，我们很难将机械和燃料运送到偏远社区，让他们自己发电。幸运的是，廉价高效的光伏电池将继续扩大电力供应。

第一项借助电力实现的变革性通信技术是无线电广播。美国商业广播始于1920年，到20世纪30年代已成为国内大众媒介的主要形式。[79] 与局限于单一大都市地区的报纸不同，无线电广播可以覆盖全国各地的听众。这刺激了真正的全国性的媒体文化的发展，因为从加利福尼亚州到缅因州的人们听到了许多相同的政治演讲、新闻报道和娱乐节目。到1950年，超过90%的美国家庭拥有了收音机（见图4-11），但就在同一时期，电视开始取代收音机在媒体领域的主导地位。[80]

与之相对应，听众的习惯也发生了变化。广播节目开始更多地关注新闻、政治和体育，人们大部分时间是在车里收听的。[81] 自20世纪80年代以来，高度党派化的政治谈话节目已成为广播中最有影响力的内容之一，并因强化听众的偏见，使他们无法获得相反的信息而受到批评。[82] 随着智能手机和平板计算机在21世纪10年代的普及，越来越多的广播内容在网上流传，绕开了传统的无线电波传播路径。2007年第一代iPhone发布时，只有12%的美国人每周至少收听一次网络广播，到2021年，这一比例已达到62%。[83]

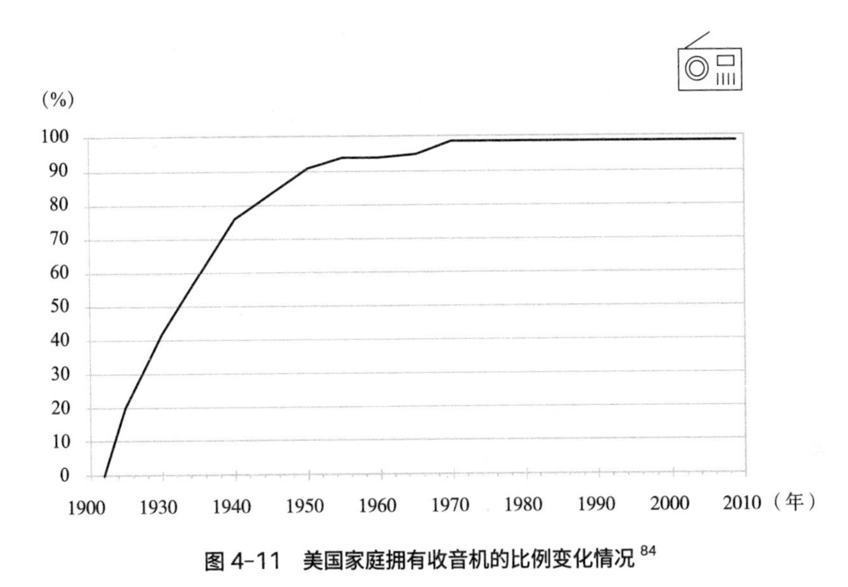

图 4-11　美国家庭拥有收音机的比例变化情况 [84]

注：近年来，虽然拥有收音机的美国家庭的比例似乎大幅下降（一项研究的数据显示，从 2008 年的 96% 下降到 2020 年的 68%，该研究使用的方法与本图中数据获取所用的方法不同），但这其中存在较大的统计误差，因为现在其他设备也具有和收音机相同的功能。例如，截至 2021 年，85% 的美国成年人拥有智能手机，不需要收音机就可以免费收听广播节目。

资料来源：US Census Bureau; Douglas B. Craig, *Fireside Politics: Radio and Political Culture in the United States*, 1920–1940（Baltimore, MD: Johns Hopkins University Press, 2000）。

电视的普及遵循了与收音机相似的模式，但随着美国的发展，其指数级增长速度甚至更快。科学家和工程师在 19 世纪末开始在理论层面探讨开发电视的可能性。到 20 世纪 20 年代末，第一批原始的电视系统被开发出来并进行了展示。[85] 到 1939 年，该技术在美国已经具备商业可行性，但第二次世界大战的爆发使全球电视生产几乎陷入停顿。[86]

战争一结束，美国人就迅速开始购买电视机。全美各地的新电视台如雨后春笋般涌现，到 1954 年，大多数家庭至少拥有一台电视机。[87] 电视普及率迅速提高，到 1962 年，90% 以上的美国家庭都有一台电视机（见图 4-12）。[88] 之后，随着较晚接受电视的用户在接下来的 30 年里逐渐进入看电视的行列，增长势头放缓。[89] 到 1997 年，电视拥有率达到峰值——98.4% 的家庭拥有电视，此后几年略有下降，到 2021 年约为 96.2%。[90]

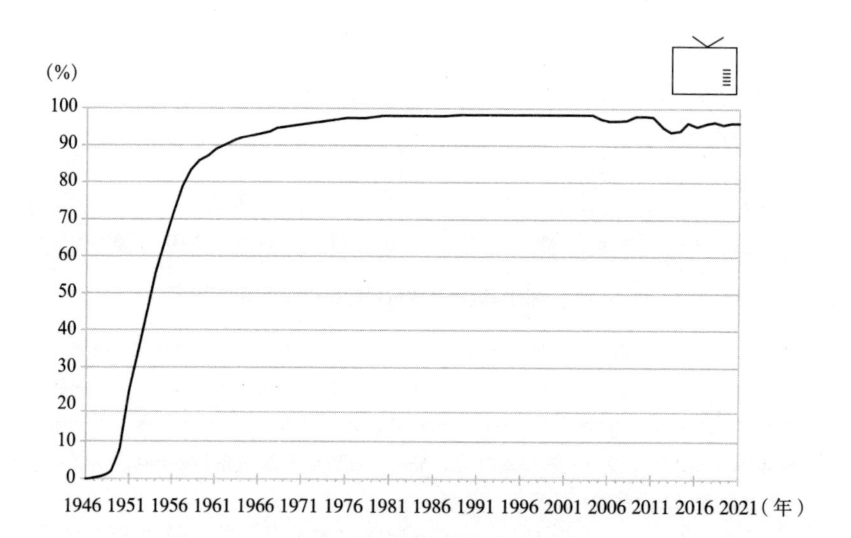

图 4-12 美国家庭拥有电视机的比例 [91]

主要资料来源：US Census Bureau; Cobbett S. Steinberg, *TV Facts*, Facts on File; Jack W. Plunkett, *Plunkett's Entertainment & Media Industry Almanac 2006*（Houston, TX: Plunkett Research, 2006）; Nielsen Company。

电视拥有率下降可归因于一系列因素：社会文化上人们不再认同过度痴迷于看电视，在线娱乐内容的出现吸引了电视受众，以及人们可以在在线设备上收看原先只能在电视上收看的内容。[92]

与只能被动消费的收音机和电视不同，计算机作为交互式设备，开辟了更广泛的可能性。个人计算机在 20 世纪 70 年代开始进入美国家庭，如 Kenbak-1（世界首台个人计算机）和 1975 年广受欢迎的 Altair 8800（第一台微型计算机）以自己动手组装的套件形式出售。[93] 到 20 世纪 70 年代末，苹果和微软等公司用普通人可以在一个下午就学会操作的用户友好型个人计算机改变了市场。[94] 1984 年，苹果公司著名的超级碗广告让全美人民都在谈论计算机，广告播出后 5 年内，拥有计算机的家庭比例几乎翻了一番。[95] 在那个时期，人们主要使用计算机做文字处理、数据输入和玩简单游戏等。

20 世纪 90 年代互联网的蓬勃发展极大地扩展了计算机的应用范围。1990 年 1 月，整个互联网域名系统中大约有 175 000 台主机。[96] 到 2000 年 1 月，这一数字飙升至约 7 200 万台。[97] 同样，全球互联网流量从 1990 年的约 12 000 GB 增长到 1999 年的 306 000 000 GB。[98] 这直接扩展了计算机的用途。

就像流媒体服务在拥有更多、更好的内容时可以吸引更多订阅者并收取更高的费用一样，随着可用内容池呈指数级扩大，互联网对更多人来说变得更有价值。这创造了一个积极的反馈循环，许多新用户贡献了自己的内容，进一步提升了互联网的价值。因此，在 20 世纪 90 年代，家用计算机从文字处理和原始游戏的平台变成了可以访问世界上大部分知识，并将用户与本大陆之外的人联系起来的门户。

电子商务的兴起使人们能够使用计算机大量购物，21 世纪初出现的社交媒体使用户在线体验变得丰富多彩。2017 年到 2021 年，约 93.1% 的美国家庭拥有计算机，随着“最伟大的一代”（Greatest Generation，1939—1945 年）的减少和“千禧一代”（Millennials，在 2000 年以后达到成年的一代人）开始组建自己的家庭，这一比例在继续上升（见图 4-13）。[99] 与此同时，全球计算机拥有量稳步上升。嵌入智能手机中的计算机架构的市场渗透率在发展中国家迅速扩大，截至 2022 年，全球约 2/3 的人口至少拥有一台计算机。[100]

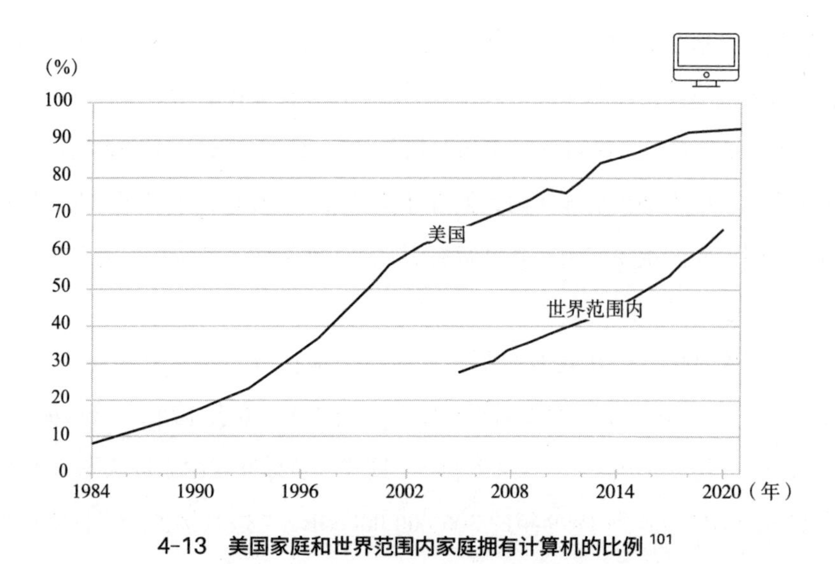

4-13 美国家庭和世界范围内家庭拥有计算机的比例 [101]

主要资料来源：US Census Bureau; International Telecommunication Union。

预期寿命：我们正在走上第二座桥梁

正如我将在第 6 章更详细地探讨的那样，迄今为止，人类在疾病治疗和预防方面的大部分进展都是寻找有用干预措施的线性过程的结果。由于我们缺乏系统性地探索所有可能治疗方法的工具，在这种研究模式下的发现很大程度上要归功于偶然。医学史上最著名的突破可能是偶然发现了青霉素——它开启了抗生素革命，迄今可能已经挽救了多达 2 亿人的生命。[102] 但即使发现不是偶然的，研究人员使用传统方法取得突破也需要运气。由于没有能力详尽地模拟可能的药物分子，研究人员必须依赖高通量筛选（High-Throughput Screening）和其他费时费力的实验室方法，效率要低得多。

公平地说，这些方法确实为人类带来了巨大的好处。1 000 年前，欧洲人出生时的预期寿命仅为 20 多岁，因为许多人在婴儿期或青年时期就会死于霍乱、痢疾等疾病，而这些病现在很容易预防。[103] 到 19 世纪中叶，英国和美国人口的预期寿命已经延长到 40 多岁（见图 4-14、图 4-15）。[104] 截至 2023 年，许多发达国家的人口预期寿命已经超过了 80 岁。[105] 可以说，在过去的 1 000 年里，人口预期寿命几乎延长了两倍，在过去的 200 年里又延长了一倍。这主要是通过隔离或杀死来自体外的病原体实现的，体外的病原体主要是细菌和病毒。

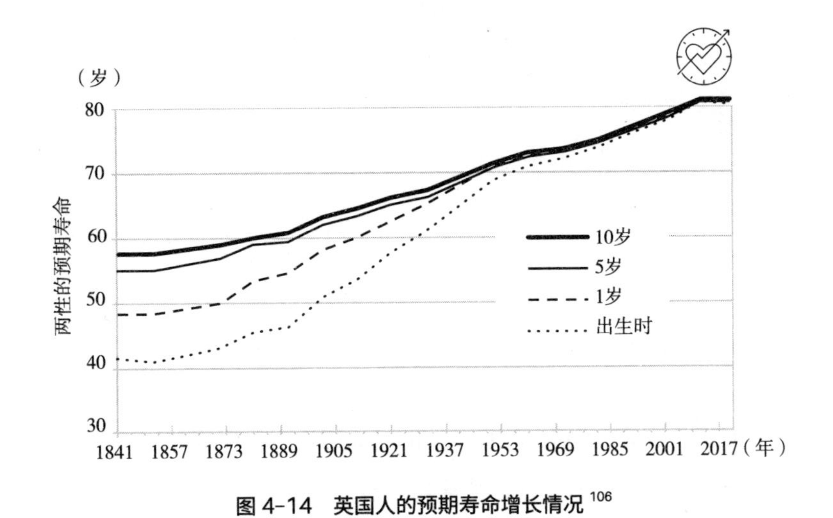

图 4-14　英国人的预期寿命增长情况 [106]

资料来源：UK Office of National Statistics。

今天，这些容易实现的进展大多已经实现。导致疾病和残障的其余原因主要源自我们体内。由于细胞功能失调和组织崩溃，我们会患上癌症、动脉粥样硬化、糖尿病和阿尔茨海默病等疾病。**我们可以在一定程度上通过改变生活方式、饮食和服用营养补充剂来降低这些风险，我称之为通向大幅延长寿命的第一座桥梁。**[107] 但这些方法只能推迟不可避免的死亡。这就是为什么自 20 世纪中期以来，发达国家的人口预期寿命增长放缓。例如，从 1880 年到 1900 年，美国人出生时的预期寿命从大约 39 岁延长到 49 岁，但从 1980 年到 2000 年，在医学的研究重点从传染病转向慢性病和退行性疾病之后，人口预期寿命只是从 74 岁延长到了 76 岁。[108]

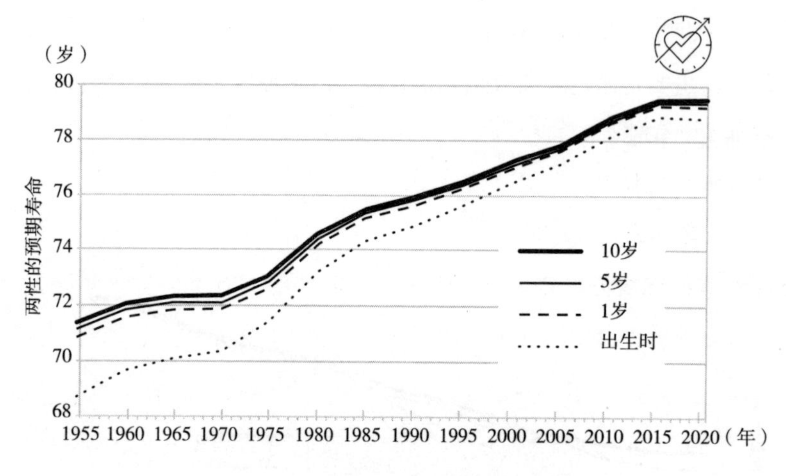

图 4-15 美国人的预期寿命变化情况 [109]

资料来源：UN Department of Social and Economic Affairs。

幸运的是，在 21 世纪 20 年代，我们正在走上第二座桥梁：将 AI 和生物技术结合起来，战胜那些退行性疾病。研究人员已经不再仅仅依靠使用计算机来整合干预措施和临床试验的相关信息。如今，他们正在利用 AI 来寻找新药，并且在 2030 年左右，数字模拟可用于扩大并最终取代进展缓慢、效率低下的人体试验。实际上，我们正在将医学转变为信息技术，利用这些技术所能够带来的指数级进步掌握人体生物学的"软件"。

这方面最早和最重要的例子之一出现在遗传学领域。自 2003 年人类基因组计划完成以来，基因组测序的成本呈指数级下降趋势，平均每年下降一半左右。尽管 2016 年至 2018 年测序成本下降过程中出现了短暂平台期，以及 COVID-19 大流行导致进展放缓，但测序成本仍在持续下降。随着先进的 AI 技术在测序中发挥更大的作用，这一趋势可能会再次加速。单个基因组测序的成本已经从2003年的5 000万美元下降到2023年初的399美元。一家公司承诺，当你读到这篇文章时，他们将以100美元的价格提供基因组测序服务。[110]

随着AI越来越多地改变医学领域，它将引发许多类似的趋势。AI已经在临床方面产生影响，[111]但我们仍处于这条特殊指数曲线的早期阶段。**到21世纪20年代末，**目前应用方面的涓涓细流将汇聚成一股洪流。届时，**我们将能够直接解决目前将人类最长寿命限制在约120岁的生物学原因，包括线粒体基因突变、端粒长度缩短以及导致癌症的不受控的细胞分裂。**[112]

在21世纪30年代，我们将跨上彻底延长寿命的第三座桥梁：医用纳米机器人，它们能够在我们的身体内智能地进行细胞层面的维护和修复。根据某些定义，一些生物分子其实已经可以被看作纳米机器人了。但是，纳米机器人的独特之处在于，它们能够被AI控制，以执行不同的任务。在这个阶段，我们将获得对自己生物学身体的控制能力，就像维修工对汽车部件的控制能力一样。也就是说，除非你的车在一次重大事故中完全报废，否则你可以无限制地继续修理它或更换零件。同样，智能纳米机器人将能够有针对性地修复或升级个别细胞，从而帮助人类彻底战胜衰老。在后面的第6章，我们将对此进行更详细的讨论。

第四座桥梁——能够以数字化方式备份我们的思维文件，将是21世纪40年代的技术。正如我在第3章中所论证的那样，决定一个人身份的核心因素不是他的大脑，而是他的大脑能够表示和操纵的信息的特殊排列。一旦我们能够以足够高的精度扫描这些信息，我们就能够在数字载体上复制它。这意味着即使生物大脑被摧毁，一个人的身份也不会被摧毁。通过安全地对其进行复制备份，这个身份可以获得几乎无限长的寿命。

贫困人口持续减少，收入快速增加

到目前为止，本章描述的技术趋势都是非常有益的，但真正具有变革性影响力的是它们相互强化的综合效应。虽然经济福祉是衡量进步的不完全指标，但从长期来看，它是我们理解这一全面进程的最佳指标。在全球范围内，宏观趋势一直非常稳定。据估计，1820 年全世界有 84% 的人口生活在极端贫困中。[113] 随着工业化的扩展，欧洲和美国的人口贫困率很快开始下降。[114] 第二次世界大战后，这一进程显著加速，因为在接下来的几十年里，印度和中国引进了更现代化的农业技术。[115] 尽管有关全球贫困问题的媒体报道越来越多，给发达国家的许多人造成了对其严重程度的错误印象，但实际上人口贫困率一直在下降，在过去 30 年里取得了尤其显著的改善。到 2019 年，全球极端贫困人口占比（目前定义为每天生活费不到 2.15 美元，以 2017 年的美元购买力水平计算）已经下降至约 8.4%，在 1990 年至 2013 年下降了 2/3 以上（见图 4-16）。[116]

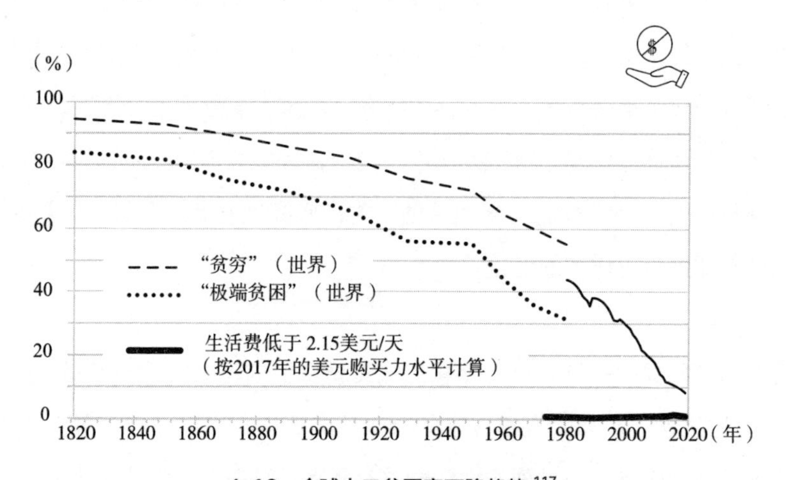

4-16 全球人口贫困率下降趋势[117]

注：指绝对贫困率，与美国的绝对贫困率相比。

主要资料来源：Our World in Data; François Bourguignon and Christian Morrisson, “Inequality Among World Citizens: 1820—1992,” *American Economic Review* 92, no. 4（September 2002）; 727 - 44。

东亚的贫困人口数量下降幅度最大，这主要得益于中国的经济发展使数亿人摆脱了贫困，生活水平达到了与某些发达国家相当的程度。从 1990 年到 2013 年，尽管东亚总人口从 16 亿增长到 20 亿，但该地区的极端贫困人口却惊人地减少了 95%（见图 4–17）。[118]

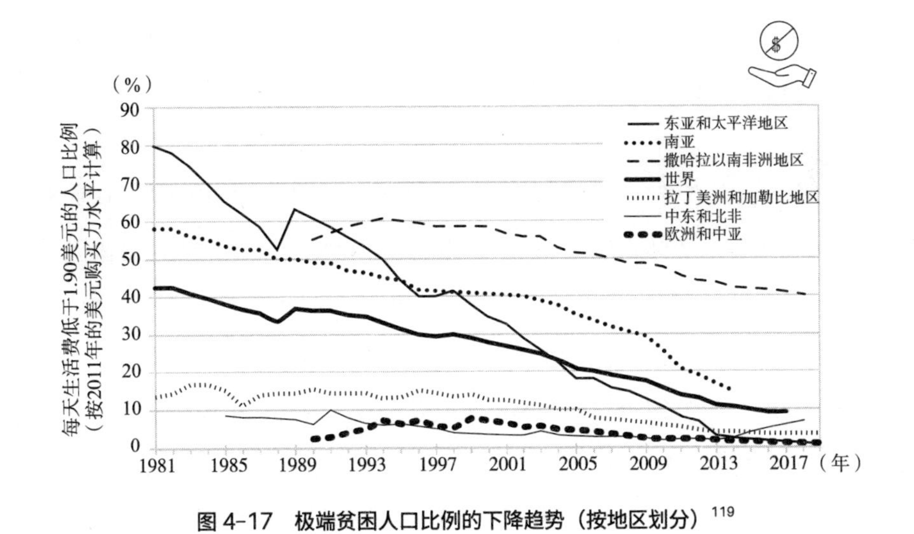

图 4–17　极端贫困人口比例的下降趋势（按地区划分）[119]

资料来源：World Bank。

在同一时期的大部分时间里，极端贫困人口增加的为数不多的地区是欧洲和中亚。苏联解体后的经济混乱在这些地区经过几十年时间才得以恢复。[120] 值得注意的是，这主要是出于政治原因，而不是单纯的经济或技术原因。

不过，自冷战结束以来，国际社会已经将更多注意力集中在帮助地球上最贫困的地区摆脱严重贫困。苏联解体后不久，许多发达国家削减了对外援助预算，降低了对国际发展的优先关注。[121] 这种情况的出现，是因为在冷战期间，发达国家主要是从战略角度来看待发展中国家的，东西方国家争相在发展中国家扩大自身的影响力。但到了 20 世纪 90 年代中期，经济合作与发展组织认识到，无论是从人道主义角度来看，还是从全球事业的角度来看，促进发展都至关重要，而且建立一个安全、繁荣的世界将使所有人受益。2000 年，联合国在其千年发展目标（Millennium Development Goals，简称 MDGs）中纳入了这些理念，目的是协调国际社会的努力，以在 2015 年前实现关键的发展里程碑。[122] 虽然这些雄心勃勃的目标中有许多没有完全实现，但千年发展目标仍然促成了一些重大进展，改善了数亿人的生活。

在美国，自有统计数据以来，用每天生活费低于 2.15 美元的全球标准（以 2017 年的美元购买力水平计算）来衡量，绝对意义上的极端贫困人口比例一直在 1.2% 或以下。[123] 然而，相对贫困率，即相对于本国社会公认标准而言的贫困率的统计数据却提供了不同的观点（见图 4-18）。美国的相对贫困率从 19 世纪的约 45%，在第二次世界大战后的几年里大幅下降，并在 1970 年达到约 12.6% 的水平，此后就停滞了。[124] 自那时起，美国的相对贫困率一直保持在百分之十几（见表 4-1），[125] 随着整体经济情况的变化而波动，但长期以来没有明显改善。[126] 造成这种情况的一个原因是，随着生活水平的提高，相对贫困线的定义也在不断变化，因此那些在 1980 年还不会被视为贫困人口的人，可能现在却被视为贫困人口了。[127]

表 4-1 美国人口贫困率概况（相对贫困率，由政府定期重新定义，按年份划分）[128]

2020 年：11.5%	1990 年：13.5%	1950 年：约 30%
2015 年：13.5%	1980 年：13.0%	1935 年：约 45%
2010 年：15.1%	1970 年：12.6%	1910 年：约 30%
2000 年：11.3%	1960 年：22.2%	1870 年：约 45%

从 2014 年到 2019 年，美国的贫困人口数量（根据定期重新定义的

标准）减少了约 1 260 万，尽管在同一时期总人口增加了约 890 万。[129] 仅在 2019 年，美国贫困人口就减少了 410 万，当时老年人的贫困率接近历史最低水平。[130] 虽然 COVID-19 大流行导致贫困率暂时有所上升，[131] 但这只是自 2008 年金融危机以来整体下降趋势中的一小段偏离。

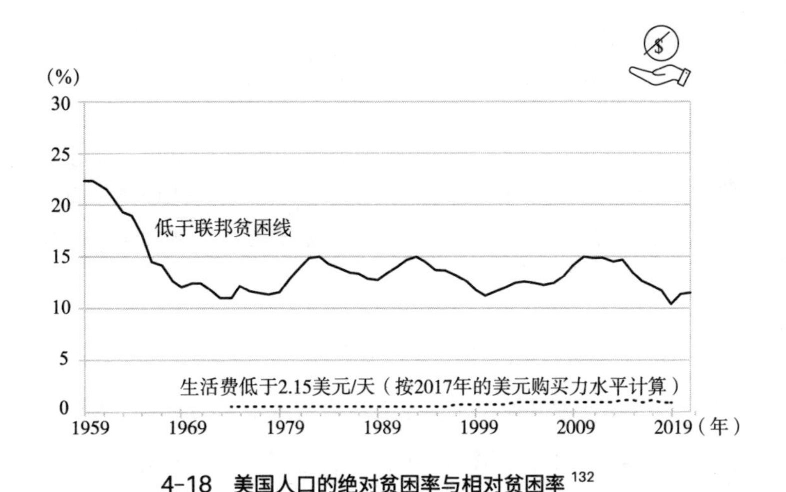

4-18　美国人口的绝对贫困率与相对贫困率 [132]

资料来源：US Census Bureau; World Bank。

此外，由于互联网上可以免费获得大量信息和服务，今天的穷人的生活条件要好得多。例如，他们可以参加麻省理工学院的公开课程，或与远在其他大陆的家人视频聊天。[133] 同样，他们也受益于最近几十年计算机和手机性价比的大幅提高，但这些在经济统计数据中没有得到充分的反映。（第 5 章将更详细地讨论经济统计数据未能充分捕捉受信息技术影响的产品和服务的性价比指数级提升的问题。）如今，**拥有一部便宜的智能手机的人可以通过互联网快速、轻松地获取全球几乎所有的教育信息、语言翻译服务、方向指引等。这种能力在几十年前是无法想象的，即使花费数百万美元也无法做到。**

美国的人均日收入正在稳步飙升（见表 4-2）。2023 年，美国单身人士的贫困线为年收入 14 580 美元，相当于每天的生活费约为 39.95 美元。[134] 实际上，自 1941 年以来，美国人的平均年收入（而非收入中位数）一直处在 2023 年的贫困线以上。[135]

表 4-2 美国的人均日收入（按 2023 年的美元购买力水平计算，按年份划分）[136]

2020 年：191.00 美元	1970 年：89.82 美元	1900 年：20.08 美元
2015 年：169.88 美元	1960 年：65.27 美元	1880 年：15.08 美元
2010 年：154.15 美元	1950 年：52.97 美元	1860 年：13.27 美元
2000 年：147.18 美元	1940 年：35.47 美元	1840 年：8.37 美元
1990 年：124.32 美元	1930 年：30.74 美元	1800 年：5.65 美元
1980 年：102.41 美元	1910 年：26.45 美元	1774 年：7.06 美元

美国 GDP 呈指数级增长也许并不令人惊讶，因为人口增长意味着经济规模的扩大。但即使考虑并调整了由于人口增长所带来的影响，人均 GDP 也在呈指数级增长（见图 4-19、图 4-20）。[137] 再强调一下，这还不包括免费的信息产品，也没有考虑到同等成本下信息技术随时间的推移的指数级增长。

图 4-19 美国人均 GDP 的增长趋势（线性刻度）[138]

资料来源：Maddison Project Database; Bureau of Economic Analysis; Federal Reserve。

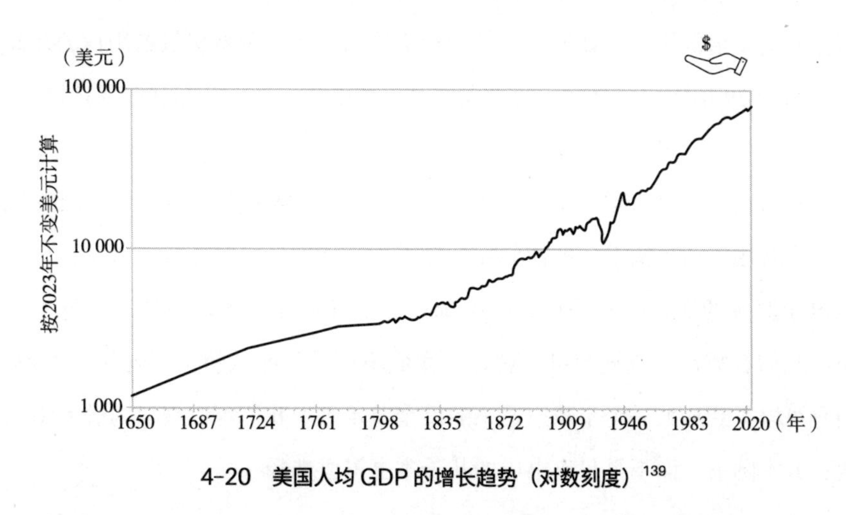

4-20　美国人均 GDP 的增长趋势（对数刻度）[139]

资料来源：Maddison Project Database; Bureau of Economic Analysis; Federal Reserve。

GDP 反映了包括大企业在内的整体经济活动，但如果我们只关注个人收入，也能发现同样的趋势。人均个人收入衡量的是真实的个人收入，而不是企业的收入。因此，它不仅包括工资和薪金，还包括股东和企业主从他们的公司获得的股息和利润。自 1929 年首次有统计数据以来，美国人均个人收入（以不变美元计算①）大幅上升，只在大萧条和大衰退期间出现过短暂下降。

在过去的 90 年里，普通美国人的实际收入增加了 5 倍多。尽管工作时长大幅缩短，但收入增长趋势并未发生变化。[140] 反映个人在全美收入分配的中间位置的个人收入中位数并没有快速增长。但从绝对值来看，实际收入中位数也在稳步上升，从 1984 年的 27 273 美元（均以 2023 年的美元购买力水平计算）上升到 2019 年（疫情暴发前）的 42 488 美元。[141]

这些数据还显著低估了人们实际获得的收益，因为它们没有反映出以下事实：如前所述，许多商品（如电子产品）现在的价格比过去低得多，而许

① 指根据通货膨胀水平调整后的美元，用来反映在不同时间点上的相同购买力。

多极其有价值的服务，如搜索引擎和社交网络，都是免费提供给用户的。此外，与 1929 年相比，全球化使得人们可以获得更广泛的产品和服务选择。

与过去几十年相比，现代消费者可获得的产品种类繁多，令人眼花缭乱，很难用货币来衡量。即使你在一顿饭中只能选择中餐或墨西哥菜，你可能也宁愿有的选，而不是只有一个选项。这种多样性体现在生活的方方面面。我们有数百个电视台可以选择。我们不再是只能从超市买到几种水果，而是可以买到从另一个半球空运来的反季节水果。我们可以在亚马逊上浏览数百万本图书，而不是只有书店的几千本书可供选择。

这些选择有助于每个人更好地满足自己的喜好，对于那些有独特口味和兴趣的人来说尤为重要。得益于信息技术带来的经济全球化，如果你喜欢收集旧的万花筒，你可以在 eBay 上从世界任何地方购买它。如果你对数学和科学感兴趣，你可以观看数小时的教育节目来满足自己的好奇心，而不是像我那一代人小时候那样，只能在家守在电视机前看《荒野大镖客》（*Gunsmoke*）。随着 3D 打印和纳米技术的成熟，我们在未来几十年拥有的选择多样性将呈指数级增加。

年收入是一个很有用的衡量指标，但如果同时考虑人们的工作时长会更有参考价值。在美国，每小时实际个人收入（以不变美元计算）从 1880 年的每小时约 5 美元稳步增长到 2021 年的每小时约 93 美元。[142] 不过需要注意的是，个人收入不仅包括工资和薪金收入，还包括投资收入和个人拥有的企业收益，以及政府福利和一次性补贴，如 2020 年为应对疫情而发放的一次性经济刺激资金或补助。因此，每小时个人收入始终高于单独的每小时工资和薪金收入。这个指标的价值在于，它反映了非工资收入在所有个人收入中所占的份额是如何增加的，因此更好地说明了经济总体繁荣程度是如何提升的，即使工人花在工作上的平均时长缩短了。

图 4-21 展示了美国人每小时实际收入的稳步上升趋势，即使在经济动荡时期也是如此。尽管没有大萧条最低谷时期的精确数据，但与其他衡量经济状况的指标相比，每小时收入在这一时期似乎没有受到太大影响。大萧条期间人均收入下降是由于总人口收入减少所致（见图 4-22）。由于人口总数（分母）变化不大，人均收入下降不可避免。然而，当人们失业时，他们既失去了收入，工作时长也缩短了。分母变小导致大萧条期间每小时收入变化较小，甚至有所增长。换个角度看，尽管许多人完全失业了，但那些设法保住工作的人的工资并没有大幅下降。

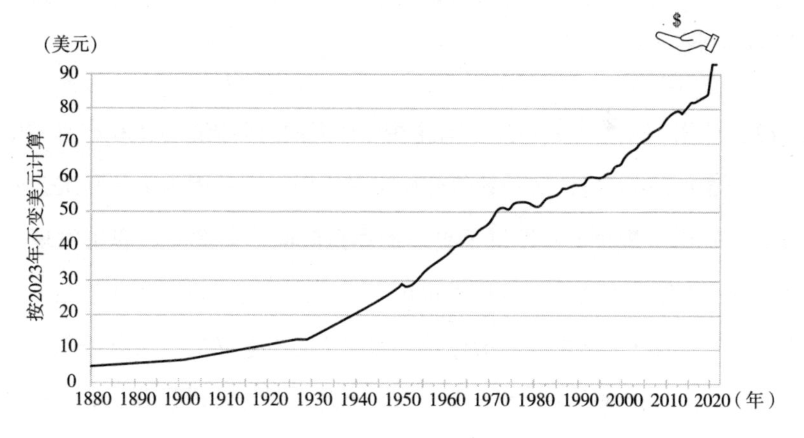

图 4-21　美国人每小时实际收入的上升趋势（包括非工资收入） [143]

主要资料来源：Maddison Project; Bureau of Economic Analysis; Stanley Lebergott, "Labor Force and Employment, 1800–1960," in *Output, Employment, and Productivity in the United States After 1800*, ed. Dorothy S. Brady（Washington, DC: National Bureau of Economic Research, 1966）; Alexander Klein, "New State-Level Estimates of Personal Income in the United States, 1880–1910," in *Research in Economic History*, vol. 29, ed. Christopher Hanes and Susan Wolcott（Bingley, UK: Emerald Group, 2013）; Michael Huberman and Chris Minns, "The Times They Are Not Changin': Days and Hours of Work in Old and New Worlds, 1870–2000," *Explorations in Economic History* 44, no. 4（July 12, 2007）。

图 4-22 美国人均年收入上升趋势 [144]

资料来源：Bureau of Economic Analysis; National Bureau of Economic Research; Alexander Klein, "New State-Level Estimates of Personal Income in the United States, 1880 - 1910," in *Research in Economic History*, vol. 29, ed. Christopher Hanes and Susan Wolcott（Bingley, UK: Emerald Group, 2013）; Federal Reserve。

19 世纪末，美国工人每年平均花在工作上的时间接近 3 000 小时（见图 4-23）。[145] 1910 年前后，这一数值开始迅速下降。这是因为法规和工会要求缩短工作时长，并为工人提供了更多的休息时间。[146] 此外，雇主发现，休息好的员工工作效率更高，准确性也更高。因此，与工业革命初期相比，将需要一定工作时间完成的工作分配给更多工人是有意义的。大萧条期间，人们的平均工作时长骤降至每年不到 1 750 小时，因为公司不得不削减那些仍然有工作的员工的工作时长。[147]

在第二次世界大战和战后繁荣时期，美国人重新涌入工厂和办公室，平均年工作时长超过 2 000 小时。[148] 此后，美国劳动力的工作时长稳步下降，回到了大萧条时期的水平。[149] 不同之处在于，今天工作时长缩短在很大程度上是由于人们选择兼职工作或做出了其他选择，以实现健康的工作与生活的平衡。在一些欧洲国家，人们的工作时长的下降幅度更大。[150]

与其他几代人相比，就业需求的变化促使千禧一代和Z世代更多地寻求创造性的，通常是创业型的职业，这使得他们可以自由地远程工作，减少了通勤时间和费用，但也可能导致工作和生活之间的界限变得模糊。COVID-19大流行导致劳动力突然和戏剧性地转向了远程办公，或形成了雇主-雇员关系的其他替代模式。根据一项研究，98%的受访者表示，他们希望在职业生涯的剩余时间里可以选择远程工作。[151] 技术变革使越来越多的工作可以远程完成，这一趋势可能会进一步加剧。

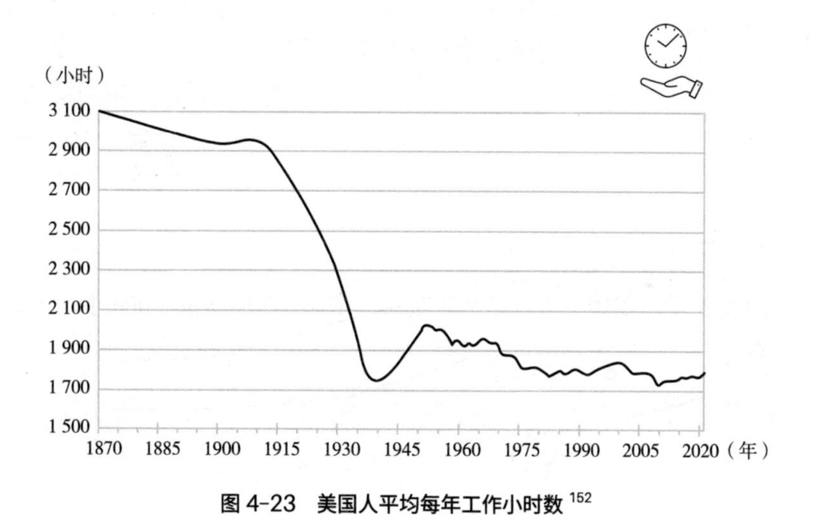

图4-23　美国人平均每年工作小时数[152]

资料来源：Michael Huberman and Chris Minns, "The Times They Are Not Changin': Days and Hours of Work in Old and New Worlds, 1870–2000," *Explorations in Economic History* 44, no. 4（July 12, 2007）; University of Groningen and University of California, Davis; Federal Reserve; Organisation for Economic Co-operation and Development。

社会经济福祉的另一个关键指标是童工。当儿童因贫困而被迫参与工作时，他们就会失去受教育的机会，长期发展潜力大打折扣。幸运的是，在21世纪，童工数量一直在稳步下降。国际劳工组织采用三个嵌套类别来衡量这一领域的进展。[153] 最广泛的类别是"童工就业"（Child Employment），包括儿童在家庭农场或家庭经营的企业中从事短时间的轻工作。虽然这可能会影响对儿童的教育，但它是一种相对温和的童工形式。第二类是“童工劳动”（Child Labor），从工作时间和工作本身的艰苦程度来看，儿童从事的工作与成年人从事的工作可能大致相似。第三类，也是最狭窄的一类是“危险工作”（Hazardous Work），指的是在特别危险的条件下使用童工。这类工作包括采矿、拆船（拆除船只以提取价值和进行处置）与废物处理。从2000年到2016年，据估计，全世界从事危险工作的儿童比例从11.1%下降到4.6%，尽管COVID-19造成的经济中断似乎打断了童工比例下降这一进展（见图4-24）。[154]

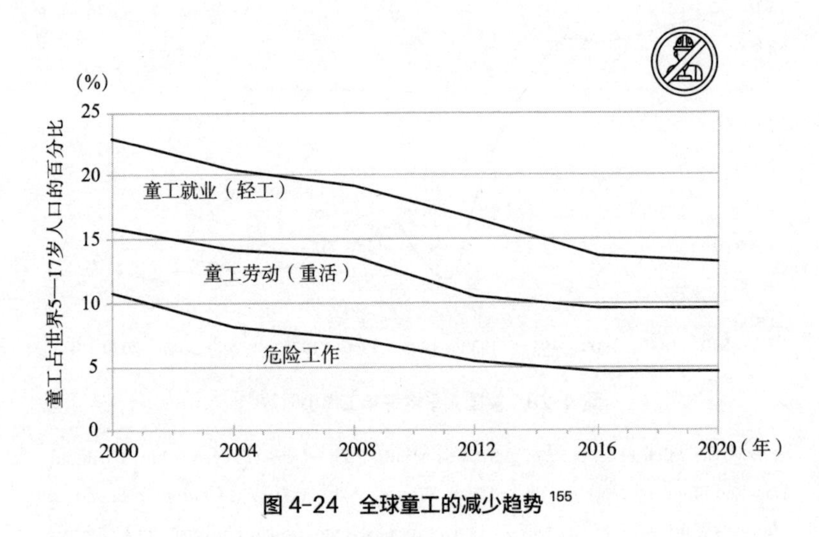

图4-24 全球童工的减少趋势[155]

资料来源：International Labor Organization; UNICEF。

暴力的减少

不断增加的物质财富与暴力的减少是相辅相成的。在经济上可能有较大损失的人，会有更强烈的动机去避免冲突。当人们可以期待长期的安全生活时，他们就有充分的理由进行有利于社会的长期投资。在西欧，自 14 世纪以来，凶杀率一直在下降。[156] 尽管个人武器的杀伤力不断增强，但在这么长的时间尺度上，凶杀率的下降一直呈指数级趋势。在我们有可靠数据可以追溯到中世纪时期的西欧国家中，每年每 10 万人中的凶杀案从 14 世纪和 15 世纪的平均约 33 起下降到今天的不到 1 起（见图 4–25），下降幅度超过 97%。[157] 需要注意的是，这些统计数据主要关注的是“普通”凶杀案，如谋杀和过失杀人，不包括战争和种族灭绝。

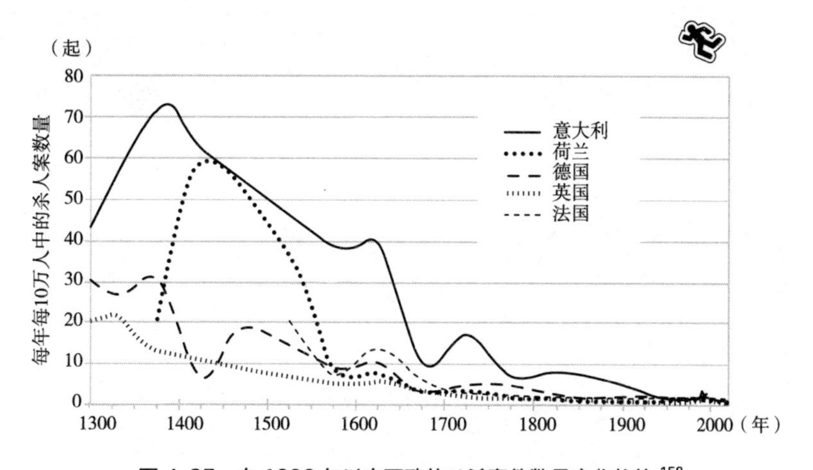

图 4–25　自 1300 年以来西欧的凶杀案件数量变化趋势 [158]

注：这张图借鉴了马克斯 · 罗泽（Max Roser）和汉纳 · 里奇（Hannah Ritchie）在 Our World in Data 的出色工作，但在最新的资料选择上有所不同。1990 年之前的数据来自曼努埃尔 · 艾斯纳（Manuel Eisner），“从刀剑到言语：自我控制的宏观水平变化是否可以预测杀人水平的长期变化？”

关于 1990 年至 2018 年的数据，这张图中采用的不是世界卫生组织的数据，而是联合国毒品和犯罪问题办公室从 1990 年至 2020 年的数据。这是因为毒品和犯罪问题办公室的数据得到了其他数据来源的证实，并且与范围更广的官方执法估计数据更为接近。

资料来源：Our World in Data（Roser and Ritchie）; Manuel Eisner, “From Swords to Words: Does Macro–Level Change in Self–Control Predict Long–Term Variation in Levels of Homicide?,” *Crime and Justice* 43, no.1（September 2014）; UN Office on Drugs and Crime。

在美国，自 1991 年以来，谋杀和其他形式的暴力犯罪长期以来一直在下降。尽管美国的凶杀案从 2014 年的每 10 万人中 4.4 起上升到 2021 年的 6.8 起（撰写本书时的最新数据，见图 4-26），但即使是这种短期的激增，与 1991 年的 9.8 起相比，也几乎下降了 30% 以上。[159] 然而，在 20 世纪的两个时期，凶杀案和暴力犯罪总体上大约是现在的两倍。第一次暴力流行是在 20 世纪 20 年代和 30 年代，主要是禁酒令和围绕私酒贸易兴起的犯罪组织导致的。[160] 第二次暴力流行发生在 20 世纪 70 年代到 90 年代，当时毒品和其他非法药物的贸易再次将暴力带入美国城市的街道。[161]

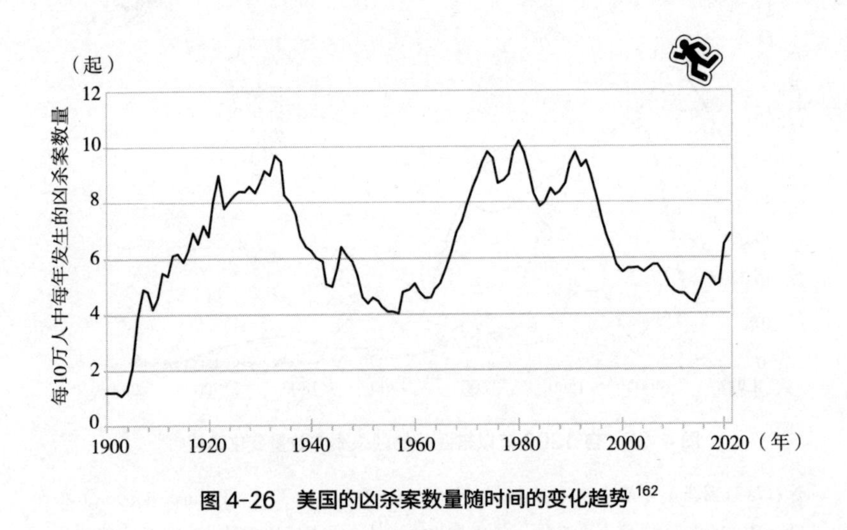

图 4-26 美国的凶杀案数量随时间的变化趋势 [162]

资料来源：Federal Bureau of Investigation; Bureau of Justice Statistics。

从那时起，有几个因素在暴力事件的减少中发挥了重要作用。随着美国的暴力犯罪在 20 世纪 80 年代初达到历史最高水平（见图 4-27），犯罪学家开始寻找新的解决方案。学者乔治·凯林（George Kelling）和詹姆斯·威尔逊（James Q. Wilson）观察到，一些低级犯罪行为，如涂鸦和破坏公物会让社区居民产生不安感，并让一些人相信他们可以逃脱更严重的暴力犯罪。[163]

这个观点后来被称为破窗理论，在这种理论的影响下，美国警界形成了一种新的警务观念，强调制止那些轻微的犯罪行为，以预防更严重的犯罪行为。与此同时，其他一些更积极主动的犯罪预防方法开始出现，例如在犯罪率较高的社区增加步行巡逻，以及使用更智能的数据驱动建模来最有效地部署警力。这些因素似乎在 20 世纪 90 年代和 21 世纪初全美范围内的犯罪率下降中发挥了重要作用。尽管如此，它们也并非没有代价。在某些城市，破窗警务做得太过火，对少数族裔社区造成了与收益不成比例的伤害。在 21 世纪 20 年代，警察面临着双重挑战：继续维持长期减少犯罪行为的趋势，同时解决种族差异和相关的不公正问题。虽然这些问题没有单一的解决方案，但如果能够负责任地使用警察随身摄像机、公民手机摄像头、自动射击检测器和 AI 驱动的数据分析等技术，将有助于应对这些挑战。

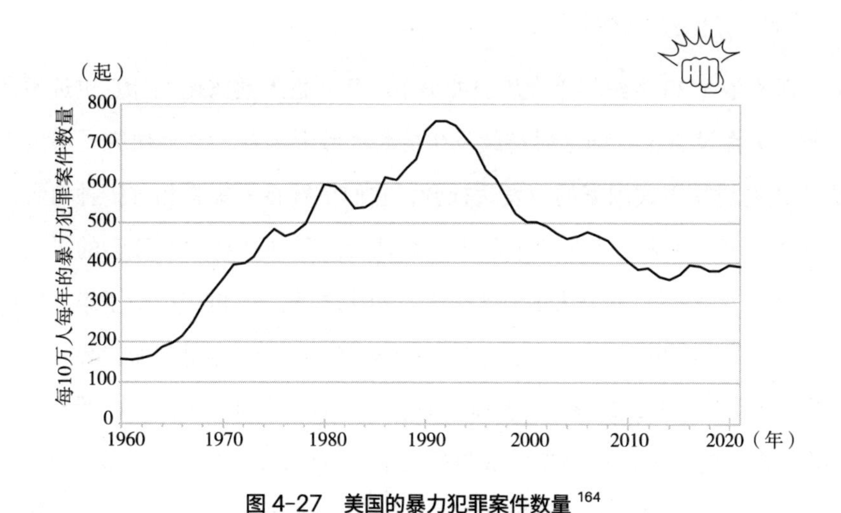

图 4-27 美国的暴力犯罪案件数量 [164]

资料来源：Federal Bureau of Investigation; Bureau of Justice Statistics。

人们现在才开始正确认识到另一个因素，即环境污染与犯罪之间的关系。在 20 世纪的大部分时间里，我们对环境毒性，特别是铅对大脑的影响知之甚少。儿童接触汽车尾气和家用油漆中的铅会对其认知发展产生不利影响。虽然不能确定这种慢性中毒是否与某个人的犯罪行为有直接关系，但在整个人口层面上，它确实导致了暴力犯罪的统计数字增加，可能是因为它导致了人们控制冲动能力的下降。大约从 20 世纪 70 年代开始，越来越多的环境法规对儿童接触铅和其他毒素的情况进行了限制，这也被认为有助于降低暴力水平。[165]

在 2011 年出版的《人性中的善良天使》一书中，史蒂芬·平克进一步提供证据表明，自中世纪以来，欧洲的凶杀死亡人数大致下降了 50%，在某些情况下甚至更多。[166] 例如，在 14 世纪的牛津，每年每 10 万人中估计有 110 人被杀，而今天的伦敦平均每 10 万人中只有不到 1 人被杀。[167] 平克估计，与史前社会相比，因暴力致死的总人数大约为之前的 1/500。[168]

即使是在 20 世纪的重大历史冲突下，其死亡人数按比例计算也远不及人类过去在没有正式国家时持续发生的暴力致死人数。平克研究了历史上 27 个没有建立正式国家的不发达社会，它们是狩猎采集者和狩猎种植者的混合体，可能代表了人类史前的大多数社会。[169] 他估计这些社会的平均战争死亡率为每年每 10 万人中有 524 人。相比之下，20 世纪经历了第一次世界大战和第二次世界大战，其中包括种族灭绝、原子弹轰炸以及世界上有史以来最大规模的有组织暴力。然而，在德国、日本和俄罗斯这三个受到战争创伤较严重的国家，20 世纪的战争死亡率分别只有每 10 万人中 144 人、27 人和 135 人。相比之下，尽管美国在世界各地都卷入了战争，但在整个 20 世纪，每年每 10 万人中只有 3.7 人死于战争。

然而，大多数公众错误地认为暴力正在变得更加严重。平克主要将其归因于“历史短视”，即人们更关注近期发生的事件，而对过去更久远的、更糟糕的暴力事件一无所知。[170] 从本质上讲，这就是可得性启发式在起作用。这些误解部分可归因于记录技术的差异：我们可以轻松访问最近暴力事件的极具冲击性的视频画面，而对于19世纪甚至更早的事件，我们只能接触到黑白照片，或者仅仅是文字描述和相对较少的绘画作品。

与我一样，平克将暴力事件的戏剧性减少归因于良性反馈循环。当人们越来越有信心摆脱暴力时，建立学校、写书和读书的动机就会越来越强，这反过来又鼓励人们诉诸理性而不是武力来解决问题，从而进一步减少暴力。其中起作用的是“同情心的扩展圈”（借用哲学家彼得·辛格的术语），它将我们的认同感从狭隘的群体（如氏族）扩展到整个国家，然后扩展到外国人，甚至扩展到非人类的动物。[171] 法治和反对暴力的文化规范也发挥着越来越重要的作用。

这些良性反馈循环本质上是由技术驱动的，这可以说是一种对未来的关键洞见。过去，人类只认同小群体，但通信技术（先是书籍，然后是广播和电视，再接着是计算机和互联网）使我们能够与越来越广泛的人群交流思想，发现我们的共同点。**观看发生在遥远国度的灾难的震撼视频可能会导致我们忽视历史的长期趋势，但它也有效地利用了人类天生的同理心，将我们的道德关怀扩展到整个人类。**

此外，随着财富的增长和贫困的减少，人们有了更强的合作动机，对有限资源的零和博弈逐渐减少。我们中的许多人都有一种根深蒂固的观念，认为对稀缺资源的争夺是导致暴力的一个主要原因，这也是人性中固有的一部分。虽然这是人类历史大部分事件发生的原因，但我认为这不会永远持续下去。数字革命使得我们可以轻松以数字方式表示的许多事物的稀缺性大大降低，从网络搜索到社交媒体连接。为了一本实体书而争抢可能很微不足道，但在某种程度上我们可以理解。两个孩子可能会为最喜欢的漫画书而争吵，因为同一时间只有一个人可以阅读它。但是人们为 PDF 文档而争吵的想法是滑稽的，因为你有访问权限并不意味着我没有。我们可以根据需要创建任意数量的副本，基本上都是免费的。

一旦人类拥有极其便宜的能源（主要来自太阳能，最终将来自核聚变）和 AI 机器人，许多种类的商品将变得很容易复制，以至于人们为之暴力相向看起来会像今天为 PDF 文件而争吵一样愚蠢。通过这种方式，从现在到 21 世纪 40 年代，信息技术的巨大进步将推动社会其他方面的变革性进步。

可再生能源成本呈指数级下降

人类科技文明的几乎每个方面都需要能源，但长期依赖化石燃料是不可持续的，主要有两个原因。最明显的是，化石燃料会产生有毒污染物，其次，它也将我们限制在稀缺资源上，即使人类对廉价能源的需求激增，开采稀缺资源的成本也越来越高。

幸运的是，随着我们将越来越先进的技术应用于底层材料和机制的设计，环保可再生能源的成本一直在以指数速度下降。例如，在过去 10 年中，我们一直在使用超级计算来发现新的太阳能电池和储能材料，近年来还使用了深度神经网络。[172] 由于相关成本持续降低，从可再生能源，包括太阳能、风能、地热能、潮汐能和生物燃料中获得的总能量也在呈指数级增长（相关情况可参见图 4-28 至图 4-31 中的具体数据）。[173] 2021 年太阳能发电量占全球发电总量的 3.6% 左右，自 1983 年以来，这一比例平均每 28 个月翻一番。[174] 本章后面会详细介绍这一点。

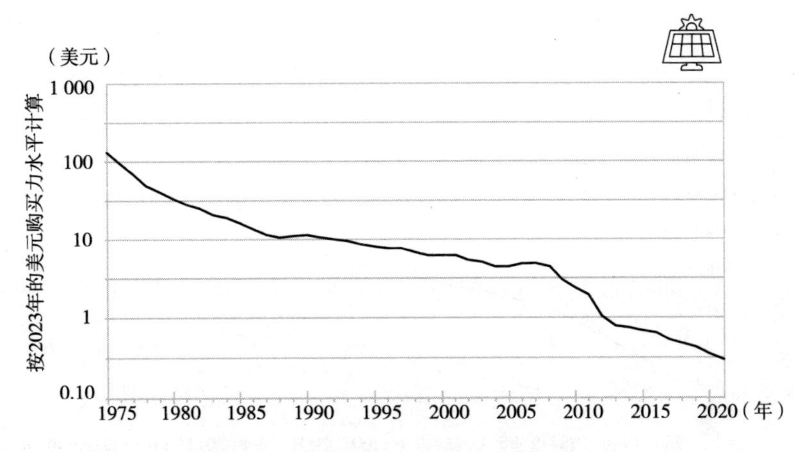

图 4-28　光伏组件每瓦成本（对数刻度）[175]

注：正如这张图所示，光伏组件的成本在近50年来呈指数级下降，这种趋势有时被称为斯旺森定律。请注意，虽然光伏组件成本是太阳能发电安装总成本中最大的一个组成部分，但其他因素，如安装许可证和劳动力，可能使总成本达到组件成本的三倍左右。[176]虽然模组成本下降得非常快，但其他因素下降得比较慢。AI和机器人技术可以降低劳动力和设计成本，但我们也需要推进有效的公用事业规划和相关许可政策。

主要资料来源：Our World in Data; Gregory F. Nemet, "Interim Monitoring of Cost Dynamics for Publicly Supported Energy Technologies," *Energy Policy* 37, no. 3（March 2009）; IRENA。

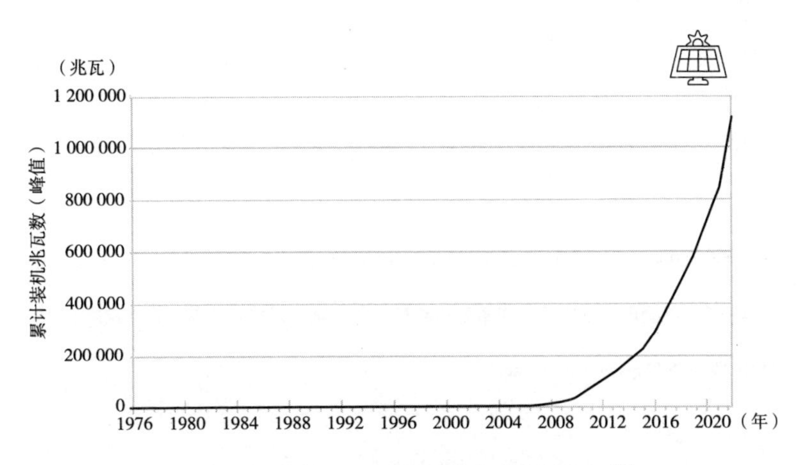

图 4-29　光伏——全球装机容量（线性刻度）[177]

主要资料来源：Our World in Data; IRENA; Gregory F. Nemet, "Interim Monitoring of Cost Dynamics for Publicly Supported Energy Technologies," *Energy Policy* 37, no. 3（March 2009）。

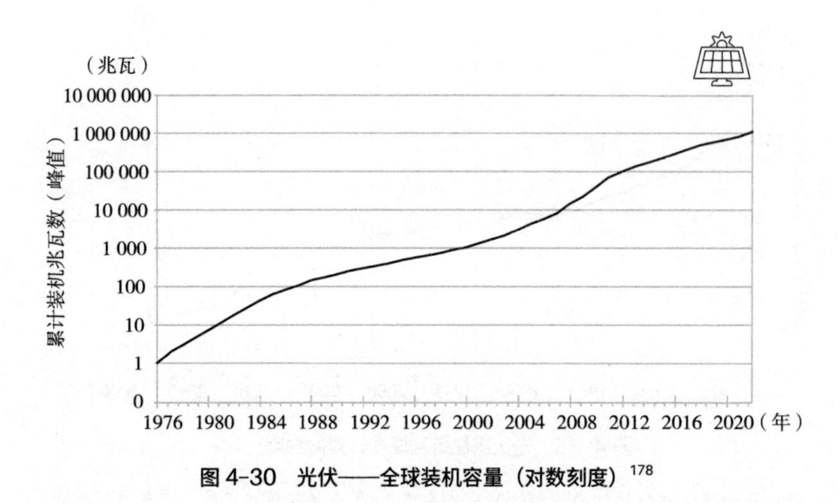

图 4-30 光伏——全球装机容量（对数刻度）[178]

主要资料来源：Our World in Data; IRENA; Gregory F. Nemet, "Interim Monitoring of Cost Dynamics for Publicly Supported Energy Technologies," *Energy Policy* 37, no. 3（March 2009）。

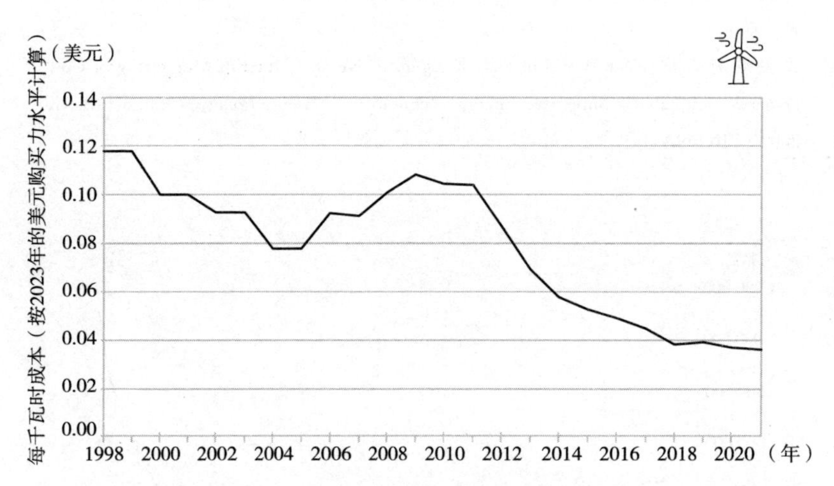

图 4-31 美国风力发电项目成本变化趋势（美国陆上发电项目的平准化成本）[179]

资料来源：US Department of Energy。

知识与技术的传递助推民主的扩散

廉价的可再生能源将带来巨大的物质财富，但人们能否公平地分享它取决于民主。这里再次出现了一个幸运的协同作用：**信息技术长期以来一直在促进社会的民主进程。**民主起源于中世纪的英格兰，这与大众传播技术的兴起相呼应，而且很可能在很大程度上是由后者引起的。1215年，由约翰王签署的《大宪章》（*Magna Carta*）明确阐释了普通人不受不公正监禁的权利。[180]然而在中世纪的大部分时间里，平民的权利经常被忽视，政治参与度很低。随着古登堡于1440年左右发明活字印刷机并迅速普及，受过教育的阶层开始更高效地传播新闻和思想。[181]

印刷机是一个很好的例子，可用来说明加速回报定律是如何适用于信息技术的。正如前面提到的，信息技术涉及信息的收集、存储、操作和传输。从理论上讲，信息是一种抽象的有序性，与混乱的熵形成对比。为了表示现实世界中的信息，我们以特定的方式将物理对象组织起来，比如在纸上写字。但关键是，想法是组织信息的抽象方式，可以在各种不同的媒介上表示：石碑、羊皮纸、打孔卡片、磁带或硅微芯片内的电压。只要你有凿子和足够的耐心，你完全可以在石碑上刻下Windows 11的每一行源代码！这个比喻虽然有些夸张，但它表明了物理媒介对我们实际收集、存储、操作和传输信息有多么重要。只有当我们能非常高效地完成这些任务时，一些想法才能真正付诸实践。

在中世纪的大部分时间里，欧洲的书籍只能由抄写员辛苦地用手誊写，效率十分低下。因此，传递书面信息——想法，是极其昂贵的。通常来说，一个人或一个社会拥有的想法越多，就越容易产生新的想法，其中就包括技术创新。因此，使分享想法更容易的技术也会使创造新技术变得更容易，而新技术中的一部分又会让分享想法变得更加容易。所以，当古登堡发明了印刷机后，分享想法的成本很快就大大降低了。中产阶级第一次能够买得起大量的书籍，释放了人类的巨大潜力，创新蓬勃发展，文艺复兴运动在欧洲迅速传播开来。这也促进了印刷技术的进一步创新，到 17 世纪初，书籍的价格只有古登堡时代的几千分之一。

知识的传播带来了财富和政治权利，英国下议院等机构也变得更加直言不讳。虽然大部分权力仍掌握在国王手中，但议会能够向君主提出税收抗议，并弹劾那些不受欢迎的大臣。[182] 1642 年到 1651 年的英国内战彻底推翻了君主制，之后君主制以一种服从议会的形式得以恢复。后来，英国政府通过了《权利法案》，明确确立了国王只能在公民同意的情况下才能统治的原则。[183]

在美国独立战争之前，英国虽然远非一个真正的民主国家，却是世界历史上最民主的国家之一，[184] 同时也是人口识字率最高的国家之一。从公元前 1 世纪罗马共和国崩溃到美国独立战争之间，虽然也有一些社会举行过选举或实行过类似共和制的政治制度，但这些社会的政治参与度总是非常有限，而且最终都退回了专制统治。在中世纪，意大利有几个以贸易繁荣的城邦为中心的共和国，如热那亚和威尼斯等，但这些共和国实际上是由贵族严格控制的。例如，威尼斯的领导人（被称为总督）是通过一个复杂的选拔过程产生的，这个过程确保了贵族家族统治地位的延续，普通民众无法发挥任何作用。[185] 在 1569 年到 1795 年，波兰－立陶宛联邦为占总人口 1/10 或更少的什拉赫塔贵族阶层设立了一个非常自由和民主的制度，但平民百姓在政治上几乎没有发言权。[186]

相比之下，在英国，至少在理论上，所有自由的成年男性户主都具有投票资格。虽然在实践中通常还有额外的财产要求，但投票资格并不取决于一个人出生时的地位。尽管这种制度将许多人排除在外，但它绝对是一项关键的政治创新，因为它为普遍参与的理念奠定了基础。一旦人们接受了出生地位并不能决定一个人的投票权这一观念，其力量就不可抑制了。因此，第一个真正的现代民主国家出现在英国的美洲殖民地并非巧合，尽管实现这一点需要与英国进行一场战争。然而，实现民主所承诺的理想是一个艰苦的过程。

在两个世纪前的美国，大多数人还不享有完全的政治参与权。19 世纪早期，只有拥有适量财产或财富的成年白人男性才享有投票权。这些经济要求允许大多数白人男性投票，但几乎完全将妇女、非裔美国人（其中数百万人被当作奴隶）和印第安人排除在外。[187] 历史学家对当时具体有多大比例的人口享有投票权存在分歧，但最常见的观点是 10% ～ 25%。[188] 然而，这种不公正为政权自身的失败埋下了种子——投票为美国提供了一种改革机制，而对投票的限制与其建国文件中提出的崇高理想形成了鲜明对比。

尽管民主的倡导者有着崇高的愿望，但在整个 19 世纪，民主取得的进展十分缓慢。例如，1848 年，欧洲的自由主义革命大多失败了，沙皇亚历山大二世在俄罗斯的许多改革举措都被他的继任者废除了。[189] 到 1900 年，世界上只有 3% 的人口生活在我们目前认为的民主国家，即使是美国也剥夺了妇女的投票权，并对非裔美国人实行种族隔离政策。在第一次世界大战之后的 1922 年，这一比例攀升至 19%。[190] 然而，法西斯主义的兴起很快使民主陷入困境，在第二次世界大战期间，数亿人生活在极权统治之下。值得注意的是，通过广播进行的大众传播最初帮助法西斯分子夺取了政权。但最终，同样的技术使盟国能够团结民主国家取得胜利，其中最著名的例子是温斯顿 · 丘吉尔在闪电战期间发表的鼓舞人心的演讲。

第二次世界大战后，世界上生活在民主制度下的人口比例急剧上升，这主要是由于印度和英国在南亚的其他殖民地获得了独立。在冷战期间的大部分时间里，民主国家的数量相对稳定，世界上只有约 1/3 的人口生活在民主社会中。[191] 然而，通信技术的扩散，从披头士的唱片到彩色电视机，激起了人们对压制这些技术的政府的不满。1991 年之后，民主再次迅速扩散，到 1999 年，世界上近 54% 的人口生活在民主制度下（见图 4-32）。[192]

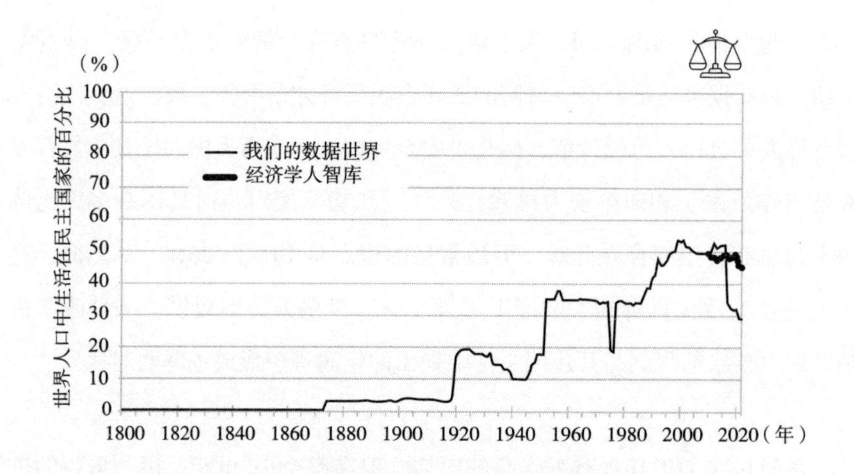

图 4-32 自 1800 年以来全球的民主扩散进程 [193]

主要资料来源：Our World in Data; Economist Intelligence Unit。

尽管在过去的 20 年里，民主国家的人口比例因一些国家的进步和其他国家的倒退而有所波动，但另一种积极的变化正在迅速发生。在冷战结束时，世界上大约 35% 的人口生活在封闭的专制国家，受最具压迫性的统治阶级的统治。[194] 到 2022 年，这一比例下降到约 26%，超过 7.5 亿人摆脱了暴政。[195] 未来几十年的一个关键挑战将是帮助那些介于独裁和民主之间的国家实现向完全民主治理的过渡。这在一定程度上取决于对 AI 的审慎使用，来促进公开和透明，同时最大限度地减少其被滥用于独裁主义的监管或传播虚假信息的可能性。[196]

历史给了我们保持乐观的理由。随着信息共享技术的发展，从电报到社交媒体，民主和个人权利的理念已经从鲜为人知发展到成为全世界的共同愿望，而且已经成为地球上近一半人口的生活现实。这些技术的发展为民主的传播提供了重要的推动力。想象一下，**未来 20 年技术的指数级进步将使我们能够更充分地实现民主和个人权利的理想。**

我们正进入指数增长的陡峭阶段

需要认识到的关键是，到目前为止，我所描述的所有进展都来自这些指数趋势缓慢增长的早期阶段。鉴于信息技术将在未来 20 年取得比过去 200 年更大的进步，它对整体繁荣的贡献将大得多。事实上，这些好处已经比大多数人意识到的要多得多了。

这里最根本的趋势是计算的性价比呈指数级提高（见图 4-33）。也就是说，按平均一美元（根据通货膨胀水平调整后）每秒可以执行多少次计算来衡量计算的性价比。当康拉德·祖泽（Konrad Zuse）在 1939 年建造了第一台可编程计算机 Z2 时，按 2023 年的美元购买力水平计算，它平均每秒可以执行大约 0.000 006 5 次计算（见表 4-3）。[197] 到 1965 年，PDP-8 平均每美元每秒可以进行大约 1.8 次计算。1990 年，我的书《智能机器时代》（*The Age of Intelligent Machines*）出版时，MT 486DX 平均每美元每秒可以进行大约 1 700 次计算。9 年后，当《机器之心》出版时，Pentium Ⅲ CPU 平均每美元每秒可以进行约 800 000 次计算。2005 年，《奇点临近》首次出版时，一些 Pentium 4s 平均每美元每秒可以进行约 1 200 万次计算。本书在 2024 年下印时谷歌云 TPU v5e 平均每美元每秒大约可以进行 1 300 亿次运算！而且由于任何可以接入互联网的人都可以以每小时几千美元的价格租用具有这种令人敬畏的云计算能力（每秒进行千万亿次运算）的计算机，作为从头开始构建和维护整个超级计算机的替代方案，对于做小型项目的个人用户来说，他们获得的有效性价比比这高出几个数量级。因为廉价的计算能力直接促进了创新，这一宏观趋势一直在稳步发展，而且不依赖于任何特定的技术范式，如缩小晶体管体积或提高时钟速度。

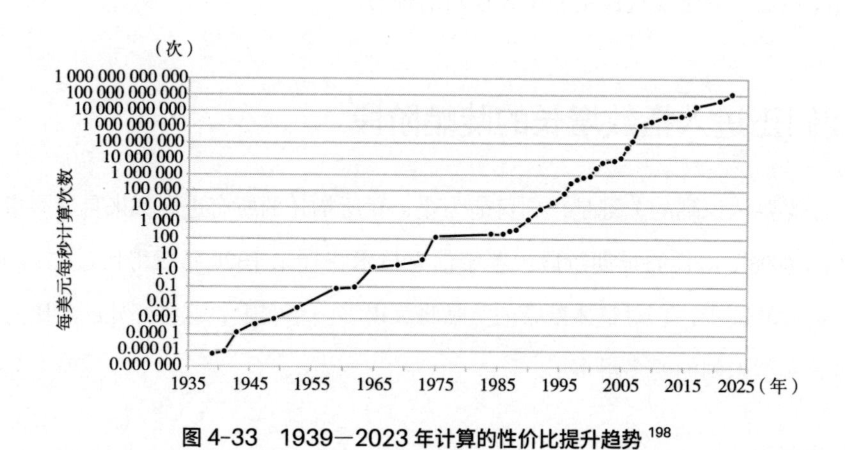

图 4-33 1939—2023 年计算的性价比提升趋势 [198]

注：按 2023 年的美元购买力水平计算，按平均每美元每秒的计算次数得出机器的最佳性价比。

表 4-3 性价比创纪录的代表性机器

年份	名称	每美元每秒计算次数（次）
1939	Z2	～0.000 006 5
1941	Z3	～0.000 009 1
1943	Colossus Mark 1	～0.000 15
1946	ENIAC	～0.000 43
1949	BINAC	～0.000 99
1953	UNIVAC 1103	～0.004 8
1959	DEC PDP-1	～0.081
1962	DEC PDP-4	～0.097
1965	DEC PDP-8	～1.8
1969	Data General Nova	～2.5

续表

年份	名称	每美元每秒计算次数（次）
1973	Intellec 8	～4.9
1975	Altair 8800	～144
1984	Apple Macintosh	～221
1986	Compaq Deskpro 386（16 MHz）	～224
1987	PC's Limited 386（16 MHz）	～330
1988	Compaq Deskpro 386/25	～420
1990	MT 486DX	～1 700
1992	Gateway 486DX2/66	～8 400
1994	Pentium（75 MHz）	～19 000
1996	Pentium Pro（166 MHz）	～75 000
1997	Mobile Pentium MMX（133 MHz）	～340 000
1998	Pentium Ⅱ（450 MHz）	～580 000
1999	Pentium Ⅲ（450 MHz）	～800 000
2000	Pentium Ⅲ（1.0 GHz）	～920 000
2001	Pentium 4（1700 MHz）	～3 100 000
2002	Xeon（2.4 GHz）	～6 300 000
2004	Pentium 4（3.0 GHz）	～9 100 000
2005	Pentium 4 662（3.6 GHz）	～12 000 000
2006	Core 2 Duo E6300	～54 000 000
2007	Pentium Dual-Core E2180	～130 000 000
2008	GTX 285	～1 400 000 000
2010	GTX 580	～2 300 000 000
2012	GTX 680	～5 000 000 000
2015	Titan X（Maxwell 2.0）	～5 300 000 000
2016	Titan X（Pascal）	～7 300 000 000
2017	AMD Radeon RX 580	～22 000 000 000
2021	Google Cloud TPU v4-4096	～48 000 000 000
2023	Google Cloud TPU v5e	～130 000 000 000

然而，这一巨大进步并没有像人们预期的那样被广泛认可。2016 年 10 月 5 日，在国际货币基金组织年会上，总裁克里斯蒂娜·拉加德（Christine LaGarde）与我和其他经济领袖进行了对话。拉加德问我，为什么我们没有看到更多来自当前可用的非凡数字技术所带来的经济增长的证据。我当时的回答是（现在仍然是），我们在计算经济增长时，将数字技术的影响同时放在了分子和分母中，这种计算方式抵消了其影响。

当非洲的一个青少年花 50 美元买一部智能手机时，这笔消费在经济活动中只计作 50 美元，尽管这一购买行为所获得的计算和通信技术相当于 1965 年的约 10 亿美元和 1985 年的数百万美元。以 50 美元左右的智能手机中常见的骁龙 810 芯片为例，在一系列性能基准测试中，其平均每秒浮点运算次数约为 30 亿次，相当于每美元每秒进行约 6 000 万次计算。[199] 而 1965 年最好的计算机每美元每秒只能进行约 1.8 次计算，1985 年这一数字提高到了大约 220 次。[200] 按照当时的效率，在 1965 年需要花费近 17 亿美元（按 2023 年的美元购买力水平计算，后同），在 1980 年需要花费 1 360 万美元，才能达到与骁龙相当的性能。

当然，这种粗略的比较没有考虑到自那时以后发展起来的技术的许多其他方面的演变。更准确地说，任何价格都不可能在 1965 年或 1985 年实现 50 美元智能手机的全部功能。因此，传统指标几乎完全忽略了信息技术的高通缩率，在计算、基因测序和许多其他领域，信息技术每年的通缩率约为 50%。在这种不断提高的性价比中，一部分体现为价格下降，一部分体现为性能提升，因此我们能够以更低的价格买到更先进的产品。

就我个人的例子而言，1965 年我在麻省理工学院就读时，该校非常先进，当时就已经拥有计算机。其中，最著名的是 IBM 7094，它有 150 000

字节的“核心”存储空间和每秒25万条指令（MIPS）的计算速度，耗资约310万美元（按1963年的美元购买力水平计算，相当于2023年的3 000万美元），由数千名学生和教授共同承担。[201] 相比之下，在撰写本书时发布的iPhone 14 Pro的售价为999美元，与AI相关的应用程序可实现每秒17万亿次操作。[202] 这并非一个完美的对比——iPhone的部分成本包括了与IBM 7094无关的功能，如相机，而且在许多应用场景下，iPhone的实际运行速度明显要慢于这个数字——但总体来说这一点是明确的。iPhone的速度是IBM 7094的6 800万倍，价格却不到其 $1/10^4 \times 3$。就性价比（每美元每秒的计算速度）而言，这种惊人的提升高达2万亿倍。

这种改进速度仍在持续且没有变缓的迹象。它从根本上不依赖于摩尔定律，即微芯片上特征尺寸呈指数级缩小的著名定律。麻省理工学院在1963年购买了基于晶体管设计的IBM 7094芯片，当时基于微芯片的计算机还没有被广泛引入。两年后，戈登·摩尔在1965年的一篇具有里程碑意义的文章中公开阐述了他的同名定律。[203] 尽管该定律影响深远，但它只是指数级计算范式中的一种。到目前为止，指数级计算范式还包括机电继电器、真空管、晶体管和集成电路，未来还会有更多。[204]

在许多方面，信息与计算能力同样重要。我在青少年时期花了几年时间送报赚钱，然后花了几千美元买了一套《大英百科全书》（*Encyclopedia Britannica*），这可以算作数千美元的GDP。相比之下，今天一部有智能手机的青少年可以轻松访问维基百科这部大大优于《大英百科全书》的百科全书。但因为它是免费的，所以相关行为不被计入经济活动。虽然维基百科在编辑质量上不如《大英百科全书》，但它有几个显著的优势：全面性（主要的英语维基百科内容大约是《大英百科全书》的100倍）、及时性（在重大新闻发生后几分钟内更新，而不是像印刷版百科全书那样需要数年）、多媒体（许多文章整合了视听内容）和超文本性（超链接可以将多篇文章相互连接在一起）。[205] 如果你对学术严谨性有更高要求，它还可以链接到《大英百科全书》质量的引用来源。而这只是数以千计的免费信息产品和服务之一，所有这些产品和服务都不被记入 GDP。

针对这一论点，拉加德反驳说，诚然，数字技术确实有许多非凡的特质和影响，但这个东西不能吃，不能穿，也不能住。我的回应是，未来 10 年这一切都会改变。当然，由于硬件和软件的不断改进，制造和运输这些类型资源的效率已经提高，但我们即将进入一个新时代，到那个时候，食品和服装等商品不仅会因为信息技术而变得更加经济，而且它们本身也正在成为信息技术。随着自动化和 AI 在生产中占据主导地位，资源和生产成本正在下降。[206] 因此，这些商品将受到与其他信息技术相同的高通缩率的影响。

在 21 世纪 20 年代后期，我们将能够用 3D 打印机打印服装和其他常见商品，每磅[①]**材料只需几美分。**3D 打印的一个关键趋势是小型化，人们正在设计可以在物体上创建更小细节的机器。在某个时候，传统的 3D 打印范式，如挤压（类似于喷墨打印）将被更小尺度上的创造新方法所取代，以实现更小规模的制造。**可能在 21 世纪 30 年代的某个时候，这将跨越到纳米技术领域，届时将可以在原子精度上创建物体。**埃里克·德雷克斯勒（Eric Drexler）在他 1992 年的著作《激进的丰度》（*Radical Abundance*）中估计，考虑到生产质量和效率更高的纳米材料，原子精度的制造可以以每千克 20 美分的成本制造大多数种类的物体。[207] 尽管这些数字仍然是推测性的，但成本的降低幅度肯定是巨大的。就像我们在音乐、书籍和电影中看到的那样，除了专有设计之外，还会有许多免费设计可用。事实上，在越来越多的领域，开源市场（现在和将来都是一个伟大的均衡器）与专有市场的共存，

①1 磅约为 0.45 千克。——编者注

将成为经济的决定性特征。

正如我将在本章后面解释的那样，我们将很快通过 AI 控制生产，在垂直农场中生产高质量、无化学品污染、低成本的食物。而且，相比于对环境造成严重污染的工厂化养殖，借助细胞培养培育出干净、合乎道德的肉类将成为主流。2020 年，人类屠宰了超过 740 亿头陆地动物作为肉类食物，这些肉类产品总重估计为 3.71 亿吨。[208] 联合国估计，相关碳排放占人类每年所有排放量的 11% 以上。[209] 目前，被称为实验室人造肉的技术有可能从根本上改变这种状况。传统的肉类生产方式有几个主要缺点：它会给无辜的动物带来痛苦，对人类健康有害，而且会通过有毒污染物和碳排放对环境造成严重影响。从细胞和组织中培养的肉类可以解决所有这些问题。这种方式不会伤害任何活体动物，可以被设计得更健康、更美味，而且对环境的危害可以通过使用更清洁的技术降到最低。技术推广的关键在于培养肉能否做到以假乱真。截至 2023 年，该技术可以复制没有太多结构的肉类，如类似碎牛肉的肉制品，但还无法从头开始生成完整的菲力牛排。当人造肉可以令人信服地达到所有动物肉的水平时，我预计大多数人对它的不适感将很快减弱。

迈向奇点的
关键进展
The Singularity
Is Nearer

正如我稍后也会更详细地描述的那样，我们很快就能够以较低的成本生产用于建造房屋和其他建筑物的模块。这将使数百万人能够负担得起舒适的居住环境。这些技术都已经成功试验过了，并将在未来 10 年变得越来越先进，被大多数人采用。与物理世界的这场革命并行的，将是下一代 VR 和 AR 技术的革命性发展，有时被称为元宇宙（Metaverse）。[210] 多年

来，元宇宙这个概念在科幻小说和未来主义圈子之外基本上无人知晓。但 Facebook 在 2021 年将品牌更名为 Meta，并宣布其长期战略的核心是在构建元宇宙方面发挥关键作用，这大大提升了公众对元宇宙的认知，以至于现在许多人错误地认为是 Meta 发明了这个概念。

就像互联网将网页、应用程序和服务集成到一个持久的在线环境中一样，21 世纪 20 年代后期的 VR 和 AR 技术将融合成一个引人注目的新现实层。在这个数字世界中，许多产品甚至不需要以实物形态存在，因为高度逼真的模拟版本已经足够好了。例如，虚拟会议可以让人们像面对面一样与同事互动和协作；虚拟音乐会可以提供身临其境的听觉体验，仿佛置身于交响乐大厅；在融合多种感官的虚拟海滩度假，可以让全家人享受沙滩和大海的声音、景象和气味。

目前，大多数媒体只局限于刺激人的视觉和听觉两种感官。虽然已经有一些 VR 系统可以结合气味或触觉，但仍然很笨重和不方便。在未来几十年里，脑机接口技术将变得更加先进。最终，它将可以实现全身心沉浸式的 VR 体验，将模拟的感官数据直接输入我们的大脑。这种技术将带来重大且难以预测的变化，影响人们如何安排时间以及他们会优先考虑何种体验。它还将迫使人们重新思考为什么要做某些事情。例如，当可以在 VR 中安全地体验攀登珠穆朗玛峰的所有挑战和欣赏自然美景时，人们将会权衡是否还要去攀登真的珠峰，或者重新思考危险本身是否才是吸引人的关键因素。

拉加德对我提出的最后一个挑战是，土地不会成为一种信息技术，而且我们现在所处的环境已经非常拥挤了。我的回答是，我们之所以感到拥挤，是因为我们选择了密集地挤在一起。城市的出现就是为了让我们能够一起工作和娱乐。但是，在乘火车去世界上任何一个地方旅行时你会发现，几乎所有适宜居住的土地都还没有被占用，只有 1% 的土地被开发用于人类居住。[211] 人类直接使用的适宜居住的土地只占地球陆地面积的一半，这一半几乎全部被用于农业。在农业用地中，77% 用于饲养牲畜、放牧和种植饲料，只有 23% 用于种植供人类消费的作物。[212] 人造肉和垂直农业只须使用现在已经在使用的一小部分土地就能满足需求。这将使健康食品更加丰富，容纳不断增长的人口，同时还能释放出大片土地。自动驾驶汽车将通过延长通勤时间来减少交通拥堵。我们将能够在任何想要的地方生活，同时仍然能够在 VR 和 AR 空间中一起工作和娱乐。

这一转变已经发生了，新冠疫情带来的社会变革加速了这种转变。在大流行的高峰期，高达 42% 的美国人在家工作。[213] 这一经历可能会对员工和雇主对工作的看法产生长期影响。在许多情况下，朝九晚五坐在公司办公室里的旧工作模式已经过时，但由于惰性和对熟悉事物的依赖，有些情况很难改变，直到这次新冠疫情迫使我们改变。随着加速回报定律将信息技术带入这些指数增长曲线陡峭的部分，以及 AI 日趋成熟，未来几十年这种影响只会加速。

可再生能源正在接近完全取代化石燃料

21 世纪 20 年代指数级增长带来的最重要的转变之一是能源领域的变革，因为能源为其他一切提供了动力。在许多情况下，太阳能光伏发电的成本已经低于化石燃料，而且还在迅速下降。但是，我们需要材料科学的进步来进一步提高其成本效率。AI 辅助下的纳米技术突破将通过使光伏电池能够从更广泛的电磁频谱中捕获能量来提高电池效率。

迈向奇点的
关键进展
The Singularity Is Nearer

这一领域正在取得惊人的进展。将纳米管和纳米线等微小结构放入太阳能电池内部，可以稳步提高它们吸收光子、传输电子和产生电流的能力。[214] 同样，将纳米晶体（包括量子点）放置在电池内部，可以提升每个吸收阳光的光子所产生的电量。[215]

另一种被称为黑硅的纳米材料，其表面由大量比可见光波长还小的针状纳米结构组成。[216] 这几乎消除了电池表面的反射，从而确保更多的光子被吸收并转化为电能。普林斯顿大学的研究人员开发了一种使发电效率最大化的替代方法，使用仅 30 纳米厚的金原子纳米级网格来捕获光子，提高光电转化效率。[217] 与此同时，麻省理工学院的一个项目使用石墨烯薄片制作了光伏电池，石墨烯是一种特殊形式的碳，只有一个原子的厚度，不到 1 纳米。[218] 这些技术将使未来的光伏电池变得更薄、更轻，并且可以安装于更多的物体表面上。例如，SolarWindow Technologies 等公司发明了一种薄膜光伏技术，可以涂在窗户上，在不影响采光的情况下产生有用的电能。[219]

在未来几年，纳米技术还将通过用 3D 打印技术打印太阳能电池来降低制造成本。这将使分散式生产成为可能，可以在需要时随时随地制造光伏电池。与目前使用的又大又重又硬的电池板不同，使用纳米技术制造的电池可以采用多种便捷的形式，如卷材、薄膜、涂层等。这将降低安装成本，让世界各地的更多社区获得廉价、充足的太阳能。

2000 年，可再生能源（不包括水电），主要包括太阳能、风能（见图 4-34、图 4-35）、地热能、潮汐能和生物燃料的发电量约占全球发电量的 1.4%。[220] 到 2021 年，这一比例上升至 12.85%，在此期间的平均翻倍时间约为 6.5 年。[221] 由于总发电量本身也在增长，从 2000 年的约 218 太瓦时增加到 2021 年的 3 657 太瓦时，翻倍时间缩短到约 5.2 年，因此，可再生能源的增长速度从绝对值上看增长得更快（见图 4-36、图 4-37）。[222]

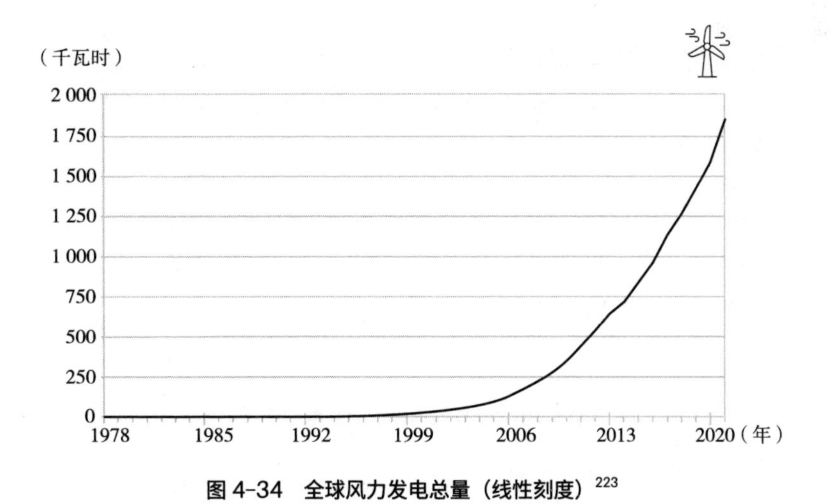

图 4-34　全球风力发电总量（线性刻度）[223]

资料来源：Our World in Data; BP; Ember。

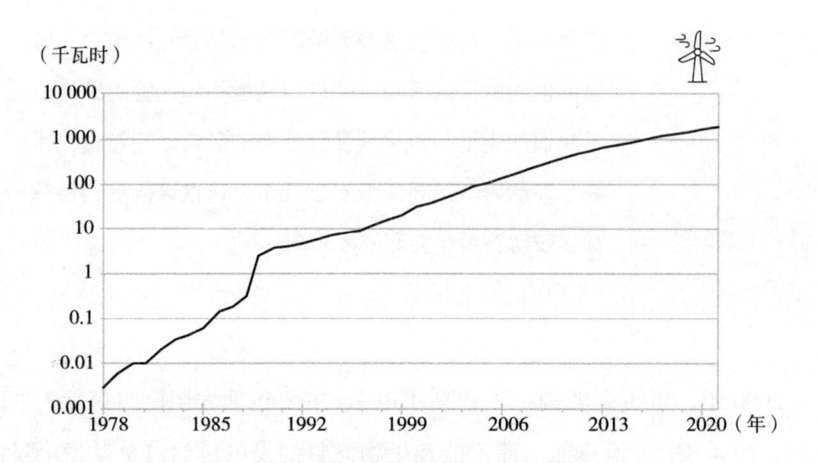

图 4-35 全球风力发电总量（对数刻度）

资料来源：Our World in Data; BP; Ember。

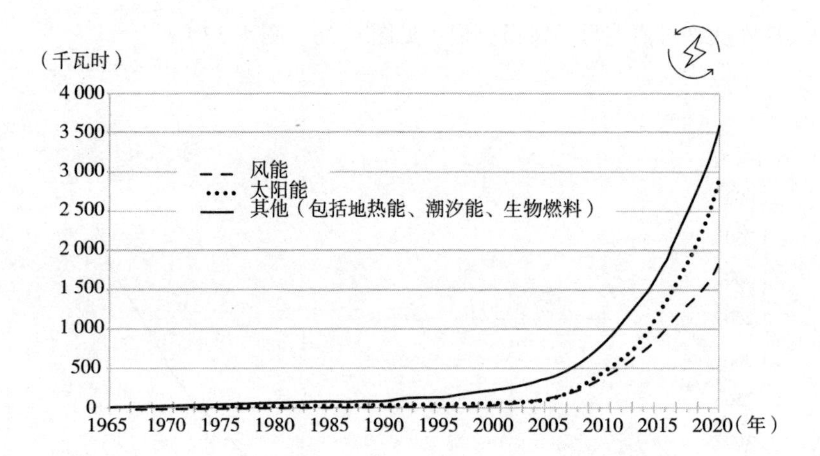

图 4-36 全球可再生能源发电总量[224]

资料来源：Our World in Data; BP。

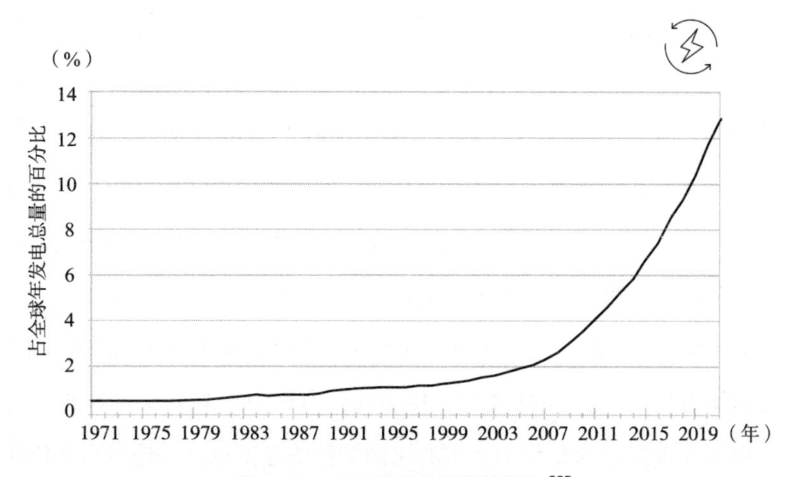

图 4-37　可再生能源的增长趋势[225]

注：主要包括太阳能、风能、潮汐能和生物燃料。

资料来源：Our World in Data; BP; IEA。

在 AI 应用于材料发现和设备设计，成本进一步降低的情况下，可再生能源的增长将继续呈指数级上升趋势。按照这一速度，可再生能源理论上可以在 2041 年实现全球电力需求的完全覆盖。但在展望未来时，将所有可再生能源作为一个整体来考虑并不是那么有意义，因为它们的成本降低速度并不一致。

太阳能发电的成本下降速度远快于其他任何主要可再生能源，而且太阳能的增长空间也最大。在价格下降方面，与太阳能最接近的是风能，但在过去 5 年中，太阳能的下降速度大约是风能的两倍。[226] 此外，太阳能有更低的潜在下限，因为材料科学的进步可以直接带来更便宜、更高效的电池板，而当前的技术只能捕获理论最大值的一小部分，通常在 20% 左右，而理论极限值约为 86%。[227] 尽管这个上限在实践中永远无法达到，但仍有很大的改进空间。相比之下，典型的风力发电系统的效率约为 50%，这已经非常接近 59% 的理论最大值。[228] 因此，无论我们如何创新，这些系统都不可能有太大的改进。

2021 年，太阳能约占全球总发电量的 3.6%。[229] 我们只需要利用地球上免费的阳光中大约 1/10 000 的部分，就可以满足我们目前使用水平下的全部能源需求。地球持续沐浴在来自太阳的大约 17.3 万太瓦的能量中。[230] 在可预见的未来，其中大部分无法实际捕获，但即使使用当代技术，太阳能也足以满足人类的需求。美国政府科学家在 2006 年的一项估计中提出，使用当时最好的技术，可获得的总可用能量高达 7 500 太瓦。[231] 这相当于一年的总量为 6 570 万太瓦时。相比之下，2021 年全球的一次能源使用量仅相当于 16.532 万太瓦时，[232] 这包括电力、供暖和所有燃料。与其他可再生能源相比，太阳能在世界能源总量中所占的比例翻倍的速度也比其他可再生能源快得多：从 1983 年到 2021 年，平均每 28 个月翻一番（见图 4-38）——尽管同一时期的总发电量绝对值增加了约 220%。[233] 从 2021 年的 3.6% 开始，需要大约 4.8 倍就能达到 100%。**这意味着在 2032 年，仅利用太阳能就能满足我们所有的能源需求。**虽然这并不意味着太阳能将真正实现全面普及（由于经济和政治障碍的综合影响），但很明显，它正朝着真正具有变革性影响的方向发展。

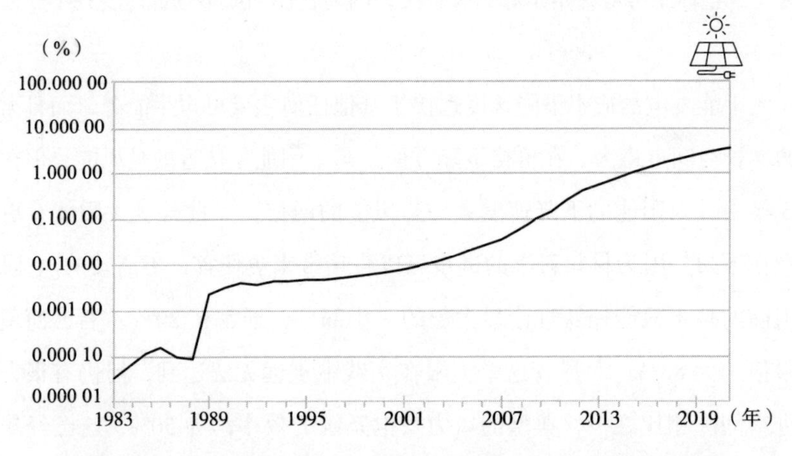

图 4-38 太阳能光伏发电占全球发电总量的百分比（对数刻度）[234]

资料来源：Our World in Data; BP; IEA。

为了实现这一目标，世界上一些最大的未开发地区，比如沙漠，恰好是利用太阳能发电的最佳地点，这非常方便。例如，一直有人提议在撒哈拉沙漠的一小部分区域铺设光伏电池板。这些电池板可以产生足够的电力，通过地中海下的海底电缆为整个欧洲和非洲供电。[235]

像这样扩大太阳能发电规模的主要挑战之一是更有效的储能技术。化石燃料的优势在于我们可以储存它们，然后在需要发电时燃烧它们。但太阳只在白天照射，而且太阳能的强度会随季节发生变化。因此，我们必须有效地储存太阳能，以便我们可以在需要使用电力时（可能是几小时后或几个月后）使用它。

幸运的是，我们在能源存储的价格、效率和数量方面也开始取得指数级的进步。请注意，这些并不像加速回报定律那样是基础的、持续的指数趋势，因为能源存储技术的改进和扩展并不是由反馈循环的产生所主导的。但是，由于可再生能源使用量的急剧飙升，能源存储的价格、效率和总使用量正在急剧增加，特别是在光伏发电方面，它通过信息技术在助推新材料科学进步方面的作用，间接受益于加速回报定律。随着投资涌入可再生能源领域，可再生能源成本下降，这将推动资源和创新努力投入储能领域，因为能源存储对于可再生能源与化石燃料竞争最大发电份额的能力非常重要。材料科学、机器人制造、高效运输和能源传输等领域的融合进步也将带来持续的指数级增长。这意味着太阳能将在21世纪30年代的某个时候占据主导地位。

现在正在开发的许多方法看起来都很有前景，但尚不清楚哪种方法在规模化应用中最有效。由于电力本身无法有效存储，因此需要将其转换为其他类型的能源，直到需要使用时为止。可选方案包括：将电转换为熔融盐中的热能、高架水库中的水的重力势能、高速旋转的飞轮的旋转能；生产氢气将其转化为化学能，按需清洁燃烧。[236]

虽然电网规模的存储不适合用大多数的电池，但使用锂离子或其他几种化学物质做成的先进电池的性价比现在迅速提高（见图 4-39）。例如，在 2012 年至 2020 年，锂离子的存储成本每兆瓦时下降了大约 80%，这一趋势仍将持续下去。[237] 随着这些成本随着新的创新而继续下降，可再生能源就可以取代化石燃料成为电网的支柱（见图 4-40）。[238]

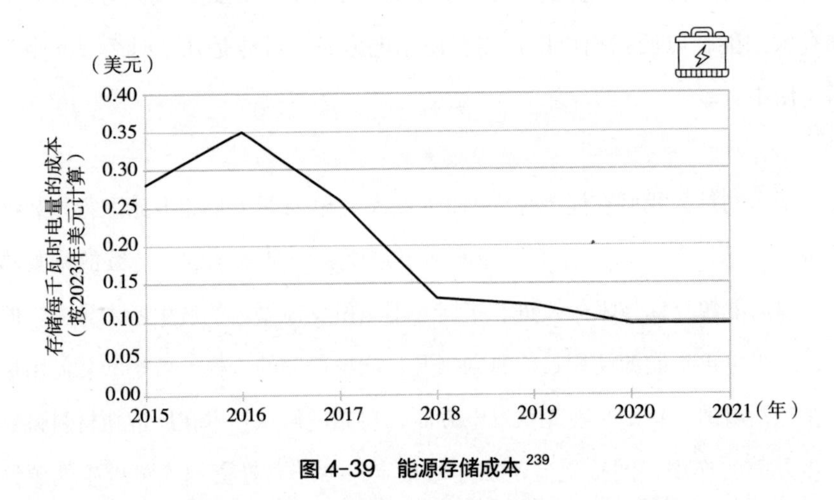

图 4-39 能源存储成本 [239]

注：由于储能技术用在了发电和消费过程的许多不同阶段，以及许多不同的经济领域中，因此很难比较不同项目的储能成本。迄今为止，最严格的分析可能来自金融咨询公司 Lazard，该公司使用了储能平准化成本（LCOS）指标。这是为了涵盖所有成本（包括资本成本），并按预计在项目周期内释放的总储存能量（以兆瓦时或等值单位计）进行分摊。为了最好地反映技术进步的前沿，该图显示了美国每年新开设的公用事业级储能项目中可获得的最佳 LCOS。请记住，可能某一年的平均 LCOS 数值较高，但趋势是相似的，因此某一年内最佳的 LCOS 可能是几年后的平均 LCOS。

资料来源：Lazard。

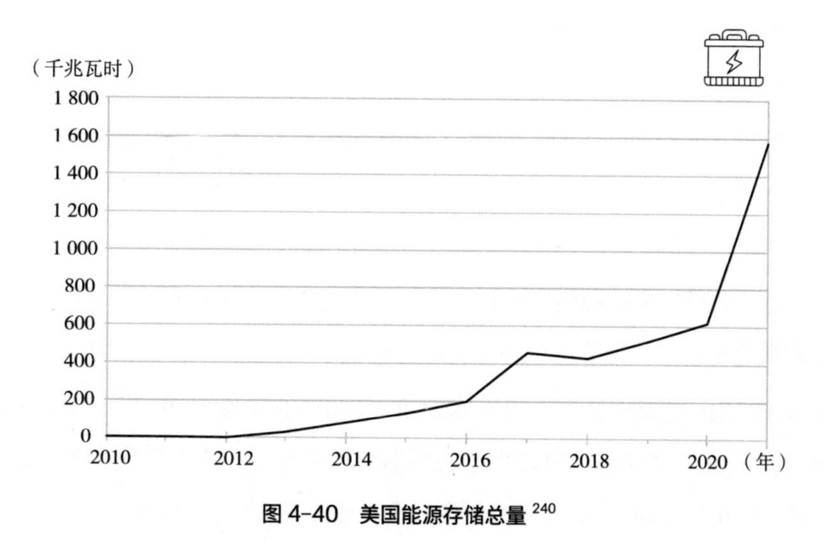

图 4-40　美国能源存储总量[240]

注：美国公用事业级储能项目（不包括水电）年发电量。

资料来源：US Energy Information Administration。

我们正在接近为每个人提供清洁水的目标

21 世纪的一个关键挑战将是确保地球上不断增长的人口有稳定的清洁淡水供应。1990 年，世界上有约 24% 的人无法获得相对安全的、稳定的饮用水源。[241] 由于持续不断的努力和技术进步，这一数字现在已降至大约 1/10。[242] 然而，这仍然是一个严峻的问题。根据健康指标与评估研究所（Institute for Health Metrics and Evaluation）的数据，2019 年全球约有 150 万人（其中包括 50 万名儿童）死于腹泻疾病，主要是死于饮用被粪便中的细菌污染的水。[243] 这些疾病包括霍乱、痢疾和伤寒，对儿童尤其致命。

问题在于，全球大部分地区仍然缺乏收集淡水、保持水清洁并将其输送到家中供人们饮用、烹饪、洗涤和沐浴的基础设施。建造由庞大的水井、水泵、输水管和管道组成的网络费用高昂，许多发展中国家无力承担。此外，内战和其他政治问题有时会使大型基础设施项目受阻。因此，发达国家的集中式水净化和输送系统对于最后 1/10 无法获得清洁水的人口来说并不是一个可行的解决方案。替代方案是使人们能够在当地社区甚至自己家净化水的技术。

总的来说，去中心化技术将在许多领域定义 21 世纪 20 年代，并在许多领域延续下去，包括能源生产（太阳能电池）、食品生产（垂直农业）和日常物品的生产（3D 打印）。对于水的净化，相关的方法有多种形式，Janicki Omniprocessor 这样的建筑物大小的机器可以为整个村庄提供净化水，而个人可以使用如 LifeStraw 这样的便携式水净化装置。[244]

一些净化装置主要是利用来自太阳能或燃烧燃料产生的热能将水煮沸。煮沸可以杀死致病细菌，但不能去除其他有毒污染物，而且如果水不在煮沸后立即饮用，很容易再次被污染。在水中添加抗菌的化学物质可以防止再次污染，但仍然无法去除其他毒素。近年来，一些便携式水净化装置利用电力将空气中的氧气转化为臭氧，这种气体可以通过水非常有效地杀死病原体。[245] 臭氧是一种强氧化剂，可以氧化和分解水中的有机污染物。其他装置则通过紫外线照射水来杀死细菌和病毒。但这两种方法同样不能防止化学污染。

迈向奇点的
关键进展
The Singularity Is Nearer

尽管仍然存在挑战，但随着水净化技术的不断进步，我们正在接近为每个人提供清洁水的目标。分散式净水方案为偏远地区和基础设施薄弱的国家带来了希望。未来，结合不同的净化方法，并与卫生教育和废弃物管理等其他措施相结合，我们有望进一步减少水源性疾病，为全球健康做出重要贡献。

过滤技术能够去除水中的大部分但非全部的微生物和毒素。许多致命的病毒非常小，以至于它们可以通过普通过滤器上的孔。[246] 同样，一些污染物的分子无法被正常的过滤过程阻挡。[247] 然而，最近材料科学的创新正在创造出可以阻挡越来越小的毒素的过滤器。在未来几年中，纳米工程材料将使过滤器能够更快地工作，而且非常便宜。

一项特别有前途的新兴技术是由迪恩·卡门（Dean Kamen）发明的弹弓式饮水机（Slingshot Water Machine）。[248] 它是一个相对紧凑的设备，大约有一个小冰箱大小，可以用任何质量的水源，包括污水和受污染的沼泽水，生产出完全纯净的水，达到可注射液体的标准。这种饮水机的运行需要不到一千瓦的电力。它采用蒸气压缩蒸馏（将输入的水转化为蒸气，留下污染物）并且不需要过滤器。这种饮水机由一种适应性非常强的发动机提供动力，这种发动机被称为斯特林（Stirling）发动机，它可以利用任何热源产生电力，包括燃烧牛粪。[249]

垂直农业将提供廉价的高质量食物，并释放我们用于水平农业的土地

大多数考古学家估计，农业的诞生发生在大约 12 000 年前，但有一些

证据表明，最早的农业可以追溯到 23 000 年前。[250] 未来的考古发现可能会进一步修正这一认识。从农业诞生至今，在一定面积的土地上通过种植收获的食物量都非常少。第一批农民将种子撒在天然土壤中，让雨水浇灌它们。这种低效种植过程的结果是，绝大多数人口需要从事农业劳动才能生存。

在公元前 6000 年左右，灌溉使农作物获得的水分比单靠雨水获得的更多。[251] 植物育种扩大了植物的可食用部分，使其变得更有营养。肥料的使用使得土壤富含促进植物生长的物质。一些更好的农业种植方法允许农民以最有效的方式种植作物。这样造成的结果是，人类有了更多可食用的食物，几个世纪以来，越来越多的人可以将时间花在其他活动上，如贸易、科学和哲学研究。这种专业化催生了进一步的农业创新，形成了带来更大进步的反馈循环。这种动力使我们的文明成为可能。

体现这一进展的一个量化方法是考察作物的种植密度，即在给定面积的土地上可以产出多少粮食。例如，美国的玉米生产对土地的利用效率比一个半世纪前提高了 7 倍多。1866 年，美国农民平均每英亩（约 0.4 公顷）的玉米产量约为 24.3 蒲式耳（约 0.6 吨），到 2021 年达到每英亩 176.7 蒲式耳（约 4.5 吨）。[252] 在全球范围内，土地利用效率的提高大致呈指数级。平均而言，与 1961 年相比，今天我们种植一定数量作物所需的土地不到之前的 30%。[253] 这一趋势对于当时全球人口的增长至关重要，并使人类免于人口过剩造成的大规模饥荒。在我成长的过程中，许多人都曾对人口过剩问题表示担忧。

此外，由于现在农作物种植的密度极高，而机器替代了过去大量靠人类手工才能完成的工作，一个农场工人可以种植足够喂饱大约 70 人的食物。因此，农场工人占美国所有劳动力的比例从 1810 年的 80% 下降到 1900 年的 40%，再到今天的不足 1.4%。[254]

目前作物种植密度已经接近了在一定室外区域内理论上可以种植作物数量的极限。一个新兴的解决方案是种植多层堆叠的作物，这就是所谓的“垂直农业”。[255] 垂直农场目前采用的技术有几种。[256] 它们通常采用水培方式种植，这意味着植物不是生长在土壤中，而是生长在位于室内的营养丰富的水槽中。这些托盘被装入框架并堆叠成多层（见图4-41），这样上一层的多余水分可以滴落到下一层，而不会以径流的形式流失。一些垂直农场现在使用了一种被称为气雾培植的新方法，用细雾取代了水。[257] 这种种植方法不依靠阳光，而是安装特殊的LED灯以确保每株植物获得完美的光照量。

Gotham Greens公司是垂直农业领域的领导者之一，从加利福尼亚州到罗得岛州，这家公司拥有10处大型种植设施。截至2023年初，它已经筹集了4.4亿美元的风险投资。[258] 在给定的作物产量下，这家公司的种植技术使用的“水比传统农场少95%，使用的土地少97%”。[259] 这种效率意味着我们可以释放大量水资源和土地用于其他用途（目前农业用地占据了世界上大约一半的可居住土地），并提供更丰富、更实惠的食物。[260]

垂直农业还有其他一些关键优势。它不会形成农业径流，这样就消除了造成水道污染的主要原因之一。这种种植方式也不需要在松散的土壤上进行，而松散的土壤会被风吹到空气中，导致空气质量变差。有毒农药也不再是生产作物的必要条件，设计合理的垂直农场可以防止害虫进入。采用这种方法，还可以在全年任何时候种植作物，包括那些无法在当地户外环境中生长的作物。这同样可以防止因霜冻和恶劣天气造成的损失。也许最重要的是，它意味着城市和村庄居民可以在本地种植自己所需的食物，而不需要通过火车和卡车从数百甚至数千千米外调运。随着垂直农业变得更便宜、更普及，它将大大减少污染和排放。

图 4-41 垂直农场里堆叠种植的生菜

图片来源：Valcenteu，2010。

在未来几年，光伏发电、材料科学、机器人技术和 AI 等领域的创新将不断融合，使垂直农业比当前农业便宜得多。其中的许多设施将由高效太阳能电池供电，可以在现场生产新型肥料，从空气中收集水，并使用自动化机器收获作物。由于只需要很少的工人和很小面积的土地，未来的垂直农场最终将能够以极低的成本生产作物，消费者可能可以免费获得食物。

这一过程反映了信息技术领域由于加速回报定律而发生的情况。随着计算能力的性价比呈指数级增长，谷歌和 Facebook 等公司已经能够通过广告等替代商业模式支付自己的成本，为用户提供免费服务。通过使用自动化和 AI 来控制垂直农场，垂直农业基本上代表了将食物生产转变为一种类似于信息技术的生产方式。

3D 打印将革新实物的创造和分销模式

在 20 世纪的大部分时间里，制造三维物体通常采用两种形式。有些工序涉及在模具内对材料塑形。例如，将熔化的塑料注入模具中，或在压力机中对加热的金属塑形。其他过程则涉及从块状或板状材料中选择性地切除部分材料，就像雕塑家用大理石块雕刻雕像一样。这两种方法都有很大的缺点。制作模具的成本非常高，而且一旦完成，模具就很难修改。相比之下，所谓的减法制造会浪费大量材料，并且无法生产某些形状。

不过，在 20 世纪 80 年代，一系列新的技术开始出现。[261] 与以前的方法不同，这些技术通过堆叠或沉积形成相对平坦的层，逐步构建成三维形状来制造零件。这些技术被称为增材制造、三维打印或 3D 打印。

最常见的 3D 打印机的工作方式有点像喷墨打印机。[262] 典型的喷墨打印机会在一张纸上来回移动，根据软件的指示将墨水从墨盒喷嘴中喷射到指定位置。3D 打印机用的不是墨水，而是塑料等材料，并将其加热到变软。打印机的喷嘴会按照软件指令为每一层设计的模式沉积材料，这个过程会重复多次，直到物体逐渐变得立体。各层材料在硬化的过程中会相互融合，最终形成可以直接使用的成品。在过去的 20 年中，3D 打印技术在提高分辨率、降低成本和提升速度方面取得了长足的进步。[263]

迈向奇点的
关键进展
The Singularity Is Nearer

如今，3D 打印系统已经能够使用各种材料来创建物体，包括纸张、塑料、陶瓷和金属。随着 3D 打印技术的不断进步，它将能够处理更多新奇的材料。例如，医疗植入物可以内置药物分子，以便在体内逐步释放。石墨烯等纳米材料可用于制造轻质防弹服和超高能电子产品。受益于 AI 的进步，3D 打印还可以从 AI 的进步中受益，例如有了优化有关物体强度、空气动力学设计或其他属性的软件，甚至可以设计出目前采用的方法无法制造的形状。

新的、直观的软件使得普通人无须接受高级培训就能更轻松地创建 3D 打印零件。随着 3D 打印的普及，它已经开始为制造业带来革命性的变化。3D 打印的一大优势在于能够实现低成本、快速的原型制作。工程师可以在计算机上设计新零件，并在几分钟或几小时内拿到 3D 打印模型。而采用之前的技术，这个过程可能需要几周时间。3D 打印让工程师能够进行快速的测试和修改，付出成本只是旧方法的一小部分。因此，那些拥有好点子但资金相对不足的人，也能够将他们的创新成果推向市场，造福社会。

3D 打印的另一个关键优势在于，它能够实现模具制造无法企及的定制化水平。在模具制造中，即使是轻微的修改，通常也需要制作一个全新的模具，这可能会耗费数万美元甚至更多。相比之下，即使对 3D 打印设计进行重大修改，也不会产生额外的成本。因此，发明者能够获得创新所需的精确零件，消费者也能够以承受得起的价格购买为他们专门设计的产品。举个例子，制造出与客户脚部尺寸完全匹配的鞋子，可以大大提高鞋子的合脚性和舒适度。FitMyFoot 就是一家领先的 3D 打印鞋类公司，它允许客户使用应用程序拍摄自己脚部的照片，然后将照片自动转换为打印过程所需的测量数据。[264] 类似地，家具也可以定制成适合不同人类体形的样子，工具也可以精确地贴合你自己的手形。[265] 更重要的是，关键的医疗植入物（见图 4-42）将变得更加经济、实惠和有效。[266]

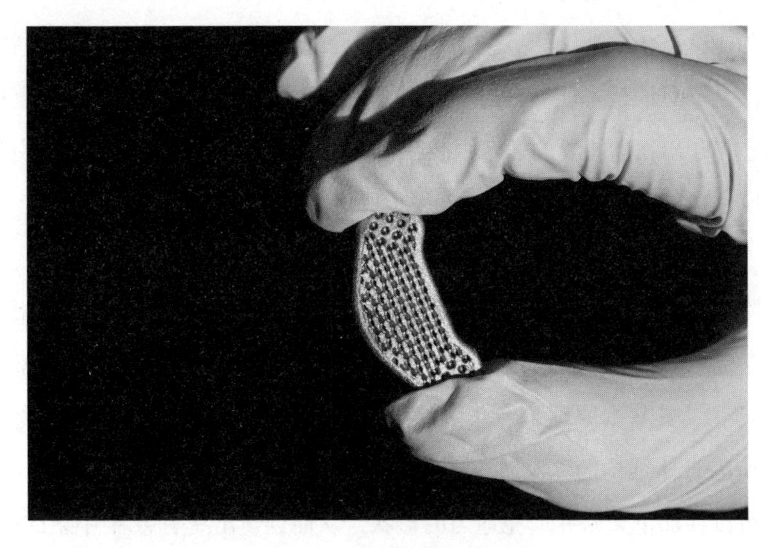

图 4-42　3D 打印的钛质椎间盘

注：这种钛椎间盘可以植入有脊柱损伤或其他疾病的患者体内。

图片来源：FDA photo by Michael J. *Ermarth*, 2015。

除此之外，3D 打印技术还能实现制造业的去中心化，赋予消费者和地方社区更多的权利。这与 20 世纪发展起来的制造业范式形成了鲜明对比，在传统模式中，制造业主要集中在大城市的大型企业和工厂。在这种模式下，小城镇和发展中国家不得不从遥远的地方购买产品，运输既昂贵又耗时。去中心化的制造模式还将带来显著的环境效益。将产品从工厂运送到数百或数千千米外的消费者手中会产生大量碳排放。根据国际运输论坛的数据，货运占燃料燃烧产生的碳排放总量的约 30%。[267] 去中心化的 3D 打印技术可以使这些都变得不再重要。

随着时间的推移，3D 打印的分辨率逐年提高，同时成本也在不断降低。[268] 随着分辨率的提高，即可实现的最小设计特征尺寸的缩小，以及成本的下降，可以经济地打印的商品种类将会增多。例如，许多常见织物的纤维直径为 10 ～ 22 微米。[269] 一些 3D 打印机已经可以达到 1 微米甚至更高的分辨率。[270] 一旦该技术能够以与普通织物相当的价格生产织物般的纤维直径和材料，打印出我们想要的任何服装在经济方面的可行性都会更高。[271] 由于打印速度也在提高，大批量制造将变得更具可行性。[272]

除了制造鞋子、工具等日用品外，最新研究还将 3D 打印技术应用到了生物学领域。科学家目前正在测试能够打印人体组织，最终打印出完整器官的工具。[273] 其基本原理是将非活性生物材料（例如合成聚合物或陶瓷）打印成所需身体结构的三维“支架”。然后在支架上沉积富含干细胞的液体，细胞可以在那里繁殖并填充适当的形状，从而创建出具有患者自身 DNA 的替代器官。联合治疗公司（United Therapeutics，我是这家公司的董事会成员）正在应用这种方法以及其他方法来最终实现培育完整的肺、肾脏和心脏。[274] 与传统的将器官从一个人体内移植到另一个人体内的方法相比，这种方法最终将具有显著优势，因为传统移植在器官可用性和与患者免疫系统的相容性方面存在很大的局限性。[275]

3D 打印的一个潜在缺点是，它可能被用于制造“盗版”产品。如果你可以下载文件并自己打印出来，为什么还要花 200 美元购买一双设计师设计的鞋子呢？我们在音乐、书籍、电影和其他创意形式的知识产权方面已经面临着类似的问题。所有这些都需要新的方法来加以保护。[276]

另一个令人不安的影响是，去中心化制造将允许平民制造他们原本无法轻易获得的武器。网上已经流传着一些文件，人们可以根据这些文件打印零件，然后组装成枪支。[277] 这将对枪支管控构成挑战，因为这些自制枪支没有序列号，执法部门将更难追踪罪犯。由高级塑料制成的 3D 打印枪支甚至可以逃过金属探测器。这需要我们重新审慎评估现行的法规和政策。

3D 打印建筑物

3D 打印通常被用于制造小物件，如工具或医疗植入物，但它也可以用于创建更大的结构，比如建筑物。这项技术正在快速通过原型阶段，随着 3D 打印建筑的生产成本降低，它们将成为当前建筑施工方法中的一种具有商业可行性的替代方案。最终，用 3D 打印制造建筑模块和建筑物内部较小的物品，将大幅降低住宅和办公楼的建造成本。

3D 打印建筑物主要有两种方法。第一种是打印出零件或模块，然后再组装起来，就像人们从宜家买回家具组件，自己动手组装一样。[278] 在某些情况下，这意味着打印出墙体、屋顶等部件，然后在施工现场将它们拼接起来，就像搭建乐高积木一样。到 21 世纪 20 年代后期，这种组装模块的工作在很大程度上可以由机器人完成。

另一种方法是打印整个房间或模块化结构。这些模块通常为方形或矩形平面，可以组合成多种不同的布局。[279] 在施工现场，它们可以通过起重机吊装到位，并快速组装。这样可以最大限度地减少施工给周边社区带来的干扰和不便。2014 年，中国盈创建筑科技有限公司展示了在 24 小时内建造 10 座简易的模块化房屋，每座造价不到 5 000 美元。[280] 中国已经成为 3D 打印建筑的中心，未来几十年内，这项技术的更成熟版本在中国将有广阔的应用前景。

另一种方法是将整个定制设计的建筑物作为一个单一模块打印出来。[281]

工程师需要在建造建筑物的区域周围设置一个大型框架。打印喷嘴在该框架内自行移动，使像混凝土这样的材料层沉积成墙的形状。主体结构施工几乎不需要人力劳动，但在完成后，工人可以进入建筑物内部做后续的工作，如安装窗玻璃和屋顶瓦片。例如，在 2016 年，华商腾达公司宣布他们打印了一座两层的别墅，该别墅在 45 天内一次性打印完成。[282] 就在我写这篇文章时，这项技术正在扩展到美国。2021 年，一家名为 Alquist 3D 的公司完成了第一个业主自住的 3D 打印住宅。2023 年，我们在休斯敦看到了第一座 3D 打印的多层住宅建筑。[283] 到 21 世纪 20 年代后期，将大型和小型物体的 3D 打印与智能机器人相结合，将提升建筑的个性化水平，同时大幅降低成本。

3D 打印建筑模块有几个关键优势，随着技术的发展，这些优势将变得更加明显。首先，它降低了劳动力成本，这将使基本住房变得更加实惠。其次，缩短了施工时间，从而减少了长期施工造成的环境影响，这包括减少诸如废物和垃圾、光污染和噪声污染、有毒灰尘，避免交通中断以及对工人身体的伤害等方面。此外，3D 打印使得使用现成的和本地可用的材料建造建筑物变得更加容易，而不是使用距离建设地点数百千米之外的资源，如木材和钢铁。

在未来，3D 打印可能会使建造摩天大楼变得更容易和更便宜。建设高层建筑的主要挑战之一是将人和建筑材料运送到高层。3D 打印系统，连同可以使用从地面泵送上来的液态建筑材料的自主机器人，将使这一过程变得更加容易和更加便宜。

勤奋的人将在 2030 年左右实现长寿逃逸速度

物质丰富与和平、民主使生活变得更好了，目前人们面临的风险最高的挑战是努力保护生命本身。正如我在第 6 章中所描述的那样，开发新的疾病治疗方法正在迅速地从线性的试错过程转变为一项指数级的信息技术，利用这种技术，我们系统地重新编程了生命的次优软件。

生物生命是次优的，因为进化是由自然选择优化的一系列随机过程。因此，随着进化“探索”可能的遗传特征的范围，它在很大程度上依赖于偶然性和特定环境因素的影响。此外，这一过程是渐进的，这意味着进化只能实现一种设计，这种设计要在通往所有特定特征的中间步骤都能使生物在其环境中取得成功。因此，肯定有一些潜在的特征是非常有用的，但无法通过进化获得，因为构建这些特征所需的渐进步骤在进化上是不合适的。相比之下，将智能（人类智能或人工智能）应用于生物学，将允许我们系统地探索所有的遗传可能性，以寻找那些最优、最有益的特征。这包括那些通过正常进化过程无法获得的特征。

自2003年人类基因组计划完成以来，我们已经在基因组测序方面经历了大约20年的指数级发展（大概每年翻一番）。就碱基对而言，这种翻倍平均每14个月就会发生一次，涉及多种技术，可以追溯到1971年从DNA中第一次对核苷酸测序。[284]我们终于进入了这个已有50年历史的生物技术指数级发展趋势曲线最陡峭的部分。

我们开始使用AI来发现和设计药物及干预措施。**到21世纪20年代末，生物模拟器将足够先进，可以在几个小时内生成一些关键的安全性和有效性数据，而不是像临床试验那样通常需要数年时间。**从人体试验向计算机模拟试验的过渡将受到两种相互对立的力量的制约。一方面，人们对安全性的担忧是合理的：我们不希望模拟遗漏相关的医学事实，错误地宣布危险的药物是安全的；另一方面，模拟试验可以使用大量模拟患者，研究各种并发症和人口统计学因素，详细地告诉医生，新治疗方法将如何影响许多不同类型的患者。此外，更快地给患者提供救命药物可能会挽救许多人的生命。向模拟试验的过渡还将面临政治不确定性和官僚主义的阻碍，但最终技术的有效性将会胜出。

这里有两个值得注意的例子，可以说明计算机模拟试验将带来的益处。

- 免疫疗法使许多癌症4期和其他晚期患者的病情缓解，这是癌症治疗中非常有希望的一项进展。[285]CAR-T细胞疗法等技术可以重新编程患者的免疫细胞，使其能识别和破坏癌细胞。[286]到目前为止，由于我们对癌症如何逃避免疫系统的生物分子机制理解不完整，寻找这种方法的尝试仍然受限。但AI模拟将有助于打破这个瓶颈。
- 通过诱导性多能干细胞（iPS细胞），我们正在获得使心脏病发作后的心脏恢复活力的能力，并克服半数心脏病发作幸存者存在的“射血分数较低”（我父亲就是因此去世的）的问题。我们现在正在使用诱导性多能干细胞培养器官，这些细胞是通过引入特定基因将成体细胞转化为干细胞而得到的。

截至 2023 年，诱导性多能干细胞已用于重新生成气管、颅面骨、视网膜细胞、周围神经和皮肤组织，以及心脏、肝脏和肾脏等主要器官的组织。[287] 因为干细胞在某些方面类似于癌细胞，所以未来一个重要的研究方向将是找到将细胞分裂失控的风险降至最低的方法。这些诱导性多能干细胞可以像胚胎干细胞一样，分化成几乎所有类型的人体细胞。该疗法仍处于实验阶段，但已成功用于人类患者。对于那些有心脏问题的人来说，该疗法需要从患者身上创建诱导性多能干细胞，将它们培养成心肌组织，然后移植到受损的心脏上。诱导性多能干细胞通过释放生长因子来刺激现有心脏组织再生，从而发挥作用。实际上，它们可能是在欺骗心脏，使其认为自身处于胎儿期。这个方法正被用于在各种生物组织上展开研究。一旦我们能够用先进的 AI 分析诱导性多能干细胞的作用机制，再生医学就可以有效地解锁身体自身的愈合蓝图。

由于这些技术的出现，医学进步和长寿领域的旧有线性模型将不再适用。我们的直觉和对历史的回顾都表明，未来 20 年的进步将与过去 20 年大致相似，但这忽略了这一过程的指数性质，即进步的速度将是指数级的，而不是线性的。关于即将实现的彻底延长寿命的知识正在传播，但大多数人，包括医生和患者，仍然没有意识到我们在重新编程过时的生物学的这一巨大转变。

迈向奇点的
关键进展
The Singularity
Is Nearer

正如本章前面提到的，21 世纪 30 年代将发生另一场健康革命，我与特里·格罗斯曼（Terry Grossman）医生合著的健康方面的作品称之为“通向彻底延长寿命的第三座桥梁：医用纳米机器人”。这一干预措施将大大增强我们的免疫系统。我们天然的免疫系统，包括可以智能地摧毁敌对微生物的 T 细胞，对许多类型的病原体非常有效。如果没有它，我们活不了多久。然而，它是在食物和资源非常有限、大多数人寿命很短的时代进化而来的。如果早期人类在年轻时繁殖，然后在 20 多岁时死亡，进化就没有理由偏好那些可能增强免疫系统以帮助人类抵抗出现在生命晚期可能造成威胁的突变，如癌症和神经退行性疾病（通常由错误折叠的朊病毒蛋白引起）。同样，由于许多病毒来自牲畜，在动物驯化之前的人类祖先并没有进化出强大的防御能力。[288]

纳米机器人将被编程为不仅能破坏所有类型的病原体，而且能够治疗代谢性疾病。除了心脏和大脑，我们的主要内脏器官的功能都是将物质输入血液或排出血液，而许多疾病都是由它们的功能失调引起的。例如，1 型糖尿病是由胰岛细胞无法产生胰岛素引起的。[289] 医用纳米机器人将能够监测血液供应，增加或减少各种物质，包括激素、营养物质、氧气、二氧化碳和毒素，从而增强甚至替代器官的功能。利用这些技术，到 21 世纪 30 年代末，我们将能够在很大程度上克服疾病和衰老的过程。

21 世纪 20 年代将出现越来越多由先进 AI 驱动的引人注目的药物和营养学发现，虽然还不足以完全克服衰老，但足以延长许多人的寿命，让他们活到第三座桥梁出现的时候。因此，**到 2030 年左右，最勤奋、最有见识的人将达到“长寿逃逸速度”。这是一个临界点，自此每过一年，我们的剩余预期寿命就会增加一年。**换句话说，我们的寿命将不再流逝，而是开始不断延长。通向根本上延长寿命的第四座桥梁将是备份我们自己的能力，就像我们日常处理所有数字信息一样。当用云端逼真的新皮质模型来增强人类生物学上的新皮质时，我们的思维将成为今天习惯的生物思维和数字扩展的混合体。数字部分将呈指数增长并最终占据主导地位。它将变得足够强大，能够完全理解、建模和模拟生物部分，使我们能够备份所有的思维。当我们在 21 世纪 40 年代中期接近奇点时，这种情景将变成现实。

我们的最终目标是将命运掌握在自己手中，而不是听天由命，我们想要活多久就可以活多久。但为什么有人会选择死亡呢？研究表明，选择自杀的人通常是因为承受着难以忍受的身体或情感上的痛苦。[290] 虽然医学和神经科学的进步不能完全预防这些情况，但它们可能会使这些情况变得更加罕见。

但如果做好了死亡的准备，我们又会如何死去呢？云端已经有了你的大脑所包含的所有信息的多个备份，这个功能将在 21 世纪 40 年代得到极大的增强。销毁自己所有的副本几乎是不可能的。如果我们设计思维备份系统的方式是让个人可以轻松选择删除自己的文件（为了最大限度地提高个人自主权），这在本质上会产生安全风险：一个人可能因为被欺骗或胁迫做出删除的选择，并可能导致系统受到网络攻击的可能性增加。另外，限制人们控制他们最私密的数据的能力又侵犯了一项重要的自由。不过我对此持乐观态度，因为我们可以部署适当的保护措施，就像那些几十年来成功保护核武器的措施一样。

如果你在生物学上死亡后恢复了你的“意识文件”，你真的能“复活”自己吗？正如我在第 3 章中讨论的那样，这不是一个科学问题，而是一个哲学问题，我们必须在有生之年努力解决这个问题。

有些人对公平和不平等有伦理上的担忧。这些预测面临的一个共同的挑战是，只有富人才能负担得起彻底延长寿命的技术。对此我的回应是，让我们回顾一下手机的发展历史。事实上，就在 30 年前，你必须很富有才能拥有一部手机，而且那时手机的性能也不尽如人意。今天，有数十亿部手机在世界各地被频繁使用，而且它们的功能远不止于打电话。它们现在是我们的记忆扩展器，利用它可以访问所有的人类知识。这样的技术一开始是昂贵的，功能有限；但当它们完善时，几乎每个人都能负担得起，而原因就在于信息技术固有的性价比的指数级提升规律。

更轻松，更安全，更丰富，更美好

正如我在本章中所论证的那样，与许多流行的假设相反，对地球上绝大多数人来说，生活正在从根本上变得更好。更重要的是，这不是一个巧合。

过去两个世纪以来，我们在扫盲和教育、卫生、预期寿命、清洁能源、脱贫、减少暴力、民主等领域取得的巨大进步，都是由同一个潜在动力推动的：信息技术促进了自身的进步。这一洞见是加速回报定律的核心，解释了那些已经戏剧性地改变人类生活的良性循环。信息技术关乎思想，它以指数级增长的方式提高了我们分享和创造思想的能力，从更广泛的意义上来说，它赋予了每个人更大的力量来实现人类的潜力，并让我们可以共同解决社会面临的诸多问题。

指数级发展的信息技术就像不断上涨的潮水，推动着人类生活的方方面面不断向上发展。而我们现在即将进入一个前所未有的高潮时期。关键在于 AI，它让我们能将许多种线性发展的技术转化为指数级发展的信息技术，从农业、医疗、制造业到土地利用，无一例外。这种力量将使人类未来的生活以指数级的速度变得更加美好。

人类朝着更轻松、更安全、更丰富的生活的旅程已经持续了数年、数十年、数百年，甚至数千年。我们很难想象哪怕是一个世纪之前的人的生活状态。我们在过去几十年里取得的巨大成就和未来几十年的深刻演变将加速人类文明的进步，使我们朝着这个积极的方向前进，远远超出现在的想象。

第5章

工作的未来：是好还是坏

未来 20 年的技术融合

将给全世界带来巨大的繁荣

和物质财富。但这些力量

也将扰乱全球经济，迫使社会

以前所未有的速度适应。

AI 革命将继续以指数级发生

未来 20 年的融合技术将给全世界带来巨大的繁荣和物质财富。但这些力量也将扰乱全球经济，迫使社会以前所未有的速度适应这一趋势。

2005 年，美国国防部高级研究计划局向赢得自动驾驶汽车重大挑战赛的斯坦福大学团队颁发了 200 万美元的奖金。[1] 当时，自动驾驶汽车对于公众而言仍然是科幻小说中的物品，甚至许多专家认为离实现还有一个世纪之久。但是当谷歌在 2009 年启动了一个雄心勃勃的 AI 驾驶项目时，进展开始迅速加快。该项目后来发展成为一家名为 Waymo 的独立公司。2020 年，Waymo 首先在凤凰城地区向公众提供全自动网约车服务，然后扩展到了旧金山。[2] 当你读到这篇文章时，Waymo 的客运服务可能已经扩展到了洛杉矶以及其他城市。[3]

在撰写本书时，Waymo 的自动驾驶汽车已经行驶了 3 000 多万千米的完全自主驾驶里程（这个数字还在迅速增长——这是撰写本书的挑战之一）。[4]

这种现实世界的真实驾驶经验为 Waymo 创建和微调逼真的模拟器奠定了基础，这里的模拟器指的是一个可以重现驾驶中许多变幻莫测的情况的虚拟环境。

其实道路驾驶和模拟器这两种模式各有优缺点，但它们相辅相成。道路驾驶是完全真实的，并且可能会遇到工程师永远无法预料，也无法在虚拟环境中模拟的意外情况。但是当 AI 在现实世界中遇到困难时，工程师不能阻断交通，对周围所有的司机说："再试一次，但这次的时速要快 5 千米。"

相比之下，在虚拟世界中进行驾驶训练，可以通过大量测试，科学、精确地调整各项参数。此外，模拟器还可以模拟一些危险的场景，而在真实道路驾驶中训练 AI 并不安全。通过让 AI 以这种方式应对数百万种不同情况，工程师可以确定在真实驾驶中需要重点解决的问题。

为了直观地比较模拟环境和真实环境在数据量方面的差异，我们可以看这样一个事实：2018 年，Waymo 每天模拟的驾驶里程就已经相当于该项目自 2009 年开始以来在真实道路上累积的总里程。截至 2021 年，也就是我写这些内容时可获取的最新数据的年份，这一惊人的比例仍然保持不变。Waymo 每天模拟 3 000 多万千米的驾驶里程，而自其成立以来，在真实道路上累积的驾驶里程也超过了 3 000 万千米。[5]

正如第 2 章所讨论的，这样的模拟可以生成足够的样本来训练深度（例如，100 层）神经网络。这也是 Alphabet 子公司 DeepMind 生成足够的训练样本，在围棋中超越顶尖人类棋手的方式。[6] 模拟驾驶的世界远比模拟围棋的世界复杂得多，但 Waymo 使用的是相同的基本策略。目前，Waymo 已经通过超过 300 亿千米的模拟驾驶 [7] 来优化其算法，并生成了足够的数据，可以应用深度学习来进一步优化其算法。

如果你的工作是驾驶汽车、公共汽车或卡车，这个消息可能会让你感到不安。在美国，超过2.7%的就业人口在从事某种驾驶工作，包括驾驶卡车、公共汽车、出租车、货车以及其他车辆。[8]根据最新的数据，这一数字对应的是超过460万个工作岗位。[9]虽然对于自动驾驶汽车将以多快的速度导致这些人失业还存在分歧，但几乎可以肯定的是，其中许多人将在他们的计划退休年龄之前失去工作。此外，影响这些工作岗位的自动化技术将在全美各地产生不同程度的影响。虽然在加利福尼亚州和佛罗里达州等大州，驾驶员占就业劳动力的比例不到3%，但在怀俄明州和爱达荷州，这一比例超过4%。[10]在得克萨斯州、新泽西州和纽约州的部分地区，这一比例更高，分别为5%、7%，甚至8%。[11]这些驾驶员中大多数是中年男性，没有大学学历。[12]

自动驾驶汽车带来的冲击将不仅影响那些开车的人。随着卡车司机因自动化而失业，对给卡车司机做工资单的人以及公路旁便利店的店员和汽车旅馆的服务人员的需求也会减少。清洁卡车、停车场、浴室所需的员工也会减少。尽管我们大致知道这些情况会发生，但很难精确估计影响的规模有多大，或者这些变化会以多快的速度展开。不过值得注意的是，根据美国运输统计局2021年的最新估计，交通运输及相关产业直接雇用了大约10.2%的美国劳动力。[13]在如此庞大的行业中，即使相对较小的冲击也会产生重大后果。

然而，驾驶只是众多职业中的一种，这些职业在不久的将来都可能受到AI的威胁，因为AI具有利用海量数据集训练的优势。牛津大学学者卡尔·贝内迪克特·弗莱（Carl Benedikt Frey）和迈克尔·奥斯本（Michael Osborne）在2013年的一项里程碑式研究中对大约700种职业在21世纪30年代早期被取代的可能性进行了排名。[14]有99%的可能被自动化的职业包括电话销售员、保险承销商和税务代理人。[15] 超过一半的职业被自动化设备取代的可能性都在 50% 以上。[16]

在这份名单靠前位置的是在工厂、客户服务领域、银行工作的人员，当然还有汽车、卡车和公共汽车的驾驶员等工作。[17] 而在名单靠后位置的则是那些需要有密切、灵活的人际互动的工作，例如治疗师、社会工作者等。[18]

自该报告发布 10 年以来，越来越多的证据支持其令人震惊的核心结论。经济合作与发展组织在 2018 年的一项研究中评估了给定工作中每项任务被自动化的可能性，得到了与弗莱和奥斯本相似的结果。[19] 结论是，在 32 个国家中，14% 的工作在未来 10 年内被自动化潮流淘汰的可能性超过 70%，另有 32% 的工作被淘汰的可能性超过 50%。[20] 该研究结果表明，这些国家约有 2.1 亿个工作岗位面临风险。[21] 事实上，经济合作与发展组织在 2021 年的一份报告基于最新数据证实，面临自动化风险较高的工作岗位的就业增长要慢得多。[22] 而这些研究都是在生成式 AI，如 ChatGPT 和 Bard 取得突破之前完成的。最新估计显示，麦肯锡在 2023 年的一份报告中指出，当今发达经济体中 63% 的工作时间都花在可以用现有技术实现自动化的任务上。[23] 如果采用速度很快，到 2030 年，50% 的相关工作可以实现自动化，而麦肯锡的中位数预测是 2045 年，前提是假设未来 AI 不会发生突破性进展。但我们知道 AI 将继续以指数级速度进步。预计到 21 世纪 30 年代，我们将拥有超越人类智能的 AI，以及由 AI 控制的完全自动化和原子级别的精密制造技术。

然而，这绝非人们第一次清晰地意识到，自己的工作很可能会被大规模自动化取代。这一切要追溯到两个世纪前，当时诺丁汉的织工受到动力织机和其他纺织机器引入的威胁。[24] 这些工人世世代代在稳定的家族企业中凭借精湛的技艺生产袜子和蕾丝花边，过着俭朴的生活。但 19 世纪早期的技术创新却将行业的经济主导权转移到了机器所有者手中，织工面临着失业的危险。

尽管我们并不清楚内德·卢德（Ned Ludd）是否真实存在，但据传说他曾不小心损坏过纺织厂的机器。此后，任何设备的损坏，无论是出于意外还是为了抗议自动化，都被归咎于卢德。[25] 1811 年，绝望的织工组成了一支城市游击队，宣布卢德为他们的领袖。[26] 这些被称为卢德分子（Luddites）的人奋起反抗工厂主。起初，他们采用暴力毁坏机器，但很快就演变成了流血冲突。最终，这场运动以卢德分子的主要领导人被英国政府逮捕和处决而告终。[27] 而内德·卢德的下落至今仍是个谜。

纺织工们眼睁睁地看着自己赖以为生的手艺被彻底颠覆。对他们来说，那些为设计、制造和销售新机器而创造的高薪工作与他们无关。政府没有提供任何培训计划来帮助他们，而他们毕生钻研的技能已经过时。许多人至少要在一段时间内被迫从事薪酬较低的工作。但早期自动化浪潮带来的一个积极结果是，普通人现在可以负担得起一个制作精良的衣柜，而不仅仅是一件衬衫。随着时间的推移，自动化催生了许多全新的行业。由此带来的繁荣是化解最初卢德运动的主要因素。虽然卢德分子已经成为历史，但他们仍然是那些抗议被技术进步抛在后面的人的有力象征。

新工作亟待被创造，旧工作注定要毁灭

如果我是生活在 1900 年的一位未来学家，拥有预见未来的能力，我会对当时的劳动大军说："你们中约有 40% 的人在农场工作（1810 年这一比例曾超过 80%），还有 20% 的人在工厂里工作，但我预测，到 2023 年，制造

业从业人员的比例将下降 50% 以上（降至 7.8%），而在农场工作的人的比例将下降 95% 以上（降至不到 1.4%）。”[28]

我还可以继续说：“不过，你们大可不必担心，因为就业岗位实际上会变多而非减少。新增的就业岗位将超过被淘汰的岗位数量。”如果他们接着问我：“都有哪些新工作？”我只能诚实地回答：“我也不知道——它们尚未被发明出来。而且，它们将出现在目前还不存在的行业中。”这个显然不是一个令人满意的答案，但它恰恰说明了为什么自动化会引发政治焦虑。

如果我真的有先见之明，我会在 1990 年告诉人们，不久就会出现运营网站与移动应用程序、数据分析和在线销售等新工作。但他们可能完全不明白我在说什么。事实上，尽管许多类别的岗位数量大幅减少，但无论是从绝对数量还是比例来看，工作岗位的数量都在显著增长。1900 年，美国的劳动力总数约为 2 900 万，占总人口的 38%。[29] 2023 年初，这一数字约为 1.66 亿，占总人口的 49% 以上。[30] 不仅工作岗位的数量在增长，而且从事这些工作的员工平均工作时间更短，收入更高。在美国，每个工人每年的工作时长从 1870 年的 2 900 多小时缩短到 2019 年（新冠疫情造成中断之前）的约 1 765 小时。[31] 尽管工作时长缩短了，但自 1929 年以来，按不变美元计算，工人的平均年收入增长了 4 倍多。[32] 1929 年，美国的人均年收入约为 700 美元。由于当时 1.228 亿人口中只有 4 800 万人就业，这相当于每个工人的年收入约为 1 790 美元（2023 年为约合 31 400 美元）。[33] 2022 年，美国 3.32 亿人口的人均年收入估计为 64 100 美元，其中劳动力人口约为 1.64 亿。[34] 因此，美国在职劳动者的平均年收入约为 12.98 万美元（2023 年为约合 13.3 万美元），比 90 年前高出 4 倍多。

需要注意的是，虽然这个平均值反映了全美总体财富的巨大增长，但年收入中位数①要低得多。1929年没有可靠的数据，但在2021年，年收入中位数为37 522美元，而平均年收入为64 100美元。[35]这些差异部分反映了少数人的极高收入，以及大量退休人员、学生、全职父母或其他未就业人员的存在。

如果我们更仔细地观察时薪，就会发现类似的趋势。1929年，美国工人平均每年工作2 316小时。[36]以2023年的美元购买力水平计算，工人平均年收入约为31 400美元，即每小时约13.55美元。到2021年，美国人的工资和薪金总收入约为10.8万亿美元（按2023年的通货膨胀水平调整后），工作时长为2 540亿小时，每小时约42.50美元，是1929年的3倍多。[37]

实际的增长幅度更大。官方工资统计数据并未涵盖某些工种，例如，高收入的自由计算机程序员。企业家或创意艺术家也不在其中，尽管他们可能从每小时的工作中获得非常高的收入。2021年，美国的个人总收入约为21.8万亿美元（按2023年的通货膨胀水平调整后），这意味着他们的时薪大约是工资和薪金的两倍。[38]但是，大部分个人收入（例如，出租房产）并不能很好地折算为工作时间，因此最准确的数字介于两者之间。正如上一章所讨论的，这些收益甚至没有考虑，在同一时期内有多少种商品在价格不变（根据通货膨胀水平调整后）的前提下品质得到了大幅提升，以及消费者可以享受到许多新的创新产品这一事实。

技术变革是推动这一进步的主要力量，它为传统工作引入了基于信息的新维度，并创造了数百万个在25年前（更不用说100年前）根本不存在的新工作，这些工作需要全新的、更高水平的技能。[39]到目前为止，这已经抵

① 统计学上中位数的概念主要用于衡量某地区普通民众的收入水平，相比较于人均收入，收入中位数更贴近普通民众的实际生活水平，因为某地区的人均收入因贫富的差距可远远大于收入中位数，而收入中位数则可以反映出这种差距。——编者注

消了之前自动化造成的大量农业和制造业工作岗位消失，而这些工作曾经容纳了绝大多数的劳动力。

19 世纪初，美国是一个农业社会，农业在国民经济中占绝对主导地位。随着大量移民涌入这个年轻的国家，并向阿巴拉契亚山脉以西迁移，美国从事农业的人口比例甚至还有所上升，最高时超过了 80%（见图 5-1）。[40] 但到了 19 世纪 20 年代，由于农业技术的改进，这一比例开始迅速下降，因为更少的农民就可以养活更多的人。最初，这种变化可以说是改良的植物科学育种方法和更好的作物轮作系统相结合的结果。[41] 随着工业革命的进展，机械化农用工具成为节省劳动力的主要设备。[42] 1890 年，美国大多数人首次脱离农业工作。而到 1910 年，随着由蒸汽或内燃机驱动的拖拉机取代了缓慢和低效的耕畜，从事农业的人口比例急剧下降。[43]

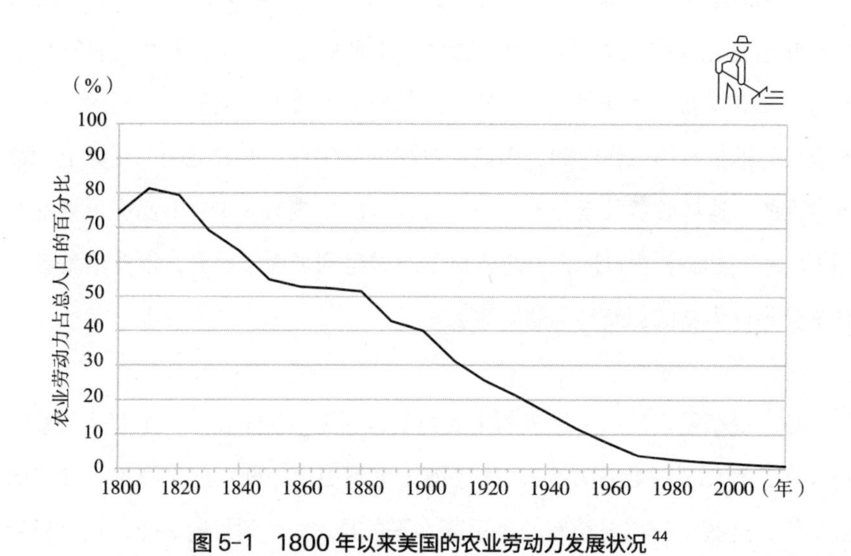

图 5-1 1800 年以来美国的农业劳动力发展状况 [44]

资料来源：National Bureau of Economic Research; United States Census Bureau; US Bureau of Labor Statistics; International Labour Organization。

20 世纪，改良农药、化肥和基因改造技术的出现，导致作物产量爆炸式增长。例如，1850 年英国的小麦产量为每英亩①0.44 吨。[45] 截至 2022 年，这一数字已上升至每英亩 3.84 吨。[46] 差不多在同一时期内，英国的人口从大约 2 700 万增长到 6 700 万，粮食生产不仅能够满足不断增长的人口的需求，而且还使得每个人都能获得更加丰富的食物。[47] 随着人们获得了更好的营养，他们长得更高、更健康，儿童时期大脑发育得也更好。越来越多的人能够充分发挥自己的能力，更多人才的潜力被释放出来，推动了进一步的创新。[48]

展望未来，自动化垂直农业的出现可能会促进农业生产力和效率的又一次巨大飞跃。像英国的 Hands Free Hectare 这样的公司已经在努力用自动化机械取代农业生产各个环节的人工劳动。[49] 随着 AI 和机器人技术的进步以及可再生能源变得更加便宜，许多农产品的价格最终将大幅下降。当粮食价格受到人力和稀缺自然资源的影响减弱时，贫困将不再是人们获得充足、健康、营养、新鲜的食品的障碍。

虽然许多失去工作的农场工人在工厂找到了新的就业机会，但大约一个半世纪后，工厂工人也遭遇了类似的情况。在 19 世纪的第一个 10 年，大约每 35 个美国工人中就有 1 人受雇于制造业。[50] 工业革命很快改变了主要城市的面貌，蒸汽工厂如雨后春笋般涌现，需要数以百万计的低技能工人。到 1870 年，几乎每 5 个工人中就有 1 人从事制造业，主要集中在快速工业化的北方。[51] 第二次工业革命浪潮在 20 世纪初将大量新的工人，主要是移民，卷入了制造业。装配线的发展大大提高了生产效率，随着产品价格的下降，越来越多的人买得起这些产品。[52]

①1 英亩约为 4 047 平方米。——编者注

随着需求的增长，工厂不得不雇用大量新工人。据估计，和平时期的制造业就业人数在1920年左右达到峰值，约占平民劳动力的26.9%。[53]衡量劳动力规模的方法随着时间的推移发生了一些变化，因此我们无法将这个数字与后几十年的数字进行完美的比较，但一个总体的事实是很清楚的。除了大萧条（制造业就业人数暂时下降）和第二次世界大战（制造业就业人数暂时上升）期间的波动外，直到20世纪70年代，美国有大约1/4的劳动力一直在从事制造业。[54]在大约50年的时间里，这一比例总体上没有上升或下降的趋势。

随后，两项与技术相关的转变开始侵蚀美国的工厂就业机会。首先是物流和运输方面的创新，尤其是集装箱运输，使企业能够以更低的成本将制造业外包到劳动力成本较低的国家，并将成品进口到美国。[55]集装箱运输并不是像工厂机器人或AI那样引人关注的技术，但它对现代社会产生的影响却是所有创新中最深远的一项。通过大幅降低全球运输成本，集装箱运输使经济真正实现了全球化。这不仅让普通人能够以更低的价格购买大量产品，也成为美国大部分地区去工业化的一个关键因素。

其次，自动化导致了美国国内制造业所需的劳动力数量大幅减少。早期的装配线需要工人在每个步骤中进行大量的实际操作，而机器人的引入减少了这种需求。机器人替代人工的趋势在20世纪90年代变得迅猛，因为计算机的使用和AI使得自动化变得越来越强大和高效。因此，在更智能的机器的帮助下，普通制造业工人每小时可以生产越来越多的商品。从1992年到2012年的20年，随着计算机的引入改变了工厂生产，普通制造业工人平均每小时的产量增加了一倍（经通货膨胀水平调整后）。[56]因此，在21世纪，制造业产出和制造业就业出现了脱节。2001年2月，就在互联网泡沫破裂引发经济衰退之前，美国有1 700万人从事制造业工作。[57]这一数字在衰退期间急剧下降，并且再未恢复——尽管产量大幅增加，但在整个21世纪前10年中期的经济繁荣期，美国制造业就业人数一直徘徊在 1 400 万左右。[58] 2007 年 12 月，全球金融危机引发的大衰退开始时，美国大约有 1 370 万人从事制造业，到 2010 年 2 月，这一数字已降至 1 140 万。[59] 随后，制造业产出迅速反弹，到 2018 年已接近历史最高水平，但许多消失的工作岗位再也没有恢复。[60] 即使在 2022 年 11 月，也只需要 1 290 万工人就能达到之前的产量。[61]

回顾过去的一个世纪，这些趋势引人注目。从 1920 年到 1970 年，美国制造业劳动力占就业总劳动力的比例一直稳定保持在 20% ～ 25%。而在此后的 50 年里，从事制造业的劳动力占就业总劳动力的比例稳步下降：1980 年为 17.5%，1990 年为 14.1%，2000 年为 12.1%，2010 年跌至最低值 7.5%。[62] 在过去的 10 年里，尽管经济持续增长，制造业产出健康增长，但制造业就业比例基本保持平稳。截至 2023 年初，美国制造业雇用了大约 1/13 的就业工人（见图 5-2）。[63]

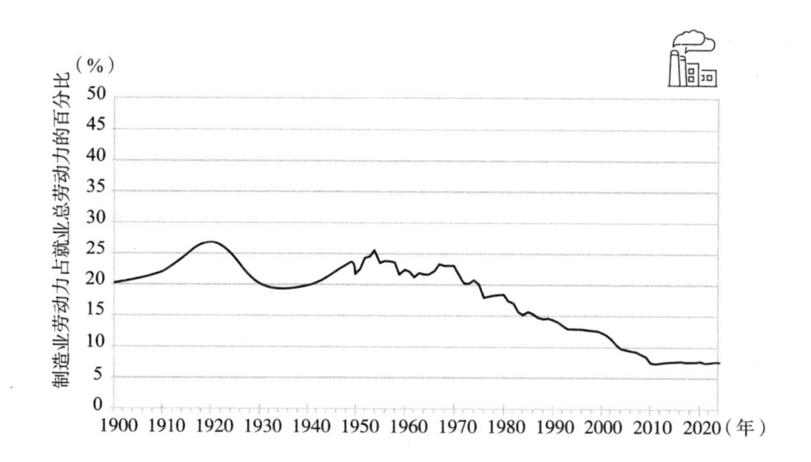

图 5-2　自 1900 年以来美国制造业劳动力比例变化 [64]

资料来源：US Bureau of Labor Statistics; Stanley Lebergott, "Labor Force and Employment, 1800—1960," in *Output, Employment, and Productivity in the United States After 1800*, ed. Dorothy S. Brady（Washington, DC: National Bureau of Economic Research, 1966）。

尽管农场和工厂的工作岗位都大幅减少，但是自有统计数据以来，即使出现了一波又一波的自动化浪潮，美国的劳动力数量也一直在稳步增长。[65] 从早期的工业革命到 20 世纪中叶，经济发展不仅创造了充足的新工作岗位，为快速增长的人口提供就业机会，还吸纳了大量妇女进入劳动力市场。[66]

自 21 世纪初以来，美国劳动力占总人口的比例略有下降，但主要原因是现在有更高比例的美国人达到了退休年龄。[67]1950 年，65 岁及以上的美国人口占总人口的 8.0%；[68] 到 2018 年，这一比例翻了一番，达到 16.0%，导致经济活动中的劳动年龄人口相对减少。[69] 美国人口普查局预测，忽略未来几十年可能取得的任何新医学突破，到 2050 年，美国 65 岁以上人口将占总人口的 22%。[70] 如果我的预测是正确的，即显著延长寿命的技术将在那时成为现实，那么老年人的比例将更高。然而，从绝对值来看，劳动力本身仍在增长。2000 年，在全美 2.82 亿人口中，有 1.436 亿人为平民劳动力，占 50.9%。[71] 到 2022 年，在约 3.32 亿人口中，劳动力增长至 1.64 亿人，占 49.4%（见图 5–3）。[72]

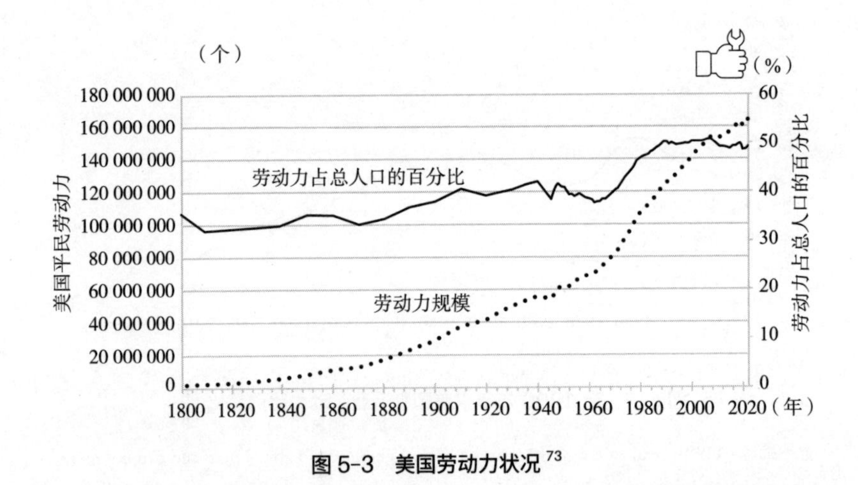

图 5–3 美国劳动力状况 [73]

资料来源：US Bureau of Labor Statistics; National Bureau of Economic Research; US Census Bureau。

随着经济产业向更多技术密集型工作转变，我们一直在大幅增加教育投资，以提供相关工作所需的新技能并创造新的就业机会。美国的本科生和硕士研究生从 1870 年的 63 000 名（见图 5-4）增加到 2022 年的约 2 000 万。[74] 其中，仅在 2 000 年至 2022 年期间，美国的大学生就增加了约 470 万。[75] 今天，我们在 K-12 教育上的人均支出（以不变美元计算）是一个世纪前的 18 倍以上。在 1919—1920 学年，K-12 公立学校的人均支出相当于 1 035 美元（按 2023 年的美元购买力水平计算）。[76] 到 2018—2019 学年，这一数字已增长到约 19 220 美元（按 2023 年的美元购买力水平计算）。[77]

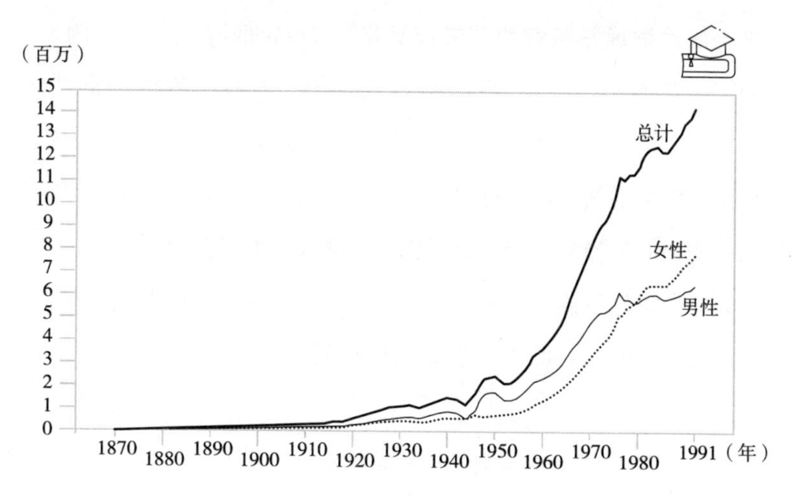

图 5-4　1869—1870 年至 1990—1991 年美国的高等教育机构招生人数（按性别划分）[78]

资料来源：US Department of Commerce, Bureau of the Census, *Historical Statistics of the United States, Colonial Times to 1970*; US Department of Education, National Center for Education Statistics, *Digest of Education Statistics*, various issues。

在过去两个世纪里，技术变革已经多次消除了经济活动中的大部分工作。尽管人们一直（且准确地）认为，主要的就业类别即将消失，但在教育水平提高的前提下，我们仍然看到了持续而显著的进步。[79]

这一次会有所不同吗

尽管就业净增长是长期以来的总体趋势，但一些著名经济学家预测，这一次的情况将有所不同。斯坦福大学教授埃里克·布林约尔松（Erik Brynjolfsson）是这一观点的主要支持者之一。他认为，即将到来的基于AI的自动化浪潮将成为就业杀手。[80] 与以往由技术驱动的转型不同，最新形式的自动化导致的就业岗位流失将超过其创造的就业岗位。持这一观点的经济学家认为，当前的情况是之前几次技术变革浪潮累积效应的结果。

第一次浪潮通常被称为“去技能化”（Deskilling）。[81] 举个例子，驾驶马车的车夫需要掌握各种技能来驾驭和驯养难以捉摸的动物，而驾驶汽车的司机则不需要掌握这些能力。去技能化的主要影响之一是，人们无须经过长期培训就可以从事新工作。过去，工匠需要花费数年时间才能掌握制鞋所需的各种技能，但是当流水线机器取代了大部分人类工作后，工人只需要花更短的时间学会操作机器就能得到一份工作。这意味着劳动力成本下降，鞋子变得更加便宜，但同时也意味着高薪工作被低薪工作取代。

第二次浪潮是“技能提升”（Upskilling）。技能提升通常出现在简单重复性工作被机器取代之后，它引入了比之前需要具备更多技能才可以掌握的技术。例如，为司机提供导航，就需要他们学习如何使用电子设备，而这在以前不属于司机所需掌握的技能。有时这意味着引入在制造业中扮演着越来越重要的角色的机器，但操作这些机器需要具备复杂的技能。例如，早期的制鞋机器是手动操作的压机，工匠不需要接受正式培训就可以操作，而今天像FitMyFoot这样的公司则在使用3D打印设备为每个客户定制完美贴合脚形的鞋子。[82] 因此，FitMyFoot的生产不再依赖大量低技能工人，而是依赖少数掌握计算机科学和3D打印机操作技能的人才。这样的趋势往往意味着用数量较少但薪酬较高的岗位来取代低薪岗位。

然而，即将到来的第三次浪潮可以称为“无需技能”（Nonskilling）。例如，无人驾驶汽车的AI系统将完全取代人类司机。随着越来越多的任务落入AI和机器人的能力范围，将会出现一系列无需技能的转变。AI驱动的创新之所以与以前的技术创新不同，是因为它在更大范围内可以替代人类。AI通常可以完全接管任务，对人类技能的需求消失了。这种转变不仅是出于成本原因，还因为在许多领域，AI实际上可以比它所取代的人类做得更好。自动驾驶汽车将比人类驾驶员的操作安全得多，而且AI永远不会醉酒、困倦或分心。

然而，区分任务和职业是很重要的。在某些情况下（不是全部），当某些任务被完全自动化时，相应的工作岗位可以被安排完成另一组不同的任务——实质上是所需技能的要求提升了。例如，自动取款机现在可以在许多常规现金交易中代替银行出纳员，但出纳员在营销和与客户建立个人关系方面发挥了更大的作用。[83] 类似地，尽管用于法律研究和文档分析的软件已经取代了律师助理的某些职能，但该职业已经随之做出了改变，现在该职位所承担的任务与几十年前相比有了显著的不同。[84] 这种效应可能很快就会在艺术界发生。从2022年开始，DALL-E 2、Midjourney和Stable Diffusion等面向公众开放的系统基于AI根据人类给出的文本提示创建高质量的图形艺术。[85] 随着这项技术的进步，现在的平面设计师花在亲自绘制艺术作品上的时间可能会减少，他们可能会花更多时间与客户一起头脑风暴，以及筛选或修改AI生成的作品。

从长远来看，自动化带来的经济利益将推动AI接管越来越多的任务。在其他条件不变的情况下，购买机器或AI软件比支付长期的人工成本要便宜得多。[86] 当企业主设计运营流程时，他们通常会在资本和劳动力之间的平衡上保有一定的灵活性。在工资相对较低的地区，采用劳动密集型流程更有意义。在工资较高的地区，企业有更强的动力去创造和设计需要更少劳动力的机器。这可能是为什么英国会成为工业革命的摇篮之一，那里的劳动力工资几乎高于世界上任何地方，而且有丰富、廉价的煤炭资源。这推动了技术创新，用廉价的蒸汽动力取代昂贵的人力劳动。当今的发达经济体中也存在着类似的动态。机器可以作为一次性购买的资产，而员工工资意味着长期的成本支出，而且工人还有一系列其他需求是雇主必须满足的。因此，只要有可能提高自动化程度，企业就有动力这样做。随着 AI 的技能水平接近人类，不久之后甚至可能超越人类，需要未经强化的人类执行的任务将越来越少。在我们与 AI 更充分地融合之前，这预示着工人群体将面临重大冲击。

然而，这个论点中有一个令人困惑的生产力难题：如果技术变革真的开始导致净失业，古典经济学预测，在给定的经济产出水平下，人们的工作时长会缩短。那么，根据定义，生产力应该会显著提高。然而，自 20 世纪 90 年代互联网革命发生以来，传统上衡量生产力增长的指标显示增速已经放缓。生产力通常用每小时的实际产出来衡量，即生产的商品和服务总量（经通货膨胀水平调整后）除以生产它们的总工作时间。从 1950 年第一季度到 1990 年第一季度，美国每小时的实际产出平均每季度增长 0.55%。[87] 随着个人计算机和互联网在 20 世纪 90 年代的普及，生产力增长加速。从 1990 年第一季度到 2003 年第一季度，季度平均增长率为 0.68%。[88] 万维网似乎开启了一个快速增长的新时代，截至 2003 年，人们普遍预期这一增长速度将持续下去。[89] 然而，从 2004 年开始，生产力增长开始显著放缓。从 2003 年第一季度到 2022 年第一季度，季度平均增长率仅为 0.36%。[90] 这是过去 10 年来最大的经济谜团之一。随着信息技术在如此多的领域改变商业，我们本应看到更强劲的增长势头。关于我们为什么没有看到这种趋势，学界有着各种各样的理论。

如果自动化真的产生了如此巨大的影响，那么似乎有数万亿美元的经济产出“失踪”了。在我看来，这一观点在经济学家中越来越被接受，很大一部分解释是我们没有将信息产品指数级增长的价值计入 GDP，其中许多是免费的，代表了直到最近才出现的价值计算类别。当麻省理工学院在 1963 年以约 310 万美元的价格购买我在读本科时使用的 IBM 7094 计算机时，这在经济活动中相当于 310 万美元（相当于 2023 年的 3 000 万美元）。[91] 今天的智能手机在计算和通信方面的功能比 1965 年要强大数十万倍，并且具有当时任何价格都无法购买的无数功能，但它在经济活动中只被计算为几百美元，因为这是你为购买它支付的金额。

埃里克·布林约尔松和风险投资家马克·安德森（Marc Andreessen）也提出了对生产率缺失的一般解释。[92] 他们的解释简单明了，即 GDP 通过一个国家的所有最终商品和服务的价格来衡量经济活动。所以，如果你花 2 万美元买了一辆新车，那一年的 GDP 就记为增加了 2 万美元，即使你愿意为同一辆车支付 2.5 万或 3 万美元。这种统计方法在 20 世纪非常有效，因为在整个人口中，人们对一件商品的平均支付意愿会与其实际价格相当接近。一个主要原因是，当商品和服务是用物质材料和人力生产的时，企业生产每一个新单位都需要花费大量资金。例如，制造一辆汽车需要昂贵的金属零件和熟练劳动力的许多小时工作相结合。这就是边际成本的概念。[93] 古典经济学理论认为，价格将趋向于商品的平均边际成本。这是因为企业不能亏本销售，但竞争压力会迫使他们尽可能便宜地卖出。此外，由于更有用和更强大的产品在传统上生产成本更高，所以历史上产品的质量与其反映在 GDP 中的价格之间存在着密切的关系。

1999 年，一个约 900 美元（经通货膨胀水平调整后）的计算机芯片每美元每秒可以执行超过 80 万次计算。[94] 到 2023 年初，一个 900 美元的芯片每美元每秒可以进行近 580 亿次计算。[95]

问题在于，在 GDP 的计算中，今天售价为 900 美元的芯片和 20 多年前生产的芯片被视为等价的，尽管如今相同价格的芯片性能提高了 72 000 多倍。因此，过去几十年里名义上的财富和收入增长并没有正确反映出新技术所带来的生活方式的巨大改善。这扭曲了人们对经济数据的解读，并产生了一些误导性的观点，例如工资增长明显放缓，甚至停滞不前。即使你过去 20 年的名义工资没有增长，但你现在用同样的工资购买的计算能力将比过去高数千倍以上。[96] 政府机构已经做出了一些努力，在一些经济统计数据中考虑性能的持续提升[97]，但这些数据仍然大大低估了真正的性价比收益。

对于数字产品来说，这种趋势更加明显，因为它们的生产成本几乎为零。一旦亚马逊将一本电子书转码完成并上架销售，销售该书的电子版本几乎不需要任何额外的纸张、油墨或人力成本，因此其售价几乎是边际成本的无限倍。其中，边际成本、价格和消费者支付意愿之间的密切关系就被削弱了。对于那些边际成本足够低，以至于可以完全免费提供给消费者的服务而言，这种关系被完全打破了。一旦谷歌设计出其搜索算法并建立服务器集群，为用户提供额外的单次搜索几乎不需要任何成本。Facebook 帮你与 1 000 个朋友保持联系的成本并不比让你只与 100 个朋友保持联系更多。所以它们向公众提供免费访问服务，并通过广告收入来弥补边际成本。

尽管这些服务对用户来说是免费的，但我们可以通过观察人们的选择来估算他们对这些服务的支付意愿。[98] 举个例子，如果你可以通过给邻居修剪草坪赚到 20 美元，但你选择把时间花在刷 TikTok 上，那么我们可以说 TikTok 给你带来的价值至少为 20 美元。

然而，许多信息技术的实用性已经大大提高，而价格却没有变化。2015 年，蒂姆·沃斯托尔（Tim Worstall）在《福布斯》杂志上估计称，Facebook 在美国的收入约为 80 亿美元，这应该是其对美国 GDP 的官方贡献。[99] 但是，如果把人们花在 Facebook 上的时间价值按照最低工资标准计算，那么消费者从中获得的实际收益约为 2 300 亿美元。[100] 截至 2020 年（本书付印时可获得的最近一年的数据），美国使用社交媒体的成年人平均每天会花 35 分钟在 Facebook 上。[101] 美国大约有 2.58 亿成年人，其中约 72% 的人使用社交媒体，按照沃斯托尔的估算方法，这意味着 Facebook 在 2020 年创造了 2 870 亿美元的经济价值。[102] 2019 年的一项全球调查发现，美国互联网用户平均每天花费 2 小时 3 分钟浏览各类社交媒体，虽然这给 GDP 贡献了约 361 亿美元的广告收入，但据此推算，社交媒体给用户带来的总收益每年超过 1 万亿美元！[103]

用最低工资来衡量社交媒体的使用价值并非一个完美的指标，因为在某些情况下，比如排队买咖啡的时候浏览 Facebook，要比利用这几分钟做远程自由职业工作更符合实际。但作为一个总体近似值，它揭示了人们使用社交媒体的巨大价值，但经济学家可以观察到的收入只占其价值的一小部分。维基百科是一个更极端的例子：它对 GDP 的官方贡献基本为零。同样的分析也适用于无数基于网络和应用程序提供的服务。

这表明，随着数字技术在经济中占据越来越大的份额，消费者剩余① 的

① 即消费者愿意支付的价格与实际支付价格之间的差额。

增长速度比 GDP 反映的要快得多。因此，就消费者剩余而言，生产率一直在以比传统的每小时产出指标更快的速度增长。由于消费者剩余这个指标能比价格更真实反映繁荣程度，人们可以说，我们真正关心的那种生产率一直增长良好。

这些影响远远超出了与技术显著相关的领域。技术变革带来了无数没有体现在 GDP 中的好处，包括减少污染、更安全的生活环境以及更多的学习和娱乐的机会等。不过，这些变化并没有均衡地影响经济的所有领域。例如，尽管计算机价格急剧下降，但医疗保健服务的价格上涨速度却比整体通胀还要快。因此，对于需要大量医疗服务的人来说，他们可能不会因为 GPU 的计算性价比越来越高而感到宽慰。[104]

迈向奇点的关键进展

The Singularity Is Nearer

好消息是，在 21 世纪 20 年代和 21 世纪 30 年代，AI 和技术融合将使越来越多的商品和服务转变为信息技术，它们也能从数字领域已经出现的指数级增长趋势中获益，这种趋势已经给数字领域带来了巨大的通货紧缩。先进的 AI 导师可以帮助我们在任何主题上进行个性化定制学习，任何可以接入互联网的人都可以广泛访问学习资源。在撰写本书时，AI 驱动的增强医学和药物发现仍处于起步阶段，但最终将在降低医疗保健服务成本方面发挥重要作用。

许多传统上不被视为与信息技术相关的其他产品，例如食品、住房和建筑施工，以及其他实物产品，如服装，也将出现类似的变化。例如，AI 驱动的材料科学进步将使太阳能光伏发电的成本变得极其低廉，而利用机器人开采资源和自动驾驶电动汽车将大大降低原材料的成本。随着能源和材料成本的降低，以及自动化逐渐完全取代人力劳动，产品或服务价格将大幅下降。随着时间的推移，这种效应将覆盖大部分经济领域，我们将能够消除目前阻碍人们发展的大部分资源的稀缺性。因此，在 21 世纪 30 年代，人们将能够以相对低廉的成本过上今天被认为是奢侈的生活。

如果这个分析是正确的，那么在所有这些领域，由技术带来的通货紧缩只会扩大名义生产力（即按当前价格计算的生产力）和人类每小时的工作为社会带来的实际平均效益之间的差距。随着这种影响从数字领域扩展到其他行业，并涵盖整个经济活动更广泛的部分，我们预计全美通胀率会下降，并最终导致整体通货紧缩。换句话说，随着时间的推移，我们可以期待人们将会对“生产力之谜”① 给出更清晰的解释。

还有另一个难题：为什么经济数据显示美国劳动力人口的比例正在下降？支持就业岗位净减少理论的经济学家指出，美国平民劳动参与率（即就业人数加上正在找工作的失业人数占 16 岁及以上人口的百分比）在从 1950 年的约 59% 上升到 2002 年的略低于 67% 之后，到 2015 年已跌至 63% 以下，在新冠疫情之前长期保持在这一水平，尽管表面上看经济发展一片繁荣（见图 5-5）。[105]

① 尽管技术在进步，但生产力的增长率在下降。

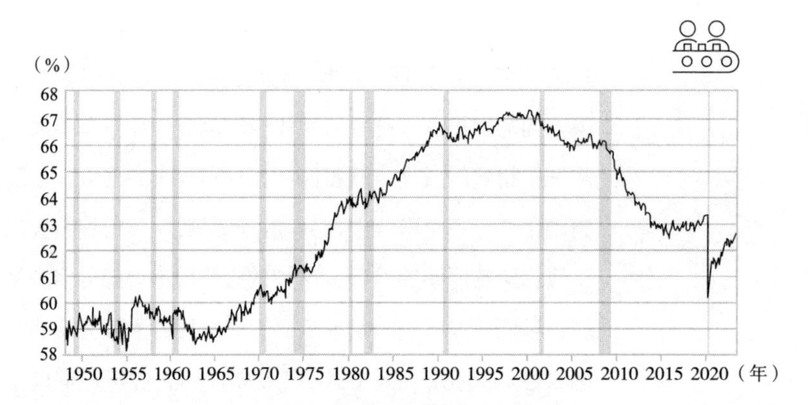

图 5-5 美国平民劳动参与率 [106]

注：阴影区域表示美国经济衰退期。

资料来源：US Bureau of Labor Statistics。

实际上，美国劳动力占总人口的比例要更小一些。2008 年 6 月，美国 3.04 亿总人口中有超过 1.54 亿人为平民劳动力，占 50.7%。[107] 到 2022 年 12 月，在 3.33 亿总人口中，劳动力为 1.64 亿，略低于 49.5%。[108] 这看起来降幅并不大，但这仍是美国近 20 多年来的最低点。政府关于这方面的统计数据并不能完全反映经济现实，因为它们不包括农业工人、军事人员和联邦政府雇员等几类人。但这些数据仍然有助于我们理解这些趋势的发展方向和大致规模。

然而，虽然这种下降可能部分是由自动化造成的，但还有两个主要的干扰因素。首先，随着美国人受教育程度的提高，参与工作的青少年越来越少，许多人会一直在大学和研究生院学习到 20 多岁。[109] 其次，随着数量庞大的婴儿潮一代越来越多地步入退休年龄，美国劳动年龄人口比例正在下降。[110]

如果我们转而观察 25 ～ 54 岁主要劳动年龄人口的劳动参与率（见图 5-6），就会发现下降趋势几乎消失了。截至 2023 年初，这一年龄段人口的劳动参与率为 83.4%，而 2000 年的峰值为 84.5%。[111] 按照当今的人口基数计算，这 1.1 个百分点的差距仍然相当于约 170 万人，但远低于图 5-5 所展示的差距。[112]

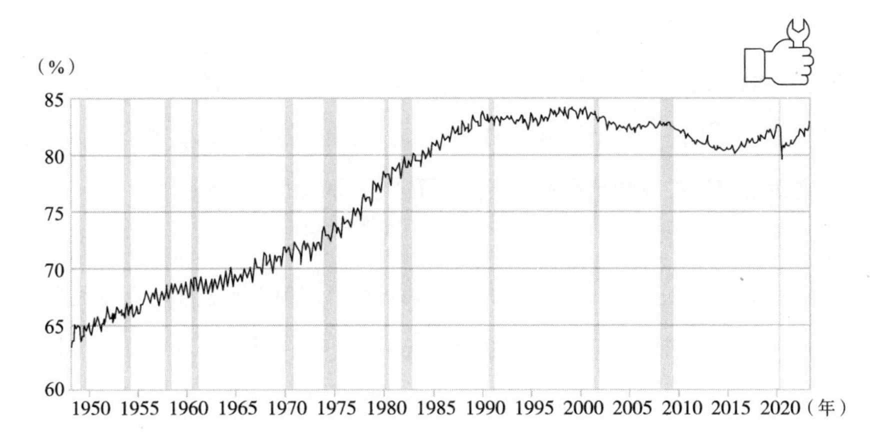

图 5-6 美国 25 ～ 54 岁人口的劳动参与率 [113]

注：阴影区域表示美国经济衰退期。

资料来源：US Bureau of Labor Statistics。

此外，自 2001 年以来，55 岁及以上人口的劳动参与率显著提高。55 ～ 64 岁人口的劳动参与率从 2001 年的 60.4% 上升到 2021 年的 68.2%，同期 75 岁及以上人群的劳动参与率从 5.2% 增长到 8.6%。[114] 这背后牵涉一些相互冲突的力量。一方面，许多因自动化而失业的老年工人干脆选择提前退休，忍受相对降低的生活水平；另一方面，人口预期寿命在变长（在新冠疫情前，美国男性和女性的预期寿命比 2000 年延长了约两年），[115] 人们身体健康，在年纪更大时也可以参与工作。对许多人来说，工作是一个令人愉悦的目标和满足感的来源。尽管如此，这些数据并没有反映出这样一个事实：一些老年人在失去原本收入更高的工作岗位后，不得不勉强留在一些边缘性的工作岗位上，以维持退休前的生活。[116]

然而，所有这些分析都受到一个事实的限制，即劳动参与率这一概念本身的缺陷越来越明显。有两大趋势正在重塑工作的性质，但经济统计数据并没有很好地反映这一点。

第一个趋势是地下经济的存在，它一直都存在，但互联网极大地促进了其发展。地下经济涵盖多种类型的服务，包括付现金的家政服务、替代性治疗方式等。促进地下经济发展的另一个因素是加密技术（如加密货币）的出现，这使得交易可以隐藏在税收、监管和执法部门的监管范围外。

规模最大和最知名的加密货币是比特币。[117] 2017 年 8 月 6 日，比特币在主要交易所的日交易量不到 1 930 万美元。[118] 到同年 12 月 7 日，比特币日交易量曾飙升至 49.5 亿美元以上，但很快又下跌。截至 2023 年中，比特币日均交易量仍在 1.8 亿美元左右。[119] 尽管如此，比特币的交易量仍然增长非常迅速，但与主要的传统货币相比，其规模仍然很小。根据国际清算银行的数据，2022 年 4 月全球外汇日均交易量为 7.5 万亿美元，而在本书下印时，这一数字可能会更高。[120]

此外，与大多数传统货币相比，大多数加密货币的价值一直非常不稳定。例如，2012 年 1 月 4 日，比特币的交易价格为 13.43 美元。[121] 4 月 2 日，比特币的交易价格上涨到 130 美元以上。[122] 但是对加密货币感兴趣的仍然主要是一些小范围的技术爱好者。然后，在经历了近 5 年的相对平静和稳定期之后，比特币在 2017 年开始飙升到更高的价位。突然之间，普通人听说比特币是一种稳赚不赔的投资，纷纷买入，以期望它们会进一步升值。这形成了一个正向反馈循环，4 月 29 日一枚比特币的价格达到 1 354 美元，12 月 17 日达到 18 877 美元。[123] 但随后价格开始下跌，人们在恐慌中抛售他们的比特币，试图在资产进一步贬值之前退出市场。到 2018 年 12 月 12 日，比特币重新回落到 3 360 美元。2021 年 4 月 13 日，比特币的交易价格达到 64 899 美元，然后在 2022 年 11 月 20 日另一次大崩盘时降至 15 460 美元。[124]

这种波动性对于想要把比特币作为一种货币，即将其作为定期交换商品和服务的媒介的人来说是一个主要问题。如果你相信你手里的美元在半年内会升值 10 倍，你会尽量不去花它们。反之，如果你手里的美元可能在几个月内贬值近一半，你会不愿意将大部分资产以美元的形式持有，商家也不愿意接受它们作为支付手段。如果加密货币想要被公众更广泛地采用，它们需要找到一种方法使其价值保持稳定。

不过，地下经济的蓬勃发展并不一定需要依赖加密货币。社交媒体和 Craigslist 等平台为人们建立经济联系提供了大量机会，而政府基本上看不见这种经济联系。

这种影响也促进了第二个主要趋势：新的赚钱方式并不总是被视为传统的就业方式，其中包括使用网站和应用程序创建、购买、销售和交换物理、数字资产与服务，以及在社交媒体上创建应用程序、视频和其他形式的数字内容。

例如，有些人在为 YouTube 创建内容方面取得了成功，或者受雇在 Instagram 或 TikTok 上影响他人。[125] 在 2007 年 iPhone 发布之前，没有应用经济可言。2008 年仅出现了不到 10 万个 iOS 应用；到 2017 年，这一数字飙升至 450 万左右。[126] 安卓平台上的增长也同样惊人。2009 年 12 月，谷歌 Play Store 中约有 1.6 万款手机应用，[127] 而到 2023 年 3 月，这一数字已增至 260 万款，[128] 13 年来增长了 160 多倍。这直接导致了就业增长。从 2007 年到 2012 年，应用经济在美国创造了大约 50 万个就业岗位。[129] 根据德勤的数据，到 2018 年，这一数字已增长到 500 多万。[130]

2020 年的另一项研究估计，包括应用经济间接创造的就业机会在内，美国将有 590 万个就业机会和 1.7 万亿美元的经济活动。[131] 这些数字在一定程度上取决于人们对应用市场的定义有多宽泛或多狭窄，但关键的结论是，在短短十多年的时间里，手机应用已经从微不足道的东西发展成为更广泛经济活动中的一个主要因素。因此，即使技术变革消除了很多工作岗位，与此同时，技术也在传统的工作模式之外开辟了许多新的机会。尽管它并非没有局限性，但所谓的零工经济通常比以前的选择给予了人们更多的灵活性、自主权和闲暇时间。随着自动化趋势的加速和对传统工作场所的冲击，最大限度地提高这些机会的质量成了帮助工人的一种策略。

那么，我们将走向何方

乍一看，美国劳动力的现状听起来令人担忧。牛津大学的学者弗莱和奥斯本估计，到 2033 年，2013 年存在的工作中将有近一半可以实现自动化，他们的研究假设的 AI 和其他指数级技术的进步速度比我在本书中概述的更保守。[132] 虽然 200 多年前人们已经认识到自动化对工作的威胁，但当前的情况在速度和广度上是前所未见的。

要预测未来将如何发展，我们需要考虑几个根本问题。**就业本身不是目的，而是达到目的的手段**。工作的一个目标是满足生活的物质需求。如前所述，两个世纪前，仅种植和分配食物就需要付出几乎所有的人力劳动，而如今在美国和大部分发达国家，食品生产所需的劳动力只需要劳动力总数的不到 2%。随着 AI 在无数领域释放前所未有的潜力，为满足温饱而奋斗的日子将逐渐淡出历史。

工作的另一个目标是赋予生活目的和意义。如果你的工作是砌砖，那么这种劳动提供了两重意义。首先，也最明显的是，你的工资使你能够供养和照顾你所爱的人——这是身份认同的一个重要方面。其次，你同时也是在建造永久性的建筑，为公共利益做出贡献。你实际上是在为比自己更远大的事物做贡献。一些令人满意的工作，如艺术和学术领域的工作，除了工资和公共利益之外，还提供了创造和产生新知识的机会。

即将到来的革命将赋予人类前所未有的能力，使他们能够做出远超以往的贡献。事实上，不断进步的信息技术已经在以一种未受重视的方式增强艺术家的多种文化创造能力。例如，在我的成长过程中只有三家电视台可以收看：ABC、NBC 和 CBS。由于每个人都在观看如此有限的节目，电视网不得不创造出能吸引尽可能广泛的人群的内容。为了获得成功，电视节目必须成功吸引男性和女性、儿童和父母、蓝领和白领。像荒诞喜剧、超自然戏剧或科幻小说这样具有强烈吸引力但受众较窄的创意，很难找到一条可靠的商业化道路。许多人现在已经忘记了，史上最具影响力的科幻系列剧集《星际迷航》（*Star Trek*），当初仅播出三季就被取消了。[133]

但有线电视的普及拓宽了电视节目的受众，以至于针对小众市场的节目也能找到观众。探索频道、历史频道、学习频道等关于非寻常主题的深度纪录片也得到了认可。不过，电视节目收视率仍然受到播出时间的限制。硬盘录像机的引入以及后来点播流媒体的出现，让人们可以随时随地观看他们想看的任何内容。这意味着创新的新节目可以从所有人中吸引观众，而不仅仅局限于在特定时段碰巧收看电视的人。因此，一些在我年轻时的电视网络上被认为无法实现的艺术创意，如《怪奇物语》（*Stranger Things*）和《伦敦生活》(*Fleabag*),现在找到了忠实的观众,收获了评论界的赞誉。这一趋势对 LGBTQ 人群、残障人士等相对较小的群体来说是个好消息,因为正面描绘他们特定生活经历的节目有了更大的机会在商业上取得成功。

此外,流媒体给创作者提供了更多不同的创作选择。例如,在广播电视上,半小时的喜剧节目通常情节是非连续性的,因为电视网希望观众能够以任何顺序观看这些节目并沉浸其中。但是点播意味着观众总是可以按照一定的顺序观看。这让像《马男波杰克》(*BoJack Horseman*)这样的开创性节目制作了一集又一集,并在这种连续性中累积笑料,达成表达。[134] 这些艺术形式在以前的广播技术中根本不可能实现。

在接下来的 20 年里,这种转变将大大加速。想想 AI 在过去几年里通过 DALL-E、Midjourney 和 Stable Diffusion 等系统在视觉图像方面取得的创造性成就。这些功能将变得更加复杂,并扩展到音乐、视频和游戏领域,从根本上使创造性表达民主化。人们将能够向 AI 描述他们的想法,并用自然语言调整结果,直到它实现他们脑海中的愿景。制作一部动作电影将不再需要成千上万人的努力和数亿美元的投资,最终还有可能制作出一部史诗级的电影,只需要好的创意和相对适度的算力预算来运行 AI。

然而,尽管这些畅想即将变成现实,我们也必须从现实层面看待从现在到那时将会发生的破坏性影响。自动化及其间接影响已经消除了位于技能阶梯底部和中部的许多工作,而且这一趋势将在未来 10 年内扩大并加快速度。大多数新工作都需要更复杂的技能。总的来说,人类社会在技能阶梯上进步了,而且这种趋势还将持续下去。**但是,随着 AI 在一个又一个领域超越普通人,甚至是拥有最娴熟的技能的人,人类如何跟上这一步伐?**

迈向奇点的
关键进展
The Singularity
Is Nearer

在过去的两个世纪里，人类提高技能的主要方法是接受教育。正如我之前描述的那样，美国在教育上的投资在过去的一个世纪里飞速增长。但是我们已经进入了自我提升的下一个阶段，那就是通过与我们正在创造的智能技术相融合来增强自身的能力。我们现在还没有把计算机化的设备植入我们的身体和大脑，但它们实际上已经近在咫尺。如今，如果没有大脑扩展器——智能手机，几乎没有人能完成他们的工作或接受教育，智能手机可以访问几乎所有的人类知识，或者只需点击一下就能利用其强大的计算能力。因此，可以毫不夸张地说，电子设备已经成为我们身体的一部分。就在20年前，情况还不是这样。

在整个21世纪20年代，这些功能将与我们的生活更加紧密地融合在一起。搜索将从熟悉的文本字符串和链接页面的范式转变为无缝衔接、直观易用的问答模式。任何语言之间的双向实时翻译将变得流畅、准确，打破人与人之间的语言隔阂。增强现实将通过我们的框架眼镜和隐形眼镜不断地投射到我们的视网膜上，同时它也会在我们的耳朵里产生共鸣，并最终调动我们其他的感官。我们不需要明确地发出指令或请求，它的大部分功能和信息就能自动激发和呈现，因为AI助手会通过观察和“倾听”我们的活动来预测我们的需求。在21世纪30年代，医疗纳米机器人将开始把这些通过外部设备实现的大脑扩展功能直接整合到我们的神经系统中。

在第 2 章中，我描述了这项技术将如何把我们的新皮质扩展到云端，扩大容量，实现更多的抽象层次。这项技术的价格最终将变得非常低廉，人人都能使用，就像移动电话最初非常昂贵且功能有限，但如今已无处不在，而且性能还在迅速提高。国际电信联盟估计，截至 2020 年，全球有 58 亿部智能手机正在使用中。[135]

但是，在通往这种普遍富足的未来的过程中，我们需要解决由这些转变所引起的社会问题。随着 20 世纪 30 年代《社会保障法》通过，[136] 美国的社会安全网开始建立起来。尽管特定的表述在政治上有出入（例如“福利”），但总体而言，无论特定政党和政府的政治倾向如何，社会安全网一直在不断扩大。

与福利制度较为完善、水平较高的欧洲国家相比，美国的社会安全网被认为不够完善，但事实上其社会福利公共支出所占 GDP 的比例——2019 年（在新冠疫情之前）预计为 18.7%，接近发达国家的中位数水平。[137] 加拿大的比例略低，为 18.0%。[138] 澳大利亚和瑞士相近，均为 16.7%。[139] 英国略高，为 20.6%，相当于其 2.8 万亿美元 GDP 中的约 5 800 亿美元，或者说在 6 600 万人口中人均不到 8 800 美元（见图 5-7）。[140] 但由于美国的人均 GDP 更高，因此其人均支出也相应更高。2019 年，美国 GDP 超过 21.4 万亿美元，其中约有 4 万亿美元用于社会公共支出（见图 5-8）。[141] 以当年人口约 3.3 亿计算，人均支出超过 12 000 美元。[142]

美国的社会安全网支出占政府支出的比例（见图 5-9，目前约占联邦、州和地方支出的 50%）与占 GDP 的比例（见图 5-10，政府支出和 GDP 本身也在稳步增加）一直在稳步增长。[143] 你可以看看这几张图，看能否判断出“左翼”或“右翼”政府执政的时期。可获得的最近两年的数据包括了大量的新冠疫情救济支出，因此 2020 年至 2021 年的峰值超过了潜在的长期增长趋势。

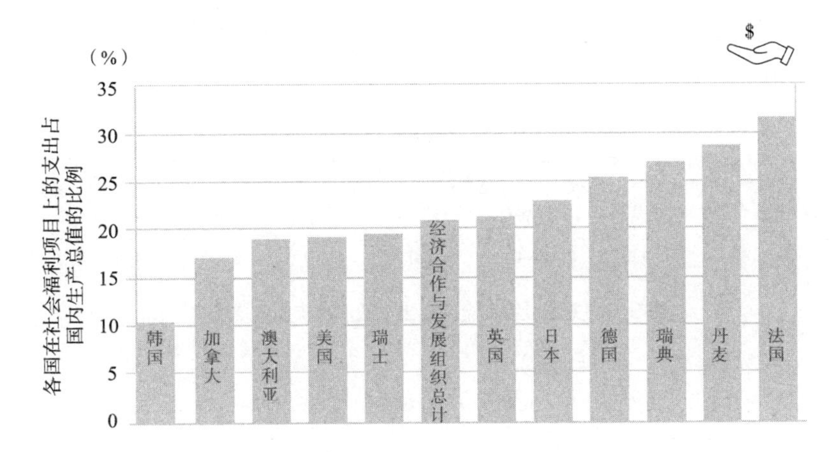

图 5-7 部分国家和组织在社会福利项目上的支出 [144]

注：美国低于平均水平，但差距并不显著。

数据来源：Organisation for Economic Co-operation and Development; Bloomberg。

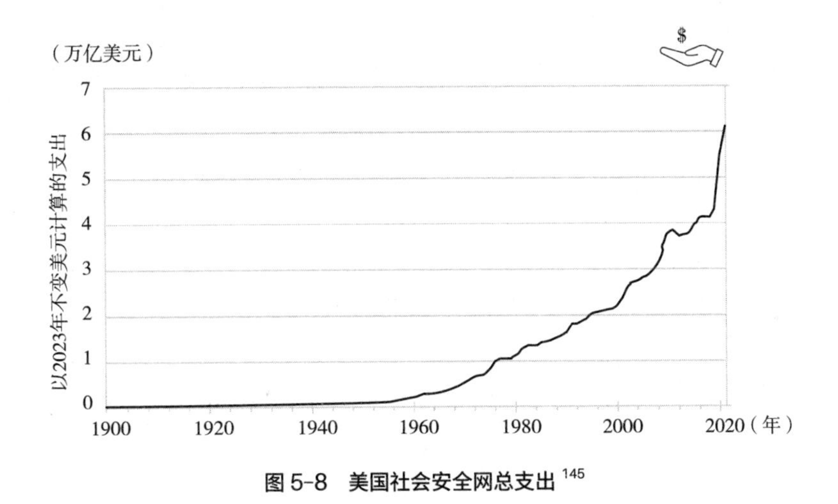

图 5-8 美国社会安全网总支出 [145]

注：包括联邦、州和地方支出（预估结果）。

主要数据来源：US Census Bureau; Bureau of Economic Analysis; USGovernmentSpending.com; Maddison Project。

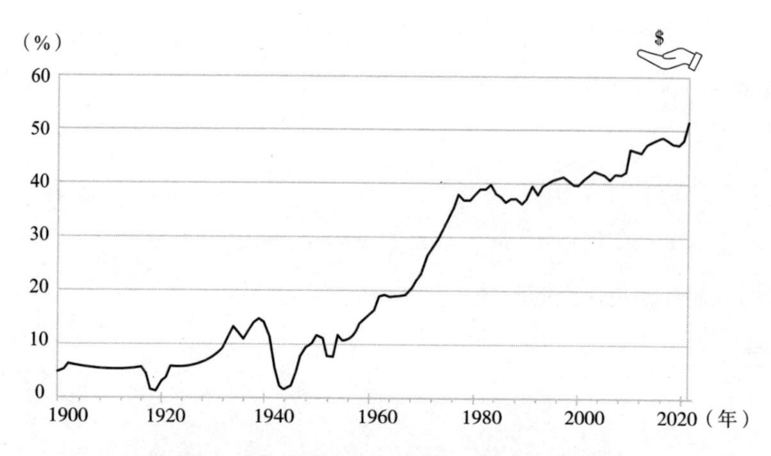

图 5-9 美国社会安全网支出占政府总支出的比例 [146]

注：包括联邦、州和地方支出。

主要数据来源：US Census Bureau; Bureau of Economic Analysis; USGovernmentSpending.com; Maddison Project。

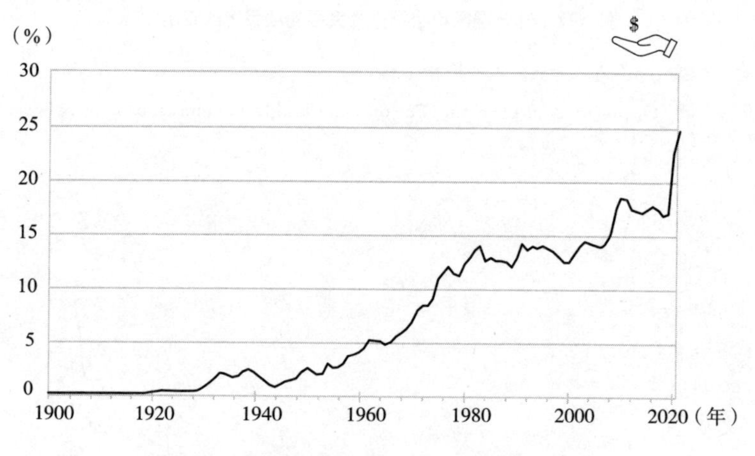

图 5-10 美国社会安全网支出占 GDP 的比例 [147]

注：包括联邦、州和地方支出（预估结果）。

主要数据来源：US Census Bureau; Bureau of Economic Analysis; USGovernmentSpending.com; Maddison Project。

随着美国 GDP 持续以指数级速度增长，社会安全网支出可能会在总体和人均方面（见图 5-11）继续增加。美国社会安全网的重要项目包括用于基本医疗服务的医疗补助计划、SNAP“食品券”（本质上是用于购买食品的借记卡）以及住房援助。目前，这些项目的支持水平勉强够用。但随着AI驱动的进步，医疗、食品和住房在21世纪30年代变得更加便宜，同等水平的财政支持将能为人们提供非常舒适的生活条件，而无须进一步扩大社会安全网支出占GDP的比例。如果这一比例继续增长，社会安全网支出就可以用于为人们提供更广泛的服务。

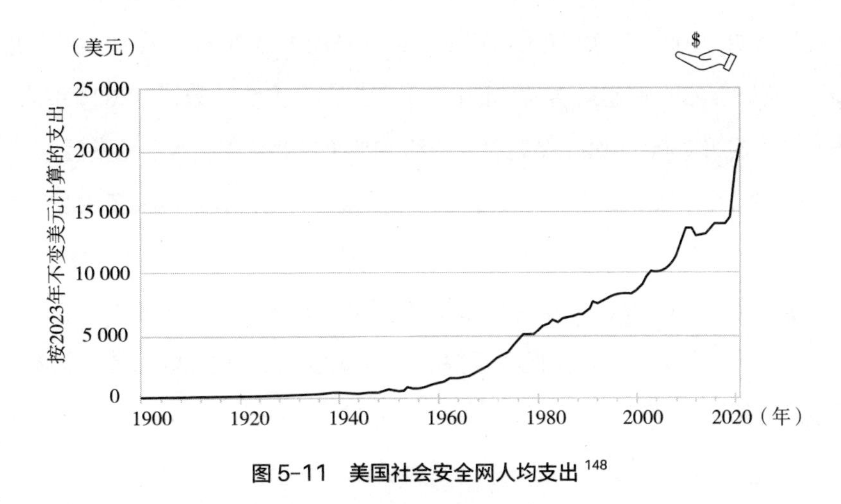

图5-11　美国社会安全网人均支出[148]

注：包括联邦、州和地方支出（预估结果）。

主要数据来源：US Census Bureau; Bureau of Economic Analysis; USGovernmentSpending.com; Maddison Project。

在温哥华举行的2018年TED大会上，我在与TED策展人克里斯·安德森（Chris Anderson）的台上对话中预测，[149] 到21世纪30年代初，发达国家将有效实行全民基本收入制度或与之相当的制度，到21世纪30年代末，大多数国家也将实现这一目标。届时，人们将能够靠这笔收入过上按照今天的标准衡量非常不错的生活。这将涉及定期向所有成年人支付现金，或提供免费商品和服务。资金可能来自对自动化驱动的利润征税和政府对新兴技术的投资。[150] 相关项目可能为照顾家人或建设健康社区的人们提供经济支持。[151] 这样的改革可以大大缓解失业和就业中断带来的危害。在评估这种进步的可能性时，我们必须考虑到那时经济将发生多么深刻的变革。

随着技术变革的加速发展，社会总体财富大大增加，考虑到社会安全网所需的长期稳定性，无论执政党是哪一方，它都很可能会继续存在，而且水平将大大高于今天。[152] 但请记住，技术的丰富并不会自动地立即使每个人受益。例如，2022 年的 1 美元可以购买的计算能力是 2000 年的 50 000 多倍（经通货膨胀水平调整后）。[153] 相比之下，根据官方统计数据，2022 年的 1 美元只能购买 2000 年医疗保健服务的约 81%（经通货膨胀水平调整后）。[154] 尽管一些医疗手段，如癌症免疫疗法，在效果上有所改善，但大多数医疗保健支出，如住院和 X 射线检查，基本没有变化。因此，那些在计算机上花费大量资金的人，如学生和年轻人，从计算机价格下降中获益颇丰。与此同时，那些将大部分收入用于医疗保健的人，如老年人和慢性病患者，总体上的境况可能更加糟糕。

因此，我们需要制定明智的政策，以平缓地完成这一过渡，并确保繁荣成果能够广泛共享。**虽然从技术和经济角度来看，每个人都有可能享受到以现在的标准来衡量的高生活水平，但我们是否可以真正向每一个需要帮助的人提供这种支持，将取决于政治决策。**相比之下，虽然当今世界偶尔会发生饥荒，但这并不是因为粮食产能不足，也不是因为发展优质农业的秘诀掌握在少数精英手中。相反，饥荒通常是由于治理不善或内战造成的。在这些情况下，人们更难以应对当地的干旱和其他自然灾害，国际援助也更难发挥作用。[155] 同样，如社会整体不够谨慎，不良的政治环境就可能对人们生活水平的提高造成阻碍。

正如新冠疫情显示的那样，这在医学领域是一个需要迫切关注的问题。尽管创新将释放出变革性的能力，来提供经济实惠和有效的治疗方法，但这并不能保证产生神奇的结果。我们将需要公众的参与和明智的治理，来实现安全、公平和有序的过渡，以获得更先进的医疗保健服务。例如，人们可以想象这样一个未来，拯救生命的技术普遍难以取得人们的信任。就像今天在网上盛传的关于疫苗的错误信息和阴谋论一样，人们可能会在未来几十年里散布类似的关于决策支持 AI、基因治疗或医疗纳米技术的谣言。考虑到对网络安全的合理担忧，不难想象，被夸大的对秘密基因的操纵或政府控制的纳米机器人的恐惧，可能会导致 21 世纪 30 年代或 50 年代的人们拒绝接受关键的治疗。公众对这些问题的科学理解是避免出现非必要的伤亡的最佳办法。

如果我们能正确应对这些政治挑战，人类的生活将彻底改变。历史上，我们不得不为满足生活的物质需求而竞争。但是，当我们进入一个富足的时代，物质必需品的供应不再稀缺，而许多传统工作岗位消失时，我们的主要斗争将是为了目标和意义。实际上，我们正在向马斯洛需求层次的上层移动。[156] 这在现在面临职业选择的一代人身上表现得尤为明显。我与 8 ～ 20 岁的年轻人交谈并为他们提供指导，他们的关注点通常是开辟一条有意义的道路，无论是通过艺术追求创造性表达，还是帮助克服人类长期以来一直在努力应对的巨大挑战，包括社会、心理和其他方面的挑战。

思考工作在我们生活中扮演的角色，迫使我们重新审视对生命意义的更广泛的追求。人们常说，短暂的生命和死亡赋予了生命意义。但在我看来，这种观点只是试图把死亡的悲剧合理化为一件好事。现实是，亲人的离世实际上夺走了我们的一部分自我。那些原本用于与亲人互动交流、享受陪伴的新皮质区域，现在只剩下失落、空虚和痛苦。死亡夺走了所有在我看来可以赋予生命意义的事物——技能、经历、记忆和人际关系。它阻碍了我们享受更多能够定义自我的卓越时刻，例如创作和欣赏创造性作品、表达爱意、分享幽默等。

当我们将新皮质扩展到云端时，所有这些能力都将得到极大的增强。试想一下，如果我们试图向那些错过了200万年前因额叶增大而带来的新皮质进化的灵长类动物解释音乐、文学、YouTube视频或笑话，会是什么情景？这个类比让我们能够想象一下，**当我们在21世纪30年代的某个时候开始以数字方式增强大脑皮层时，我们将能够创造出现在无法想象或理解的有意义的表达方式。**

但仍然存在一个关键问题：在此期间会发生什么？在我与丹尼尔·卡尼曼的一次私人对话中，他对我的观点表示了认同，即信息技术在性价比和容量方面一直在并将继续以指数级速度增长，这最终将涵盖服装和食品等实物产品。他对我所说的观点也表示了同意，即我们正朝着一个物质丰富、能满足我们物质需求的时代迈进，而届时主要的挑战将是满足马斯洛需求层次理论中更高层次的需求。然而，他也预测称，在此期间将会发生一段旷日持久的冲突，甚至是暴力。他指出，随着自动化的影响持续扩大，必然会出现赢家和输家。一个失业的司机不会因为人类整体有望满足更高层次需求的承诺而感到满意，因为作为个人，他可能无法完成这种转变。

适应技术变革的一大挑战在于，它们往往会给广大的群体带来分散的利益，但给小部分群体带来集中的危害。例如，自动驾驶汽车（无人驾驶汽车）将给社会带来巨大的好处，比如挽救生命、减少污染、缓解拥堵、节省时间和降低交通成本。预计到2050年，美国人口将接近4亿，他们将在不同程度上共享这些进步。[157]根据采用假设的不同，潜在总收益的估计值在每年 6 420 亿到 70 000 亿美元。[158] 可以说，这是一个天文数字。然而，每个人所享有的好处不太可能彻底改变他们的生活。并且，尽管从统计数据上看，我们知道每年有数万人的生命被挽救，但我们无法具体确定每年究竟是哪些人死里逃生。[159]

相比之下，自动驾驶汽车的危害主要涉及的是那几百万以驾驶为生的人，他们将失去生计。这些人是明确的特定群体，他们的生活遭到变故的可能性相当大。当某人处于这种境地时，仅仅知道整体社会利益大于他们个人的痛苦是不够的。我们需要制定政策来帮助减轻他们的经济困难，并帮助他们平缓地过渡到其他能提供意义、尊严和经济保障的事情上。

与卡尼曼的担忧相符的一个现象是，正如我之前讨论的，大众的恐惧通常远比现实要糟糕得多。当你感觉社会中的一切都在变得更糟时，失业无疑会让你确信确实如此。卡尼曼和我都认为，我们今天在政治中看到的许多两极分化现象是自动化的产物，无论是实际的还是预期的，而不是来自移民等传统政治问题。[160] 如果你对自己的经济稳定性极度焦虑，你可能会对任何看起来可能导致你的处境恶化的事情抱有敌意。

然而，历史表明，人类社会比我们预期的更善于适应变化，即使是剧烈的变化。在过去的两个世纪里，我们已经多次用自动化设备取代了大部分的工作岗位。尽管如此，我们并没有遇到过太多长期的社会混乱，更不用说暴力革命了。大众传播和执法在防止或迅速镇压暴力方面非常有效，就像两个世纪前镇压卢德分子那样。诚然，个人可能因各种原因而变得暴力，包括精神疾病。鉴于美国的枪支文化，这种情况往往会演变成致命的悲剧。

但那些引人注目的悲剧性事件并不能改变这一事实：几个世纪以来，人类社会的总体暴力程度一直在快速下降。[161]正如在前一章中讨论的那样，尽管不同国家的暴力程度可能每年和每10年都会有所波动，但发达国家的长期趋势是快速和持续的降低。正如我的朋友史蒂芬·平克在他2011年的著作《人性中的善良天使》中所说，这种下降是深层文明趋势的结果，例如国家的法治化程度提高、文化水平的提高和经济发展等因素。[162]值得注意的是，所有这些因素将因为信息技术的指数级进步得到强化。因此，我们有充分的理由对未来保持乐观。

我们应该记住，伴随着自动化导致的失业的负面影响，新的创新机会也随之而来，这一点不会改变。而且，美国的社会安全网正在不断完善和扩大，正如我指出的那样，它受到政治气候的影响不会太大。它有着超越表面舆论波动的深厚支持。这些社会安全网不仅体现了我们对同胞天然的同理心，同时也是一种政治回应，旨在缓和技术变革带来的社会冲击。

但是社会安全网并不能取代工作赋予人们的目标感，正如卡尼曼所说，劳动力市场将会有许多失败者。虽然美国在没有引发严重社会动荡的情况下经历了几次自动化浪潮，但这一次变革的广度、深度和速度都与之前几次有所不同。卡尼曼认为，人们需要时间来适应变化并抓住新的机会，许多人将无法快速地接受再培训以适应新型就业岗位或其他个人创业机会。

我认为卡尼曼在某些方面是对的，但我们应该记住，在许多技术变革领域，失败者并不存在，或者至少人们不会知道自己是输家。以一种新的疾病治疗方法的普及为例。尽管从治疗该疾病中获利的公司和个人将失去长期的收入来源，但这种治疗方法给社会带来的益处如此巨大，以至于它几乎得到了普遍的赞誉，包括大多数接受过这种治疗的人。他们亲身了解过痛苦缓解的过程，而不会沉湎于失去的工作。无论如何，社会会认识到，与其为了就业和利润而阻止采用这种治疗方法，不如设法减轻对这些人形成的经济冲击。

在整个长达200年的自动化历史中，许多人都曾想象，在一个没有变化的世界里，工作会消失。这种现象也适用于预测未来的各个方面——他们只会设想一种变化，就好像其他事情都不会有所不同。但现实情况是，每种类型的失业都会带来许多积极的变化，而这些积极变化到来的速度将与破坏性变化一样快。

人们实际上适应变化的速度非常快，尤其是向着好的方面的变化。在20世纪80年代末，当互联网还主要服务于大学和政府时，我预测，到20世纪90年代末，一个用于通信和共享信息的庞大全球网络最终将为所有人所用，甚至是小学生。[163] 我还预测，到21世纪初，人们将使用移动设备来驾驭这个网络。[164] 当时，这些预测看起来令人生畏、具有破坏性，甚至不太可能实现。但它们最终成了现实，这些技术被非常迅速地接受和采用。例如，整个应用经济在15年前几乎不存在，但现在它已经根深蒂固，以至于人们几乎不记得它不存在的时候是什么样子。

相关影响不仅仅局限于经济领域。斯坦福大学的一项研究发现，2017年，美国大约39%的异性恋情侣是在网上相识的，其中很多是通过Tinder和Hinge等移动应用程序认识的。[165] 这意味着，现在小学里的许多孩子之所以出生，仅仅是因为一项比他们年龄大不了几岁的技术。当你回过头来审视这些变化时，应用程序影响社会的速度之快，真是令人惊叹。

人们常常想象未经增强的人类与机器竞争的景象，但这是一个误解。想象一个人类在很大程度上要与AI驱动的机器竞争的世界，是一种错误的思考未来的方式。为了说明这一点，你想象一下一个带着 2024 年的智能手机的时间旅行者回到了 1924 年。[166] 这个人的智力在卡尔文·柯立芝（Calvin Coolidge）时代的人看来简直就是超人。他们可以毫不费力地做高等数学题，可以很好地翻译任何主要语言，下棋比任何国际象棋大师都厉害，并且掌握了相当于整个维基百科的知识量。对 1924 年的人来说，手机从根本上增强了时间旅行者的能力，这似乎是不言而喻的。但对于生活在 2020 年的人来说，我们很容易忽略这种视角。我们并不觉得自己的能力得到了增强。同样，我们将利用 2030 年和 2040 年的技术进步，无缝地提升自己的能力。随着我们的大脑直接与计算机连接，在感觉上，这种提升将更加自然。在应对未来丰富多样的认知挑战时，在大多数情况下，我们不会与 AI 竞争，就像我们现在与智能手机的关系一样。[167] 人机共生关系并不新鲜：自从石器时代以来，技术的目的就是在身体和智力层面扩展人类的能力。

话虽如此，我确实认为，在过渡期间，对可能产生的令人困扰的社会动荡（包括暴力），我们应该有所准备并努力化解。但我预计，鉴于我所讨论的那些将稳定增长的强大且长期的趋势，不太可能发生暴力过渡。

对于即将到来的社会转型持乐观态度的最重要原因是，日益增长的物质财富将降低暴力的诱因。当人们缺乏基本的生活必需品，或者犯罪率已经很高时，人们可能会觉得付诸暴力也没有什么可失去的。但是，导致社会混乱的技术也将使食品、住房、交通和医疗保健变得更加便宜。而且，通过更好的教育、更明智的治安管理方法以及减少像铅这样毒害人脑的环境毒素的综合作用，犯罪率可能会持续下降。当人们觉得他们未来可以过上更长久、安全的生活时，他们会更倾向于通过政治手段来消除分歧，而不是冒着失去一切的风险诉诸武力。

卡尼曼和我推测，我们对即将到来的转型性质的不同看法可能受到我们截然不同的童年经历的影响。为了逃离纳粹的迫害和家人，他在性格形成期生活在法国。而我出生在第二次世界大战后相对安全的纽约市，尽管作为“战后一代”中的一员，我还是受到了大屠杀的影响。因此，卡尼曼生活在第一次世界大战之后的欧洲，亲身经历了非同寻常的冲突、动荡和仇恨。

要精心策划可持续的、建设性的过渡方案，需要开明的政治战略和政策决定。由于政策和社会组织仍然是其中的关键因素，政治家和公民领袖将继续发挥重要作用。这种技术进步所蕴含的机遇是巨大的，不亚于克服人类长期以来所受的任何苦难。

The Singularity Is Nearer

第6章

未来30年的健康和幸福：从与AI融合到完全突破生理局限

AI与纳米技术革命的结合，

将使我们能够在分子层面上

重新设计和重构我们的身体、

大脑以及与我们交互的世界。

21 世纪 20 年代：AI 与生物技术的结合

当你把汽车送到修理店维修时，技师对其零部件及其工作原理了然于胸。汽车工程学实质上是一门精确的科学。因此，得到精心维护的汽车几乎可以无限期使用下去，即使是损毁最严重的汽车在技术上也有修复的可能。但人体却并非如此。在过去 200 年里，尽管现代医学取得了许多令人惊叹的进步，但医学仍未成为一门精确的科学。医生仍然在做许多已知有效却并不完全理解其工作原理的事情。很多医学知识建立在粗略的近似的基础之上，这些近似对大多数患者而言通常是有效的，但可能并不适合你。

要让医学成为一门精确的科学，需要将其转变为一种信息技术，使其能够从信息技术的指数级进步中获益。这一深刻的范式转变目前正在稳步进行，它涉及将生物技术与 AI 和数字模拟相结合。正如我将在本章中所讲的，我们已经看到了直接的收益，涉及药物发现、疾病监测和机器人手术等多个方面。例如，在 2023 年，第一种采用 AI 端到端设计的药物进入了Ⅱ期临床试验，用于治疗一种罕见的肺部疾病。[1] 但 AI 与生物技术融合最根本的好处最为显著。

在过去，医学完全依赖于艰苦的实验室实验和人类医生将专业知识传授给下一代，医学新进展是缓慢而线性的研究过程的结果。但是，**AI 可以从比人类医生掌握多得多的数据中学习，并且可以从数十亿次医疗手术中积累经验，而不是像人类医生一样，在整个职业生涯中最多只能做数千台手术。**此外，由于 AI 受益于其以指数级速度改进的底层硬件，随着 AI 在医学领域发挥越来越重要的作用，医疗保健行业也将获得指数级的收益。通过使用这些工具，我们已经开始通过数字方式搜索每一个可能的方案，并在几小时内而不是几年内找到生物化学问题的解决方案。[2]

目前，最重要的一类问题可能是为新出现的病毒威胁设计治疗方法。这个挑战就像从一堆足以填满游泳池的钥匙中找出能够打开特定病毒“化学锁”的那一把钥匙。人类研究员利用自身知识和认知技能也许可以确定几十种可用于治疗该疾病的分子，但实际上可能相关的分子数量通常在万亿级别。[3] 在对这些分子进行筛选时，大多数显然是不合适的，不值得进行完整的模拟，但仍有数十亿种可能性需要进行更强大的计算检查。据估计，在极端情况下，物理上可能存在的潜在药物分子包含大约 10^{60} 种可能性！[4] 无论确切的数字是多少，AI 现在可以让科学家对浩瀚的分子海洋进行分类，以专注于那些最有可能适配特定病毒的“钥匙”。

想想这种穷举搜索方法的优势吧。在我们当前的研发模式下，一旦有了一种潜在可行的治疗药物，我们就可以组织几十个或几百个人类受试者，然后在数月或数年的时间内花费数千万或数亿美元成本对他们进行临床试验。然而，很多时候，这第一个选择并不是理想的治疗方法，因为它需要探索其他替代方案，而这些替代方案也需要几年的时间来测试。在这些结果出来之前，人们很难取得更多的进展。美国的监管程序涉及三个主要的临床试验阶段，根据麻省理工学院最近的一项研究，只有 13.8% 的候选药物能够通过美国食品和药物管理局的批准。[5]最终，将一种新药推向市场通常需要 10 年的时间，平均成本估计在 13 亿～ 26 亿美元。[6]

在过去几年中，医学研究在 AI 辅助下取得突破的速度明显加快。2019 年，澳大利亚弗林德斯大学的研究人员利用生物模拟器发现了激活人体免疫系统的物质，创造了一种“涡轮增压”流感疫苗。[7]该模拟器以数字方式生成了数万亿种化学物质，研究人员为了寻找理想的配方，使用了另一个模拟器来确定每一种物质是否可以作为增强免疫力的药物来对抗病毒。[8]

2020 年，麻省理工学院的一个团队利用 AI 开发出一种强大的抗生素，可以杀死一些现存最危险的耐药性细菌。它不是仅评估几种类型的抗生素，而是在短短几个小时内分析了 1.07 亿种抗生素，并选出了 23 种潜在的候选药物，其中有两种似乎是最有效的。[9]匹兹堡大学药物设计研究员雅各布·杜兰特（Jacob Durrant）表示：“这项工作真的很了不起。这种方法凸显了计算机辅助药物发现的力量。要对超过 1 亿种化合物进行抗菌活性的物理测试是不可能的。”[10]之后，麻省理工学院的研究人员开始应用这种方法从头设计有效的新型抗生素。

但到目前为止，2020 年 AI 在医学领域最重要的应用是在创纪录的时间内设计出安全有效的新冠病毒疫苗。2020 年 1 月 12 日，中国分享了该病毒的基因序列。[11]莫德纳公司（Moderna）的科学家开始使用强大的机器学习工具分析哪种疫苗最有效，仅仅两天后，他们就创建了 mRNA 疫苗的序列。[12]2 月 7 日，第一批临床试验疫苗生产出来，经过初步测试后，于 2 月 24 日发送到美国国家卫生研究院。3 月 16 日，也就是序列选定后的第 63 天，第一剂疫苗被注射进试验受试者体内。在新冠疫情之前，疫苗的开发通常需要 5 ～ 10 年的时间。在如此短的时间内取得这一突破性进展，无疑挽救了数百万人的生命。

然而，这场战斗尚未结束。2021 年，在新冠病毒变种的威胁下，南加州大学的研究人员开发了一种创新的 AI 工具，以加速开发可能需要的疫苗，因为病毒还会继续变异。[13] 通过模拟，候选疫苗可以在不到一分钟的时间内设计出来，并在一小时内完成数字验证。当你读到这篇文章时，可能已经有了更加先进的方法。

我所描述的所有应用都是生物学中一个更基本的挑战的实例：预测蛋白质如何折叠。我们基因组中的 DNA 指令负责产生氨基酸序列，氨基酸序列折叠成一个蛋白质，其三维特征在很大程度上决定了蛋白质的实际工作方式。我们的身体主要由蛋白质构成，因此了解蛋白质的组成和功能之间的关系是开发新药与治疗疾病的关键。

遗憾的是，人类在预测蛋白质的折叠方面的准确率一直不高，因为其所涉及的复杂性无法用任何简单易懂的规则来概括。因此，新发现仍然依赖于运气和艰苦的努力，而最佳解决方案仍未被发现。这一直是实现新药突破的主要障碍之一。[14]

AI 强大的模式识别能力在这方面提供了巨大的优势。2018 年，Alphabet 旗下的 DeepMind 创建了一个名为 AlphaFold 的程序，旨在与领先的蛋白质折叠预测方法展开竞争，包括人类科学家和早期的软件驱动方法。[15] DeepMind 没有采用惯用的方法，即从现有的蛋白质结构目录中提取模型。与 AlphaGo Zero 类似，它摒弃了已有的人类知识。AlphaFold 在 98 个竞争程序中脱颖而出，在 43 种蛋白质中准确预测了 25 种，而排名第二的竞争者只预测对了 3 种。[16]

然而，AI 预测的准确性仍不如实验室实验，因此 DeepMind 重新设计了算法，并融入了 Transformers（驱动 GPT-3 的深度学习技术）。2021 年，DeepMind 公开发布了 AlphaFold 2，取得了真正惊人的突破。[17] 该 AI 现在几乎能够对任何给定的蛋白质的结构进行预测，准确性接近实验水平。这一突破迅速将生物学家可用的蛋白质结构数量从 18 万个 [18] 扩展到数亿个，并将很快达到数十亿个。[19] 这将大大加速生物医学发现的步伐。

迈向奇点的
关键进展
The Singularity
Is Nearer

目前，AI 药物发现仍是一个由人类引导的过程。科学家必须识别和确定他们试图解决的问题，用化学术语表述问题，并设置模拟的参数。不过，**在未来几十年，AI 将获得更有创造性地搜索的能力**。例如，它可能会发现临床医生没有注意到的问题，例如患有某种特定疾病的特定人群对标准治疗反应不佳，并提出复杂和新颖的疗法。

同时，**AI 将扩展到模拟越来越大的系统，从蛋白质到蛋白质复合物、细胞器、细胞、组织和整个器官。这样做将使我们能够治愈那些复杂性超出当今医学能力范围的疾病**。例如，过去 10 年出现了许多有前景的癌症治疗方法，包括 CAR-T、BiTEs 和免疫检查点抑制剂等免疫疗法。[20] 这些疗法已经拯救了成千上万人的生命，但它们仍然经常失败，因为癌细胞会产生耐药性。肿瘤通常会以一种我们用当前技术无法完全理解的方式改变其微环境，从而导致耐药性。[21] 然而，当 AI 能够可靠地模拟肿瘤及其微环境时，我们将能够定制疗法以克服这种耐药性。

同样，阿尔茨海默病和帕金森病等神经退行性疾病涉及微妙而复杂的过程，会导致错误折叠的蛋白质在大脑中积累，从而造成损害。[22] 由于无法在活体大脑中全面研究这些疾病的影响，相关研究一直进展缓慢且困难重重。借助 AI 模拟，我们将能够在患者变得虚弱之前就给予有效治疗。同样的大脑模拟工具还可以让我们在治疗精神健康障碍方面取得突破性进展，据估计，美国有超过一半的人在人生的某个阶段会受到精神问题的影响。[23] 迄今为止，医生一直依赖像选择性 5- 羟色胺再摄取抑制剂（SSRIs）和 5- 羟色胺与去甲肾上腺素再摄取抑制剂（SNRIs）这样的直接治疗药物，它们可以暂时调节化学失衡，但效果往往不尽如人意，对某些患者完全无效，而且会带来一大堆副作用。[24] 一旦 AI 可以帮助我们全面了解人脑这种宇宙中已知最复杂的结构，我们就能够从源头上解决许多心理健康问题。

除了 AI 在发现新疗法方面的前景，我们还将在用于验证这些新疗法的试验中掀起一场革命。美国食品和药物管理局现在已经开始将模拟结果纳入其监管审批流程。[25] 在未来几年，这一点在应对类似新冠疫情这样的情况时将尤为重要。当一种新的病毒威胁突然出现时，通过加速疫苗研发，可以挽救数百万人的生命。[26]

但假设我们可以将试验过程完全数字化，使用 AI 来评估药物对成千上万（模拟）患者在数年时间内的（模拟）作用，所有这些工作都可以在几小时或几天内完成。这将使试验结果比我们今天采用的相对缓慢、低效的人体试验更丰富、更快速、更准确。人体试验的一个主要缺点（取决于药物的类型和试验阶段），是它们只涉及大约十几到几千个受试者。[27]这意味着在任何给定的受试者群体中，很少有人（如果有的话）可能以与其他患者身体完全相同的方式对药物产生反应。许多因素都会影响药物对个人的疗效，如遗传、饮食、生活方式、激素平衡、微生物组、疾病亚型、正在服用的其他药物以及可能患有的其他疾病。如果临床试验中没有人在所有这些维度上与你相符，那么即使一种药物对普通人有好处，对你而言疗效也是不确定的。

如今，一项试验可能显示，3 000名受试者在某种情况下平均改善了15%。而模拟试验可以揭示其中隐藏的细节。例如，该组250人中的某一部分（例如，那些有特定基因的人）实际上会受到药物的伤害，病情会恶化50%，而另外500人中的某一部分人（例如，那些同时患有肾病的人）病情会改善70%。模拟将能够找到许多这样的相关性，为每位患者提供非常具体的风险与疗效告知。

这项技术的引入将是渐进的，因为生物模拟的计算需求在不同的应用中会有所不同。主要由单一分子组成的药物处于光谱相对简单的一端，将首先被模拟。同时，像CRISPR这样的技术和旨在影响基因表达的疗法，因为涉及多种生物分子和结构之间极其复杂的相互作用，所以需要更长的时间才能在计算机上进行令人满意的模拟。为了取代人体试验成为主要的测试方法，AI 模拟不仅需要模拟给定治疗剂的直接作用，还需要模拟它如何在很长一段时间内适应整个人体的复杂系统。

目前尚不清楚这种模拟涉及多少细节。例如，拇指上的皮肤细胞不太可能与测试肝癌药物相关。但为了验证这些工具的安全性，我们可能需要以分子级别的分辨率对整个人体进行数字化。只有这样，研究人员才能可靠地确定对于特定的应用，哪些因素可以有把握地忽略不计。这是一个长期目标，同时也是 AI 最重要的挽救生命的目标之一，我们将在 21 世纪 20 年代末取得有意义的进展。

由于各种原因，医学界可能会对越来越依赖模拟药物试验产生实质性的抵触。谨慎对待风险是非常明智的。医生不会希望以可能危及患者生命的方式改变审批程序，因此模拟需要有非常可靠的记录，表明其效果与当前的试验方法一样好，甚至更好。另一个因素是责任。没有人愿意批准一种可能会演变成一场灾难的治疗方法，尽管它看上去很新颖、很有希望。因此，监管机构需要预见这些新兴方法，并积极主动地确保激励措施在适当的谨慎和挽救生命的创新之间保持平衡。

尽管我们还没有强大的生物模拟技术，但 AI 已经开始在遗传生物学领域产生影响。98% 不编码蛋白质的基因曾一度被认为是垃圾“DNA”，[28] 现在我们知道它们对基因表达（即哪些基因被积极使用以及在多大程度上被积极使用）至关重要，但是很难从非编码 DNA 本身确定这些关系。而由于 AI 可以检测到非常细微的模式，它已经被用于打破这个僵局，就像 2019 年纽约科学家发现非编码 DNA 与孤独症之间存在联系一样。[29] 该项目的首席研究员奥尔佳·特罗扬斯卡娅（Olga Troyanskaya）表示，这是“首次明确证明非遗传、非编码突变会导致复杂的人类疾病或失调”。[30]

在新冠疫情之后，监测传染病的挑战也变得更加紧迫。过去，流行病学家在试图预测美国各地的病毒暴发情况时，不得不从几种不完善的数据类型中进行选择。而一个名为 ARGONet 的新 AI 系统可以实时整合不同类型的数据，并根据它们的预测能力对其进行加权。[31]ARGONet 结合了电子医疗记录、历史数据、公众在谷歌上的实时搜索，以及流感在不同地区传播的时空模式。[32] 哈佛大学的首席研究员毛里西奥·桑蒂拉纳（Mauricio Santillana）解释说：“该系统会不断评估每种独立方法的预测能力，并重新校准如何使用这些信息来改进流感预测。”[33] 事实上，2019 年的研究表明，ARGONet 优于之前的所有方法。在研究取样的 75% 的州中，它的表现优于谷歌流感趋势（Google Flu Trends）。此外，它还能够比美国疾病控制和预防中心采用的常规方法提前一周预测全州范围内的流感活动。[34] 目前，更多新的由 AI 驱动的方法正在开发中，以帮助阻止下一次重大疫情的暴发。

除了科学应用，AI 在临床医学方面也正在获得超越人类医生的能力。在 2018 年的一次演讲中，我预测在一到两年内，神经网络将能够像人类医生一样分析放射学图像。仅仅两周后，斯坦福大学的研究人员就发布了 CheXNet，它使用 100 000 张 X 射线图像训练一个 121 层的卷积神经网络来诊断 14 种不同的疾病。它的表现优于参与对比的人类医生，提供了些浅层次的、令人鼓舞的证据，证明它在诊断方面具有巨大的潜力。[35] 其他神经网络也表现出了类似的能力。2019 年的一项研究表明，分析自然语言临床指标的神经网络能够比接触相同数据的 8 位初级医生更好地诊断儿科疾病，并在某些领域超过了所有 20 位人类医生。[36]2021 年，约翰斯·霍普金斯大学的一个团队开发了一个名为 DELFI 的 AI 系统，它能够识别人体血液中

DNA 片段的微妙模式，通过简单的实验室测试检测出 94% 的肺癌病例，即使是专业人士也无法仅靠自己做到这一点。[37]

这些临床工具正在迅速从概念验证阶段（即验证技术可行性）跃升到大规模部署阶段。2022 年 7 月，《自然医学》（*Nature Medicine*）杂志发表了一项涉及 590 000 多名住院患者的大型研究结果，这项研究采用了名为“针对性的实时预警系统”（Targeted Real-Time Early Warning System，TREWS）的 AI 驱动系统进行监测，主要用于检测败血症 —— 一种危及生命的感染反应，每年导致大约 270 000 名美国人死亡。[38] TREWS 为医生提供了开始治疗的早期预警，使败血症患者的死亡率降低了 18.7%，这表明随着应用的扩大，医生每年有可能挽救数万人的生命。这些模型将越来越多地纳入更丰富的信息形式，如来自我们的可穿戴健康设备的数据，并将能够在人们意识到自己生病之前提出治疗建议。

随着 21 世纪 20 年代的发展，AI 驱动的工具将在几乎所有诊断任务中达到超越人类的性能水平。[39] 解读医学影像是一项能让神经网络有力发挥其天然优势的任务。临床上有意义的信息可能隐藏在图像中，其细微程度无法被人眼检测到，但对 AI 系统来说却很明显。与其他需要整合许多不同定性信息的诊断形式不同，图像中的像素模式完全可以还原为可量化的数据，而这正是 AI 的强项。这就是为什么医学影像成为最早见证 AI 达到如此卓越性能的领域之一。出于同样的原因，将类似 CheXNet 及其“表亲”CheXpert 这样的系统推广到其他类型的医学图像分析也相对容易。最终，AI 很可能在医学影像识别中释放巨大的未开发潜力。它或许能在表面看似健康的器官中识别出隐藏的风险因素，从而在身体出现损伤之前采取预防措施。

手术也将从这场革命中受益，因为与手术相关的高质量数据和可用计算资源都在快速增长。[40] 多年来，机器人一直被用来辅助人类医生，但现在它们已经展示出了无须人类参与就能完成手术的能力。2016年，在美国，智能组织自主机器人（Smart Tissue Autonomous Robot，STAR）在动物实验完成肠道缝合任务中取得了优于人类外科医生的成绩。[41] 2017年，中国的一台机器人独立完成了全套高精度的牙齿种植手术。[42] 2020年，Neuralink推出了一款外科手术机器人，它可以自动完成大部分植入脑机接口的过程，该公司正在努力实现由机器人完成的全自主手术。[43]

一位普通外科医生每年可能要做几百例手术，整个职业生涯最多做几万例。在许多情况下，例如那些需要更长时间和做更复杂手术的专科医生，这个数字可能更少。相比之下，有AI驱动的机器人外科医生将能够从该系统在世界各地执行的任何手术中学习经验。这将涵盖比任何人类所能遇到的都更多样的临床情况——可能多达数百万例手术。此外，AI还能够执行数十亿次模拟手术，调整在临床环境中不可能或因不符合伦理无法训练的异常变量。例如，模拟手术可以训练机器人外科医生处理罕见的多种疾病同时出现的情况，或者通过模拟大多数外科医生在职业生涯中从未见过的复杂创伤，来突破创伤医学的极限。这将使手术比现在更安全、更有效。[44]

21世纪30年代和21世纪40年代：开发和完善纳米技术

生物学创造出了像人类这样精巧的生物，智力具有很强的灵活性，同时身体又具有协调性（例如，对生拇指），从而实现了技术的发展，这一点很了不起。然而，我们远没有达到最佳状态，尤其是在思考方面。正如汉斯·莫拉维克在1988年思考技术进步的影响时所说，无论我们如何微调自己基于 DNA 的生物结构，相对于我们专门设计的创造物，我们的血肉之躯都将处于劣势。[45] 正如作家彼得·维贝尔（Peter Weibel）所说，莫拉维克明白，人类在这方面只能是“二等机器人”。[46] 这意味着即使我们致力于优化和完善人类的生物大脑的能力，它们的运行速度也将比完全改造过的身体慢得多，能力也差得多。

AI 与纳米技术革命的结合，将使我们能够在分子层面上重新设计和重构我们的身体、大脑以及与我们交互的世界。人类的神经元每秒最多能够触发约 200 次，理论上的绝对最大值为 1 000 次，而实际上大多数神经元每秒的平均触发次数可能还不到 1 次。[47] 相比之下，晶体管现在每秒可以循环超过 1 万亿次，市面上的计算机芯片每秒可以循环超过 50 亿个周期。[48] 之所以存在如此巨大的差异，是因为我们大脑中的神经元计算使用了比数字计算中的精密工程所能实现的更慢、更笨拙的架构。随着纳米技术的进步，数字领域将能够更领先。

此外，根据我在《奇点临近》一书中的估计——这与汉斯·莫拉维克基于不同分析得出的预测在数量级上相当，人脑的大小决定了其总处理能力的上限，即每秒 10^{14} 次操作。[49] 美国超级计算机“前沿”（Frontier）在与 AI 相关的性能基准测试中运算速度已经可以达到每秒 10^{18} 次操作。[50] 由于计算机中晶体管的组装方式可以比大脑的神经元更密集、更有效，而且它们在物理上可以比大脑更大，还可以远程联网，因此它们将把未经增强的生物大脑远远甩在后面。未来的前景是明朗的：**仅基于生物大脑这种有机基质的心智，将无法与通过纳米精密工程增强的心智相提并论。**

物理学家理查德·费曼在他 1959 年的一次重要演讲《底下的空间还大得很》（*There's Plenty of Room at the Bottom*）中首次提到了纳米技术，他在演讲中描述了在单个原子尺度上制造机器的必然性和深远影响。[51] 正如费曼所说："据我所见，物理学原理并不排斥在原子层面上操纵事物的可能性……理论上，物理学家可以合成化学家写下的任何化学物质……如何做到？把原子放在化学家指定的位置，这样你就制造出了物质。"[52] 费曼很乐观："如果我们最终能够在原子层面上观察和操作，解决相关化学和生物学的问题就会得到极大的助力，我认为这种发展是必然的。"

为了让纳米技术影响大型物体，它需要有一个自我复制系统。杰出数学家约翰·冯·诺伊曼在20世纪40年代后期的一系列讲座和1955年发表在《科学美国人》(*Scientific American*)杂志上的一篇文章中，正式提出了如何创建自我复制模块的想法。[53] 但他的全部想法直到1966年，也就是他去世近10年后，才被收集并广泛发表。冯·诺伊曼的方法是高度抽象和数学化的，主要集中在逻辑基础上，而不是构建自我复制机器的详细物理方法和用处。在他的概念中，自我复制器包括一个"通用计算机"和一个"通用构造器"。计算机主要运行控制构造器的程序，构造器可以复制整个自我复制器和程序，这样副本就可以无限期地进行同样的复制过程。[54]

在20世纪80年代中期，工程师埃里克·德雷克斯勒在冯·诺伊曼的概念基础上建立了现代纳米技术领域。[55] 德雷克斯勒设计了一台抽象机器，它利用普通物质中发现的原子和分子片段来为他的冯·诺伊曼式构造器提供材料，该构造器具有一台能够指导原子摆放的计算机。[56] 德雷克斯勒的"装配机"基本上可以制造世界上的任何东西，只要其结构在原子层面上是稳定的。正是这种灵活性和通用性使得德雷克斯勒开创的分子机械合成方法与基于生物学的方法区分开来，后者虽然也能在纳米尺度组装物体，但在设计和可用的材料方面受到更多限制。

德雷克斯勒概述了一种使用分子“互锁”而不是晶体管门的极简计算机。（这些都是概念性的设计，实际上还没有构建出来。）[57] 每个互锁结构只需要6立方纳米的空间，并且可以在十亿分之一秒内切换其状态，其计算速度可以达到每秒大约10亿次。[58] 人们提出了这种计算机的多种改进方案，越来越完善。2018年，拉夫·默克尔（Ralph Merkle）和几位合作者设计了一个可以在纳米尺度实现的全机械计算系统。[59] 他们的详细设计（仍然是概念性的）每升可容纳大约 10^{20} 个逻辑门，并以100 MHz的频率运行，计算机每升体积每秒最多可进行 10^{28} 次计算操作（尽管散热需要该体积具有较大的表面积）。[60] 这种设计的功率约为100瓦。[61] 考虑到世界上大约有80亿人，如果要模拟所有人类大脑的计算总量，那么所需的计算能力只需不到每秒 10^{24} 次运算（每人 10^{14} 次乘以 10^{10} 人）。[62]

迈向奇点的
关键进展
The Singularity Is Nearer

正如第2章中所讨论的，我估计要模拟每个神经元需要 10^{14} 次运算。然而，大脑采用了大规模并行的方式工作。因为我们头骨内部潮湿的生物环境（至少在分子层面上是这样），可以说这是一个非常混乱的地方，任何单个神经元都可能会死亡或者在需要的时刻无法正确触发。如果人类的认知严重依赖于任何单个神经元的表现，那么整个系统将是非常不可靠的。但当许多神经元并行工作时，这种“干扰”就会被抵消，我们就能正常思考。

在构建非生物计算机时，我们可以更精确地控制其内部环境。计算机芯片的内部环境比大脑组织更加干净和稳定，所以并不需要大脑那样的并行性工作方式。更稳定的环境可以实现更高效的计算，因此我们有理由相信，也许可以用每秒少于 10^{14} 次的运算来模拟思维。但由于目前还不清楚大脑的并行性有多高，保守起见，我仍然选择采用更大的估计值。理论上，一个容量为 1 升、效率极高的纳米计算机，其计算能力相当于 100 亿人（或约 100 万亿人）的大脑的能力。需要澄清的是，我并不是说这在实践中一定能实现。我想表达的是，纳米工程为未来的进步提供了惊人的发展空间。即使我们只能达到理论最大值的一小部分，也足以开创一个全新的革命性计算范式，使纳米级机器获得强大的计算能力。

如果有了自我复制纳米机器人，这种机制将使实现宏观结果所需的大规模协调成为可能。控制系统类似于一种被称为单指令多数据（Single Instruction，Multiple Data，SIMD）的计算机指令架构。这意味着单个计算单元将读取程序指令，然后同时将它们传输给数万亿个分子大小的汇编器，每个汇编器都有自己的简单计算机。[63]

使用这种“广播”架构还可以解决一个关键的安全问题。如果自我复制过程失控，或者出现错误或安全漏洞，复制指令的源可以立即关闭，从而阻止纳米机器人的任何进一步活动。[64] 正如结语中将进一步讨论的那样，纳米技术应用中最坏的情况是形成所谓的“灰色黏液”（gray goo）——自我复制的纳米机器人形成不可控的连锁反应。[65] 理论上，这可能消耗地球上的大部分生物量，并将其转化为更多的纳米机器人。拉夫·默克尔提出的“广播”架构可以对这种情况进行有力防御。如果指令都必须来自中央源，在紧急情况下关闭广播将使纳米机器人失去活动能力，在物理上无法继续自我复制。

真正执行这些指令的构建机器将是一个简单的分子机器人，只有一只手臂，类似于冯·诺依曼的通用构造器，只是规模很小。[66] 制造分子尺度的机械手臂、齿轮、转子和电机的可行性已经被多次验证过了。[67]

在物理学上，分子尺度的机械臂无法像人手那样移动原子，抓取并携带它们。这使得纳米技术的未来充满争议。2001 年，美国物理学家和化学家理查德·斯莫利（Richard Smalley）与埃里克·德雷克斯勒就使用“分子组装器”进行原子层面的精密制造是否可行展开了一场公开辩论。[68] 斯莫利和德雷克斯勒都对纳米技术领域做出了重要贡献，但他们采用的方法不同。德雷克斯勒认为，“自上而下”的方法是纳米技术的最终目标，允许制造机器从头开始构建纳米机器人。斯莫利认为，这在物理学上是不可能的，只有“自下而上”的生物学式自组装方法才是合理明智的目标。斯莫利的反对有两个依据：一是“肥手指问题”，即移动反应原子所需的操纵臂在纳米尺度上工作会太笨重而无法有效工作；二是“黏手指问题”，被移动的原子会黏附在操纵器手臂上。

德雷克斯勒回应说，设计使用单个操纵臂的技术不会面临“肥手指问题”，而像酶和核糖体这样的生物机器已经证明“黏手指问题”是可以解决的。2003 年辩论愈演愈烈时，我提出了自己的观点，主要站在德雷克斯勒一方的立场上。[69] 回顾近 20 年的发展，我很高兴地说，纳米技术的最新进展使“自上而下”的观点看起来越来越可信，尽管在 AI 技术进步的帮助下，该领域至少还需要 10 年才能开始成熟。科学家们已经在原子的精确控制方面取得了重大进展，21 世纪 20 年代将见证更多关键突破。

德雷克斯勒设计的纳米级构造臂看起来仍然是最有前景的。它没有笨拙而复杂的抓握爪，而是有一个尖端，通过机械和电子功能拾取一个原子或小分子，然后在不同的位置释放它。[70] 德雷克斯勒在其 1992 年出版的著作《纳米系统》（*Nanosystems*）中提出，有许多不同的化学方法可以实现这一点。[71] 一种方法是移动碳原子，用一种叫作金刚石的纳米尺寸的金刚石物质构建物体。[72]

类金刚石是由（少至 10 个）碳原子组成的微小笼子，排列成最基本的金刚石晶体类型，氢原子键合在笼子的外面。这些可能能够形成极轻、极强的纳米工程结构的基石。德雷克斯勒在他 1986 年的著作《创造引擎和纳米系统》（*Engines of Creation and in Nanosystems*）中探索了纳米技术和金刚石制造的想法，这启发了科幻小说家尼尔·史蒂芬森（Neal Stephenson）创作了《钻石年代》（*The Diamond Age*），这部小说还获得了 1995 年的雨果奖。他在小说中想象了一个未来，以钻石为基础的纳米技术定义了文明，就像青铜定义了青铜时代，铁定义了铁器时代。[73] 在小说发布后的 25 年甚至更长的时间里，金刚石研究取得了巨大进展，科学家们开始在实验室研究中看到实际应用。不过，在未来 10 年，AI 将通过详细的化学模拟，推动这一领域取得更快的进展。

许多学者提出的纳米技术设计都采用了这种方法。我们从化学气相沉积技术中了解到，可以通过这种方式制造人造钻石。[74]金刚石不仅非常坚固，而且可以通过掺杂工艺精确添加杂质以改变热导率等物理性质，或者制造晶体管等电子元件。[75]过去10年的研究表明，在纳米尺度上利用碳原子的各种排列方式设计电子和机械系统的方法很有前景。[76]纳米技术这一领域现在在全世界受到了高度关注，但一些最有趣的提议来自拉夫·默克尔和他的合著者。[77]早在1997年，默克尔就设计了一种装配机的“新陈代谢”系统，可以从丁二烯的“原料溶液”中制造出金刚石等碳氢化合物。[78]

自2005年以来，在石墨烯（一种单原子厚度的六边形碳晶格）、碳纳米管（本质上是石墨烯的轧制管）和碳纳米线（被氢包围的近一维碳链）方面也取得了令人兴奋的新突破，未来20年里，我们将看到所有这些材料各种各样的实际应用。[79]

学界目前正在探索许多实现这种机械合成和其他纳米技术的途径。[80]其中包括DNA折纸（DNA Crigami）[81]、DNA纳米机器人（DNA Nanorobotics）[82]、仿生分子机器（Bio-Inspired Molecular Machines）[83]、分子乐高（Molecular Lego）[84]、用于量子计算的单原子量子比特（Single-Atom Qubits）[85]、基于电子束的原子放置（Electron Beam-Based Atom Placement）[86]、氢去钝化光刻（Hydrogen Depassivation Lithography）[87]和基于扫描隧道显微镜的制造（Scanning Tunneling Microscope-Based Manufacturing）。[88]这些领域中有几个隐蔽的项目正在稳步进展。考虑到21世纪20年代末将会出现超人的工程AI来解决剩余的问题，我们有望在21世纪30年代的某个时候实现逐个放置原子的纳米技术概念的目标。

在实践中，这将意味着通过一个指数级的过程将信息传递给“无知”的原材料。中央计算机将同时向启动纳米机器人的核心发送指令，这些纳米机器人被放置在它们所需原子或基本分子的原料中。这些纳米机器人将按照指示自我复制，迭代创建自身的级联副本，很快就会造出数万亿个装配机。随后，计算机将向这些分子机器人发出如何构建所需结构的指令。

当这项技术成熟时，分子装配机可能是像一个桌面大小的设备，只要有必要的原子，它几乎能够制造任何物理产品。这将需要克服纳米尺度制造的巨大挑战之一：通用性。设计一个可以制造特定物质（如类金刚石）的装配机是一回事，设计一个能够装配非常多种化学物质的装配机则是另一回事。解锁后一种能力将需要极其先进的 AI。因此，我们可以期待看到，化学成分相对均一的物体（如宝石、家具或衣服）将比那些化学成分差异很大、微观结构高度复杂的物体（如烹饪好的饭菜、仿生器官或比所有未经增强的人脑加起来更强大的计算机）更早由装配机制造出来。

一旦我们拥有先进的纳米制造技术，任何物理物体（包括分子装配机本身）的边际成本将仅为每磅几美分，基本上只是原子原材料的成本。[89] 根据德雷克斯勒在 2013 年的估计，无论制造的是钻石还是食物，分子制造过程的总成本约为每千克 2 美元。[90] 而且，由于纳米工程材料比钢或塑料强得多，大多数结构可以用大约为之前物体总质量的十分之一来建造。即使在成品中使用的原材料很昂贵，比如电子产品中的金、铜和稀土金属，这在未来通常也可以用更便宜、更丰富的元素（如碳）来代替其零部件。

因此，**产品的真正价值将体现在它们所包含的信息上。从本质上说，是投入其中的所有创新，从创意到控制其制造过程的软件代码。这种情况已经发生在可以数字化的商品上。**以电子书为例，当书籍最初被发明时，它们必须手工复制，所以人力是构成其价值的重要组成部分。随着印刷机的出现，纸张、装订材料和油墨等物理材料构成了其成本的主要部分。但有了电子书之后，复制、存储和传输一本书的能源和计算成本实际上为零。你花钱是为了将信息创造性地组合成值得阅读的内容（通常还有一些辅助因素，如市场营销）。你可以通过在亚马逊上搜索空白笔记本，然后搜索装帧大致相似的精装小说，来亲自感受这种差异。如果只看价格，你无法立即百分之百无误地分辨出哪个是哪个。小说电子书通常定价在几美元，而为一本空白的电子书支付任何费用的想法都很可笑。这就是一个产品的价值完全由信息决定的意义所在。

纳米技术革命将把这种变革性的转变带入物理世界。2023 年，实物产品的价值取决于多种因素，特别是原材料、制造业劳动力、工厂机器运行时间、能源成本和运输。但在未来几十年，各种创新的融合将大大降低其中大部分成本。通过自动化，原材料的开采或合成成本降低；机器人将取代昂贵的人力劳动；昂贵的工厂机器本身将变得更便宜；太阳能光伏和储能技术（最终是核聚变）技术更强，能源价格将下降；自动驾驶电动汽车将导致运输成本降低。随着所有这些价值组成部分变得更便宜，产品所包含信息的价值比将提高。事实上，我们已经在朝着这个方向发展了，因为大多数产品的信息内容正在迅速增加，最终将非常接近其价值的 100%。

在许多情况下，纳米制造技术将使产品变得足够便宜，可以免费提供给消费者。同样，我们可以看看数字经济是如何发挥作用的。正如第 5 章所讨论的那样，像谷歌和 Facebook 这样的平台在其基础设施上花费了数十亿美元，但每次搜索或每次点击“Like”的平均成本如此之低，以至于让它们对用户完全免费更有意义，而广告等其他收入来源则是主要的盈利方式。可以想见，未来人们可能会通过观看政治广告或共享个人数据来获得免费的纳米产品。政府也可能将此类产品作为提供志愿服务、接受继续教育或保持健康习惯的奖励。

物质资源稀缺性的显著降低将最终使我们能够轻松满足每个人的需求。需要注意的是，这是关于技术能力的预测，但文化和政治将在决定经济变化速度方面发挥重要作用。确保这些利益能够广泛、公平地被所有人共享，将是一个挑战。尽管如此，我对此还是持乐观态度。有人认为富有的精英会简单地囤积这种新财富的想法是基于一种误解。当商品真正丰富时，囤积它们是毫无意义的。没有人会为自己囤积空气，因为空气很容易获得，而且每个人都有足够的空气可以呼吸。类似地，当其他人使用维基百科时，这并不会导致你获取信息的机会减少。下一步只是将这种丰富性扩展到物质世界。

尽管纳米技术能够缓解多种物资匮乏的状况，但对经济匮乏状况的作用还有待观察，在一定程度上也受文化的驱动，尤其是在奢侈品方面。例如，肉眼已经无法区分人造钻石与天然钻石，但人造钻石的售价低了30% ～ 40%。[91] 这部分价格与钻石作为装饰品的美感无关，与我们认为天然形成的钻石价值更高的观念有关。同样，大师的画作在装点起居室方面并不比高质量的复制品好多少。但由于人们更看重原作的地位，它们的售价可能会比复制品高出大约 100 万倍。[92] 因此，纳米技术制造革命不会消除所有的经济稀缺性。具有历史意义的钻石和伦勃朗的画作仍将稀缺。但是，在几代人的时间尺度上，文化价值观确实会发生变化。谁能断言现在的孩子们长大成人后会有怎样的价值取向？他们的后代又会如何？

将纳米技术应用于健康和长寿

正如我在关于延长寿命的书《超越》（*Transcend*）[93] 中所讨论的，我们现在正处于延长寿命第一阶段的后期。这一阶段涉及运用当前的药物和营养学知识来应对健康挑战。这是一个不断吸收新想法的发展过程，也是我近几十年来为自身健康所遵循的养生法的基础。

21 世纪 20 年代，我们正在开启延长寿命的第二个阶段，即生物技术与 AI 的融合。这将涉及在数字生物模拟器中开发和测试突破性的治疗方法。这一阶段的早期工作已经开始，通过这些技术，我们将能够在几天而非几年的时间内发现非常强大的新疗法。

21 世纪 30 年代将迎来延长寿命的第三个阶段，届时我们将使用纳米技术来完全克服生物器官的局限性。当进入这一阶段时，我们的寿命将大幅延长，人们将能够超越 120 岁这一正常人类寿命的极限。[94]

迄今为止，有记录表明只有一个人的寿命超过了 120 岁，她就是活到 122 岁的法国女性珍妮·卡尔芒（Jeanne Calment）。[95]那么，为什么 120 岁是人类寿命如此难以逾越的极限呢？有人可能会猜测，人们活不过这个年龄是因为统计学原因，即老年人每年都面临着患阿尔茨海默病、中风、心脏病或癌症的某种风险，经过多年暴露于这些风险之中，每个人最终都会因某种原因而死。但事实并非如此。精算数据①显示，从 90 岁到 110 岁，一个人在接下来一年内死亡的概率每年增加约 2%。[96]例如，一名 97 岁的美国男性在 98 岁之前死亡的概率约为 30%，如果他活到了 98 岁，那么他在 99 岁之前死亡的概率将为 32%。但从 110 岁开始，死亡风险每年上升约 3.5%。

医生给出了一个解释：在 110 岁左右，老年人的身体开始以不同于更年轻一些的老年人衰老的方式出现衰竭。[97]超级百岁老人（110 岁以上）的衰老

① 精算数据：通过统计分析计算人口统计事件发生概率的数据，常用于保险和金融领域。

不仅仅是晚年统计风险的延续或恶化。虽然这个年龄段的人每年也面临患上普通疾病的风险（尽管这些风险在非常老的人群中恶化的速度可能会放缓），但他们还面临着新的挑战，如肾衰竭和呼吸衰竭。这些往往是突发的，并非由生活方式或任何疾病引起。很明显，这是身体开始出现了衰竭。

在过去的10年里，科学家和投资者开始更加认真地关注究竟是什么原因导致了这种现象。这一领域的主要研究人员之一是生物老年学家奥布里·德格雷（Aubrey de Grey），他是长寿逃逸速度（Longevity Escape Velocity，LEV）基金会的创始人。[98]正如德格雷解释的那样，衰老就像汽车发动机的磨损，它是由于系统的正常运行而累积起来的损坏。

就人体而言，这种损害主要来自细胞代谢（利用能量维持生命）和细胞复制（自我复制机制）的组合。新陈代谢会在细胞内部和周围产生废物，并通过氧化损坏结构，就像汽车生锈一样！

在年轻的时候，我们的身体能够有效地清除这些废物并修复损伤。但随着年龄的增长，我们体内的大多数细胞会不停地复制，错误也会不断积累。最终，损伤堆积的速度超过了身体修复的速度。

对于七八十岁甚至90多岁的老年人来说，衰老造成的身体损伤可能会在导致多种致命问题之前，就先引发一个致命问题。因此，如果科学家开发出一种药物，成功治愈了一位80岁老人的致命癌症，这个人可能会再多活近10年，直到其他原因夺去他的生命。但最终，身体的各个部位会同时开始衰竭，仅仅治疗衰老造成的症状也不再有效。长寿研究人员认为，唯一的解决方案是治愈衰老本身。可忽略衰老的工程策略（Strategies for Engineered Negligible Senescence，SENS）研究基金会已经提出了一个详细的研究议程，用于说明如何实现这一目标，尽管这需要数十年的时间才能完全实现。[99]

我们需要在单个细胞和局部组织层面修复衰老造成的损伤。**目前人们正在探索许多可能的方法来实现这一目标，但我认为最有前途的终极解决方案是纳米机器人，它们能够进入人体并直接进行修复。**这并不意味着人类将永生不死。我们仍然可能死于意外和灾难，但随着年龄的增长，死亡风险将不再逐年上升。这样一来，许多人就可以健康地活到 120 岁以上。

我们不需要等到这些技术完全成熟才能从中受益。**如果你可以活得足够久，抗衰老研究每年至少可以帮你延长一年的预期寿命，这将为纳米医学治愈任何遗留的衰老问题争取足够的时间。这就是所谓的“长寿逃逸速度”。**[100]这就是为什么奥布里·德格雷惊世骇俗的声明背后有着合理的逻辑：第一个可以活到 1 000 岁的人可能已经出生了。**如果 2050 年的纳米技术能解决足够多的衰老问题，让 100 岁的人开始活到 150 岁，那么到 2100 年，我们将有时间来解决在那个年龄可能出现的任何新问题。**届时，AI 将在研究中发挥关键作用，在那段时间里，人们取得的进展将是指数级的。因此，尽管这些预测令人吃惊，甚至对我们直观的线性思维来说听起来很荒诞，但我们有充分的理由将其视为可能的未来。

多年来，我多次与人讨论延长寿命的问题，但我的想法经常遇到否定。当人们听到某个人因疾病而英年早逝时，他们会感到悲伤和惋惜。然而，当面对可以延长所有人类寿命的可能性时，他们也没有给出积极的反馈。“生活太难了，不能无限期地延续下去”是一种常见的反应。但人们通常不想在任何时候结束自己的生命，除非他们正承受着巨大的痛苦，无论是在身体、精神还是心灵上。如果他们能够因为生活各个方面的持续改善而受益，正如

第 4 章中详细阐述的那样，大多数这样的痛苦都会得到缓解。也就是说，延长人类寿命也意味着大大提高人类的生活质量。

要想象延长寿命会如何提高生活质量，回想一个世纪前的情况会有所帮助。1924 年，美国人的平均预期寿命约为 58.5 岁，因此那一年出生的婴儿在统计学上预计会在 1982 年去世。[101] 但在这期间，医学取得了如此多的进步，以至于其中许多人活到了 2000 年或 2010 年。得益于寿命的延长，他们能够享受退休生活，生活在一个可以乘坐廉价航空旅行、乘坐更安全的汽车、看有线电视和浏览互联网的时代。对于 2024 年出生的婴儿来说，在他们生命中增加的几年里，技术进步的速度将比 20 世纪快得多。除了这些巨大的物质优势之外，他们还将享受更丰富的文化。他们将能欣赏到人类在这些额外延长的岁月中创造的所有艺术、音乐、文学、电视和电子游戏。也许最重要的是，他们将有更多的时间与家人和朋友在一起，去享受爱和被爱。在我看来，所有这些都赋予了生命最大的意义。

迈向奇点的
关键进展
The Singularity
Is Nearer

但纳米技术究竟将如何使这成为可能呢？在我看来，长远目标是创造医用纳米机器人。这些纳米机器人将由带有机载传感器、操纵器、计算机、通信器甚至电源的金刚石部件制成。[102] 直观上，我们可以将纳米机器人想象成在血液中穿梭的微型金属潜水艇，但纳米尺度下的物理学采用的是一种完全不同的方法。在这个尺度下，水是一种强大的溶剂，氧化分子具有较高的活性，因此需要金刚石等高强度的材料。

宏观尺度的潜艇可以在液体中平稳地推进，但对于纳米尺度的物体，其流体动力学主要受黏性摩擦力的影响。[103]这就好像在花生酱中游泳一样困难！因此，纳米机器人需要利用不同的推进原理设计。同样，纳米机器人可能无法储存足够的机载能量或计算能力来独立完成所有任务，所以它们需要被设计成能够从周围环境中获取能量，要么服从外部控制信号，要么相互协作进行计算。

为了维持我们的身体健康并解决其他健康问题，每个人都需要大量的纳米机器人，每个机器人的大小与细胞相当。可靠估计表明，人体由数十万亿个生物细胞组成。[104]如果我们要在每 100 个细胞中增加一个纳米机器人，这将需要数千亿个纳米机器人。不过，我们目前还不清楚什么样的比例是最佳的。例如，我们可能会发现，即使细胞与纳米机器人的数量之比高出几个数量级，先进的纳米机器人也能发挥作用。

衰老的主要影响之一是器官功能衰退，因此这些纳米机器人的一个关键作用将是修复和增强器官的功能。除了扩大我们的新皮质，正如第 2 章所讨论的那样，这主要涉及帮助我们的非感觉器官有效地将物质输入血液供应系统（或淋巴系统）或将其移除。[105]例如，肺部吸入氧气并排出二氧化碳，[106]肝脏和肾脏排出毒素，[107]整个消化道将营养物质输送到我们的血液中，[108]胰腺等各种器官负责产生控制新陈代谢的激素。[109]激素水平的变化可导致糖尿病等疾病。已经有设备[110]可以测量血液中的胰岛素水平并将胰岛素转移到血液中，就像真正的胰腺一样。[111]通过监测这些重要物质的供应情况，根据需要调整它们的水平，并维持器官结构，纳米机器人可以无限期地使人体保持在健康状态。最终，如果需要或我们希望的话，纳米机器人将能够完全替代生物器官。

纳米机器人的作用不仅限于维持身体的正常机能。它们还可以用于调节血液中各种物质的浓度，使其达到比一般状态更优的状态。调整激素水平可以让我们更有能量、更专注，或可以加速身体自然愈合和修复的过程。如果调整激素可以使我们的睡眠更有效率，[112]那实际上就是一种“后门延寿”（Backdoor Life Extension）的方式。如果你只是从每晚需要8小时睡眠变为7小时，那就相当于寿命延长了5年，清醒的时间大大延长！

最终，使用纳米机器人维护与优化身体机能应该可以预防重大疾病的发生。当然，纳米机器人可能会在一段时间已经可以应用，但并非所有人都会将其用于这个目的。因此，一旦诊断出癌症等疾病，就需要立即治疗。

癌症之所以如此难以消除，部分原因是每个癌细胞都具有自我复制的能力，因此必须清除每一个细胞。[113]尽管免疫系统通常能够控制癌细胞最早期的分裂，但一旦肿瘤真正形成，它就可能对身体的免疫细胞产生抗性。此时，即使治疗消灭了大部分癌细胞，遗留的细胞也可能继续复制。被称为癌症干细胞的一个亚群尤其可能成为危险的脱靶者。[114]

在过去 10 年里，尽管癌症医学取得了惊人的进步，并且在这个 10 年里将在 AI 的帮助下取得更大的突破，但我们目前治疗癌症的手段仍然相对迟钝。化疗常常不能完全根除癌细胞，还会对身体各处其他非癌细胞造成严重的伤害。[115] 这不仅会给许多癌症患者带来严重的副作用，而且会削弱他们的免疫系统，使他们更容易受到其他健康风险的影响。即使是先进的免疫疗法和靶向药物，其疗效和精准程度也远远不够。[116]

相比之下，医用纳米机器人将能够检查每个细胞，确定它是否发生了癌变，然后摧毁所有的恶性细胞。回想一下本章开头提到的汽车修理工的类比。一旦纳米机器人可以选择性地修复或破坏单个细胞，我们就能完全掌控自己的生物学身体，医学也将成为长期以来人们一直期望它成为的精确科学。

要实现这一点，还需要完全控制我们的基因。在自然状态下，细胞通过复制每个细胞核中的 DNA 来繁殖。[117] 如果一组细胞的 DNA 序列出现问题，除非在每个细胞中都进行修复，否则我们无法解决这个问题。[118] 对于未经增强的生物有机体来说，这是一个优势。因为单个细胞内的随机突变不太可能对整个身体造成致命损害。如果我们身体中任何一个细胞发生的任何突变都能立即复制到其他每个细胞上，我们就无法生存。与此同时，生物学去中心化的稳健性对于像人类这样的物种来说也是一个巨大的挑战。我们目前可以很好地编辑单个细胞的 DNA，但还没有掌握有效编辑整个身体内的 DNA 所需的纳米技术。

如果每个细胞的 DNA 代码都由中央服务器统一控制，就像许多电子系统一样，那么我们只需从“中央服务器”中更新一次，就可以轻松改变 DNA 代码。为了实现这一点，我们将用纳米工程的对应系统来强化每个细胞的细胞核。该系统将接收中央服务器的 DNA 代码，然后以这个代码为基础生成氨基酸序列。[119] 这里用“中央服务器”这个词，是将其作为更集中的广播架构的简称，但这并不一定意味着每个纳米机器人都可以从字面意义上的计算机那里直接获取指令。**纳米尺度工程所面临的物理挑战，最终可能使相关研究转向寻求更本地化的“广播”系统。**但即使我们在身体各处放置数百或数千个微尺度（而非纳米尺度）的控制单元，这些控制单元足够大，足以与一台整体控制计算机进行更复杂的通信，那么与目前数万亿个细胞独立运作的状况相比，这仍然比目前的集中化程度高出数个数量级。

蛋白质合成系统的其他部分，如核糖体，也可以用同样的方法得到强化。通过这种方式，我们可以简单关闭故障 DNA 的活动，无论这些 DNA 是会导致癌症还是会导致遗传障碍。维护这一过程的纳米计算机还将通过生物算法——基因如何表达和激活，实现对表观遗传学的控制。[120] 截至 21 世纪 20 年代初，对于基因表达，我们还有很多需要学习的地方。但是，**当纳米技术足够成熟时，在 AI 技术的助力下，我们将可以对基因表达进行足够详细的模拟，使纳米机器人能够精确地调节基因表达。**借助这项技术，我们还将能够防止和逆转 DNA 转录错误的积累，而 DNA 转录错误是衰老的主要原因。[121]

纳米机器人在消除身体面临的紧急威胁方面也将发挥重要作用，如消灭细菌和病毒、抑制自身免疫反应或疏通堵塞的动脉。事实上，斯坦福大学和密歇根州立大学在最近的研究中已经创造出一种纳米粒子。这种粒子能够找到并消除引起动脉粥样硬化斑块的单核细胞和巨噬细胞。[122] 智能纳米机器人的效率将远胜于此。起初，这种治疗需要由人类发起，但最终将可以由机器人自主进行；纳米机器人将自行执行任务，并通过控制的 AI 界面向监控它们的人类报告其活动。

随着 AI 对人类生物学方面的理解能力不断提高，纳米机器人将能够在问题被医生检测到之前，就在细胞层面率先“出手”。在很多情况下，这将有助于预防那些在 2023 年仍无法解释的病症。例如，今天有约 25% 的缺血性中风是“隐源性”的，即没有可检测到的病因。[123]但我们知道，它们的发生一定是有原因的。在血液中巡逻的纳米机器人可以检测到有可能引发中风的小斑块或结构缺陷，分解正在形成的血栓，或者在中风悄然发生时发出警报。

不过，就像优化激素水平一样，纳米材料不仅能够使身体机能恢复正常，还能够让我们的身体机能得到增强，甚至超越生物学所能及的范围。生物系统在强度和速度上是有限的，因为它们必须由蛋白质构成。尽管这些蛋白质是三维的，但它们必须由一维的氨基酸链折叠而成。[124]而纳米工程材料则不会有此限制。由金刚石齿轮和转子构成的纳米机器人，其速度和强度将比生物材料高出数千倍，并且可以从零开始设计，以达到最佳性能。[125]

得益于这些优势，即使是我们的血液供应系统也可能被纳米机器人取代。由奇点大学纳米技术联合主席罗伯特·弗雷塔斯（Robert Freitas）设计的一种叫作呼吸细胞（Respirocyte）的人工红细胞就是一个例子。[126]根据弗雷塔斯的计算，如果一个人的血液中有呼吸细胞，他可以憋气长达约 4 小时。[127]除了人造血细胞，我们最终还能够设计出人工肺，使它们比生物学赋予我们的呼吸系统更有效地输送氧气。最终，甚至由纳米材料制成的心脏也会使人们免于心脏病发作，并使因创伤导致的心脏骤停变得更加罕见。

由金刚石齿轮和转子制成的纳米机器人将比以前快几千倍，纳米机器人还可以让人们以前所未有的方式改变自己的外表。人们已经可以在聊天室和在线角色扮演游戏等数字环境中自由定制自己的头像。大家经常把这作为一种表达创造力和个性的方式。除了个人的外表选择和时尚表达外，用户还可以扮演与自己的年龄、性别甚至物种不同的虚拟角色。当纳米技术赋予人们从根本上改变自己的物理身体的能力时，这种情况将以何种状态延展到现实生活中还有待观察。在现实世界中，人们是否也会像在游戏中那样，对外表做出根本性的改变？抑或心理和文化因素会使人们在这些选择上更加保守？

纳米技术在我们身体中最重要的作用将是增强大脑，最终我们的大脑将有 99.9% 的构成部分都是非生物性的。实现这一目标有两种截然不同的途径：一种是逐渐将纳米机器人引入大脑组织本身。这些纳米机器人可用于修复受损的神经元或替代已经停止工作的神经元；另一种是将大脑连接到计算机，这不仅能让我们直接用思维控制机器，还能让我们在云端整合新皮质的数字层。正如第 2 章中更详细描述的那样，这将远远超越我们获得更好的记忆力或更快的思考速度的期待。

一个更深层次的虚拟新皮质将赋予我们思考比目前更加复杂和抽象的想法的能力。举个简单的例子，想象一下，你将能够清晰直观地对 10 维的形状进行可视化处理和推理。这种能力将在许多认知领域都成为现实。作为比较，大脑皮层（主要由新皮质组成）在大约半升的体积中平均包含 160 亿个神经元。[128] 拉夫・默克尔设计的纳米级机械计算系统理论上可以在同样大小的空间中容纳超过 80 万万亿个逻辑门，其速度优势将是巨大的：哺乳动物神经元的电化学转换速度可能平均在每秒一次，而纳米工程计算的速度可能在每秒 1 亿到 10 亿次。即使实践中只能实现这些数值中的极小部分，这种技术也将使我们大脑的数字部分（存储在非生物计算基质上）在数量和性能上大大超过生物部分。[129]

回想一下，我估计人脑内部（在神经元层面）的计算大约是每秒 10^{14} 次。截至 2023 年，1 000 美元可以购买的计算能力每秒最多可以执行 130 万亿次计算。[130] **根据 2000 年到 2023 年的发展趋势预测，到 2053 年，1 000 美元可以购买（以 2023 年的美元购买力水平计算）的计算能力将足以执行 700 万倍于未经增强的人脑的计算量。**[131] 正如我所怀疑的那样，如果事实证明仅仅需要一小部分大脑神经元来实现意识思维的数字化，例如，我们不必模拟控制身体其他器官的许多细胞的活动，这一目标可能会提前几年实现。即使事实证明，数字化我们的意识需要模拟每个神经元中的每个蛋白质（我认为这不太可能），达到这种可承受水平可能还需要几十年时间，但这仍然是现在许多人有生之年可能会发生的事情。因为这个未来取决于基本的指数趋势，即使我们大幅改变对数字化自身的难易程度的假设，这也不会显著改变实现这一里程碑所需的时间。

在 21 世纪 40 年代和 21 世纪 50 年代，我们将“重建”自己的身体和大脑，使其性能大大超越生物学的极限，包括实现数字化备份和延长寿命。随着纳米技术的发展，我们将能够随心所欲地打造一个优化的身体：我们将能够跑得更快、更远，像鱼一样在海洋中游泳和呼吸。如果我们想要，甚至可以安装能够帮助飞翔的翅膀。我们的思考速度将提高数百万倍，但最重要的是，我们的生存将不再依赖于任何特定的生物学身体。

结　语

我们将会面临的四个巨大危机

AI 是一项至关重要的技术，

它将使我们能够应对当前面临

的紧迫挑战。同时，我们也有道德

责任去实现这些新技术的潜力，

同时降低其风险。

环保主义者现在必须正面应对这样一个观点：世界已经拥有了足够的财富和技术能力，不应该再追求更多。[1]

——比尔·麦克吉本（Bill McKibben）

环保主义者和全球变暖问题作家

我只是认为他们对技术的回避和憎恶只会适得其反。佛陀、神，就像他居于山巅或花瓣中一样，同样安然地栖居于数字计算机的电路或摩托车传动装置的齿轮之中。如果有人不这样想，他就是在贬低佛陀，也就是贬低自己。[2]

——罗伯特·波西格（Robert Pirsig）

《禅与摩托车维修艺术》作者

繁荣的背面

到目前为止，本书探讨了在奇点到来前的最后几年里，人类将以多种方式迎来快速增长的繁荣时期。但正如这种进步将改善数十亿人的生活一样，它也将加剧我们这个物种所面临的危机。新的、不稳定的核武器，合成生物学的突破以及新兴的纳米技术，都将带来我们必须应对的威胁。而且，**随着AI本身达到并超越人类的能力，我们需要谨慎地将其用于有益的目标，并专门设计出防范事故和防止滥用的方案**。我们有充分的理由相信，人类文明将克服这些危机，不是因为这些威胁不真实，而恰恰是因为风险非常高。危机不仅能激发人类智慧的最大潜力，而且催生危机的那些技术领域，也在创造强大的新工具来防范危机。

核武器：急需更智能的指挥与控制系统

人类有史以来第一次创造出可以毁灭人类文明的技术，正是在我这一代人出生之时。我还记得小学期间，我们在民防演习时必须躲在课桌下面，双手抱头，以保护自己免受热核爆炸的伤害。我们安然无恙地度过了那段时期，所以这种安全措施一定是奏效了。

人类目前拥有约 12 700 枚核弹头，其中约 9 440 枚随时可用于核战争。[3]美国和俄罗斯各自拥有约 1 000 枚大型核弹头，可在不到半小时的时间内发射。[4]一场大规模的核交火可能会在短时间内迅速导致数亿人丧生，[5]但这还不包括可能导致数十亿人死亡的次生效应。

由于世界人口分布如此分散，即使是全面的核交火也无法在核弹爆炸后立即杀死所有人。[6]但核沉降物可能导致放射性物质扩散到全球大部分地区，而城市燃烧产生的大火会将大量烟尘抛入大气，导致严重的全球变冷和大规模饥荒。再加上对医疗和卫生等技术的灾难性破坏，将导致死亡人数远远超过最初的伤亡人数。未来的核武库可能包括掺入钴或其他元素的弹头，可能会极大地加剧残留放射性的危害。2008 年，安德斯·桑德伯格和尼克·博斯特罗姆在牛津大学人类未来研究所（Future of Humanity Institute）举办的全球灾难性风险会议上搜集了专家们的意见。专家们的回答中值估计，在 2100 年之前，至少有 100 万人在核战争中丧生的可能性为 30%，至少有 10 亿人丧生的可能性为 10%，导致人类灭绝的可能性为 1%。[7]

截至 2023 年，已知有多个国家拥有完整的“三位一体”核武器（即洲际弹道导弹、空投核弹和潜射弹道导弹），其中美国（5 244 枚）、俄罗斯（5 889 枚）、巴基斯坦（170 枚）和印度（164 枚）。[8] 另外有的国家拥有更有限的运载系统：法国（290 枚）、英国（225 枚）和朝鲜（约 30 枚）。以色列尚未正式承认拥有核武器，但外界普遍认为其有约 90 枚核弹头。

国际社会通过谈判达成了一些国际条约，[9] 成功地将现役核弹头总数从 1986 年的峰值 64 449 枚减少到不足 9 500 枚，[10] 停止了危害环境的地面核试验，[11] 并保持外太空无核化。[12] 但现役武器的数量仍然足以终结我们的文明。[13] 而且，即使核战争的年度风险很低，几十年或一个世纪累积起来的风险也会变得很高。只要高度戒备的核武库维持在目前的状态，这些武器在世界某个地方被使用可能只是时间问题，无论是由政府、恐怖分子或流氓军官蓄意使用，还是被意外使用。

相互确保毁灭（Mutually Assured Destruction，MAD），是冷战时期美国和苏联最著名的降低核风险的策略。[14] 它包括向潜在敌人发出可靠的信息，如果他们使用核武器，将遭到同等程度的毁灭性报复。这种方法的基础是博弈论。如果一个国家意识到使用哪怕一件核武器都会导致对手发动全面报复，那么它就没有动机使用这些武器，因为这样做无异于自杀。为了让 MAD 发挥作用，双方都必须有能力在不被反导系统阻止的情况下对对方使用核武器。[15] 原因是，如果一个国家能够拦截来袭的核弹头，那么先发制人地使用自己的核弹头攻击就不再是自杀行为。不过，一些理论家也提出，核爆产生的放射性尘埃仍会摧毁进攻国，导致自我确保毁灭（Self-Assured Destruction，SAD）。[16]

部分由于破坏稳定的 MAD 平衡的风险，世界各国军队在开发导弹防御系统方面投入的努力相当有限，截至 2023 年，没有一个国家拥有足够强大的防御能力，能够自信地经受住大规模核打击。但近年来，新的运载技术开始打破目前的平衡状态。俄罗斯正在努力建造水下无人潜航器来携带核武器，以及核动力巡航导弹。这些活动的目的是在目标国家外围长期徘徊，并从不可预测的角度发动攻击。[17] 俄罗斯和美国等国都在竞相开发能够规避高超音速飞行器，以在它们发射弹头时及时阻止的防御系统。[18] 由于这些系统非常新，如果敌对军队对对方武器潜在效力得出不同的结论，误判的风险就会增大。

即使有像 MAD 这样令人信服的威慑力量，由于误判或误解而导致灾难的可能性仍然存在。[19] 然而，我们已经习惯了这种情况，以至于很少讨论它。

不过，我们还是有理由对核风险的发展轨迹持谨慎乐观态度。70 多年来，MAD 一直很成功，核国家的武器库也在不断缩小。核恐怖主义或脏弹（含放射性物质的常规炸弹）的风险仍然是一个主要问题，但 AI 的进步正在带来更有效的工具来检测和应对这些威胁。[20] 虽然 AI 无法消除核战争的风险，但更智能的指挥与控制系统可以显著降低因传感器故障而引发的意外使用这些可怕武器的风险。[21]

生物技术：呼唤 AI 驱动的对策

我们现在有了另一项可以威胁全人类的技术。有许多天然存在的病原体会让我们生病，但大多数人都能幸存下来。相反，有少数病原体更有可能导致人类死亡，但传播效率不高。像“黑死病”这样的恶性瘟疫集合了传播速度快和死亡率高两大特点，杀死了欧洲约 1/3 的人口，[22] 并使世界人口从约 4.5 亿减少到 14 世纪末的约 3.5 亿。[23] 然而，由于 DNA 的变异，一些人的免疫系统在抵抗瘟疫方面表现更好。有性生殖的一个好处是我们每个人都有不同的基因组成。[24]

但是基因工程技术的进步 [25]（可以通过操纵病毒的基因来编辑病毒）可能在有意或无意中创造出一种具有极端致死性和高传染性的超级病毒。也许它甚至会通过隐形途径传播，人们在意识到自己感染之前就会感染和传播。没有人会预先发展出先天的全面免疫力，其结果是，我们会受到一场遍及所有人的病毒大流行的影响。[26] 2019 年至 2023 年的新冠疫情让我们可以预见这样一场灾难可能是什么样子的。

这种可怕的可能性是 1975 年举办第一届阿西洛马重组 DNA 会议的推动力，这个会议比“人类基因组计划”的启动早 15 年。[27] 会议制定了一套标准来防止意外以及防范在故意的情况下可能发生的问题。这些“阿西洛马原则”一直在不断更新，其中一些原则现在已经被纳入管理生物技术行业的法律法规中。[28]

此外，人们还在努力建立一个快速反应系统，以应对突然出现的生物病毒，无论是意外释放还是有意释放的。[29]COVID-19出现之前，在人类为缩短快速反应时间所做的努力中，最值得注意的是美国政府在2015年6月在疾病控制与预防中心建立了全球快速反应小组（Global Rapid Response Team，GRRT）。GRRT是为了应对2014年到2016年西非的埃博拉病毒暴发而成立的。该团队能够在世界任何地方迅速部署，并提供高水平的专业知识，以协助当地有关部门识别、遏制和治疗具有威胁性的疾病暴发。

至于故意释放的病毒，美国联邦生物恐怖主义防御工作整体上是通过美国国家生物研究机构联合会（National Interagency Confederation for Biological Research，NICBR）进行协调的。这项工作中最重要的机构之一是美国陆军传染病医学研究所（United States Army Medical Research Institute of Infectious Diseases，USAMRIID）。我曾通过陆军科学委员会与他们合作，就在此类疫情暴发时提高快速反应能力提供建议。[30]

当这样的疫情发生时，数百万人的生命取决于相关机构分析病毒、制定遏制和治疗策略的速度。幸运的是，病毒测序的速度呈现出长期加速的趋势。在1996年发现HIV后，人们花了13年的时间来对其全基因组进行测序，而2003年对SARS病毒进行测序只用了31天，现在我们可以在一天内对许多种生物病毒进行测序。[31] 快速反应系统主要的功能是捕获新出现的病毒，在大约一天内对其进行测序，然后迅速设计医学对策。

一种治疗策略是应用核糖核酸（RNA）干扰，即利用小的RNA片段，破坏表达基因的信使RNA，这主要是基于病毒与致病基因相似的观察。[32] 另一种策略是以抗原为基础的疫苗，其以病毒表面上独特的蛋白质结构为目标。[33] 正如上一章所讨论的，经过AI增强的药物发现研究已经能够在几天或几周内识别出针对新出现的病毒的潜在疫苗或治疗方法，从而缩短漫长的临床试验过程开始的时间。然而，在21世纪20年代后期，我们将拥有通过模拟生物学来加速越来越多的临床试验管线的技术。

2020年5月，我为《连线》（*Wired*）杂志撰写了一篇文章，主张我们应该充分利用AI来开发和生产疫苗，例如，针对引起COVID-19的SARS-CoV-2病毒。[34] 事实证明，这正是Moderna等疫苗在创纪录的时间内成功研制出来所采用的方式。该公司使用了一系列先进的AI工具来设计和优化mRNA序列，加快了制造和测试过程。[35] 因此，在收到病毒的基因序列后65天内，莫德纳公司就给第一个人体受试者接种了疫苗，并在277天后获得了美国食品和药物管理局的紧急授权。[36] 这一进步令人惊叹，要知道在此之前，人们开发疫苗的最短时间大约是4年。[37]

在撰写本书时，相关人员正在对新冠病毒在实验室进行基因工程研究后意外泄露的可能性进行调查。[38] 围绕不成熟的理论存在大量错误的信息，因此我们的推论必须基于高质量的科学来源。然而，这种可能性本身凸显了一种真正的危险：真实情况可能会糟糕得多。这种病毒可能具有极强的传染性，同时也具有很强的致命性，因此不太可能是出于恶意而制造的。但是，因为创造比COVID-19更致命的东西的技术已经存在，AI驱动的对策对于降低人类文明面临的风险至关重要。

纳米技术：设计“广播”架构与“免疫系统”

生物技术中的大多数风险都与自我复制有关。任何一个细胞出现缺陷都不太可能构成威胁。纳米技术也是如此：无论单个纳米机器人的破坏力有多大，它都必须能够自我复制，才能造成真正的全球性灾难。纳米技术将使制造各种攻击性武器成为可能，其中许多可能具有极大的破坏力。此外，一旦纳米技术成熟，这些武器就可以以低廉的成本制造出来，而不像今天的核武库一样，需要大量资源来构建。（要粗略了解一些国家制造核武器的成本，可以考虑朝鲜的例子。据韩国政府估计，2016 年朝鲜的核武器计划耗资 11 亿～ 32 亿美元，这一年它成功开发了核导弹。）[39]

相比之下，生产生物武器的成本可能非常低。根据 1996 年北约的一份报告，这种武器可以在几周内由 5 名生物学家组成的团队开发出来，费用为 10 万美元（2023 年约为 19 万美元），而且不需要任何特殊的设备。[40] 就影响而言，1969 年的一个专家小组向联合国报告称，以平民为目标的生物武器的成本效益大约是核武器的 800 倍，而且自那以后的 50 年里，生物技术的进步几乎可以肯定大大提高了这一比例。[41] 虽然我们无法确定未来纳米技术发展至成熟阶段将耗资多少，但由于它将采用与生物学类似的自我复制原理，我们可以将生物武器的成本作为初步的参考。由于纳米技术将利用 AI 优化制造过程，成本可能会更低。

纳米武器可能包括在不被发现的情况下向目标投放毒药的微型无人机，以水或气溶胶的形式进入人体并从内部撕裂的纳米机器人，或者有选择地针对任何特定群体的系统。[42] 正如纳米技术先驱埃里克·德雷克斯勒在 1986 年所写的那样，“长着‘叶子’的‘植物’并不比今天的太阳能电池更高效，它们可能会与真正的植物竞争，用不可食用的叶子挤占生物圈。顽强的杂食性‘细菌’可能会与真正的细菌竞争：它们可以像被吹散的花粉一样传播，迅速复制，并在几天内使生物圈化为尘土。危险的复制器很容易变得过于顽强、微小和传播速度太快，以至于无法阻止，至少是在我们没有做好准备的情况下。我们在控制病毒和果蝇方面已经面临着足够多的挑战”。[43]

最常被讨论的最坏情况是可能产生的“灰色黏液”，这是一种自我复制的机器，消耗碳基物质并将其转化为更多的自我复制机器。[44]这样的过程可能导致失控的连锁反应，有可能将地球上的所有生物都转变为这样的机器。

让我们来估算一下，地球上的所有生物被摧毁可能需要多长时间。可利用的生物量大约有 10^{40} 个碳原子。[45]而单个正在复制的纳米机器人体内的碳原子数量可能在 10^7 个数量级左右。[46]因此，纳米机器人需要创造出 10^{33} 个自己的副本——我在这里必须强调，不是直接创造，而是通过不断复制。每“一代”的纳米机器人可能只会创造自己的两个副本，或者更少。数量如此惊人的原因在于这个过程，这个过程会通过副本和副本的副本一次又一次地重复。所以这大约是 110 代纳米机器人（因为 2^{110} 约等于 10^{33}），如果之前几代的纳米机器人保持活跃，那就是 109 代。[47]纳米技术专家罗伯特·弗雷塔斯估计，复制时间大约为 100 秒，所以在理想条件下，多碳的“灰色黏液”的清除时间大约为 3 小时。[48]

然而，实际的破坏速度会慢得多，因为地球上的生物量并不是连续分布的。破坏速度的决定性因素将是破坏锋面的实际推进速度。由于纳米机器人体积很小，它们的移动速度不会很快，因此这种破坏过程可能需要数周时间才能蔓延到全球。

不过，分两个阶段攻击可以绕过这一限制。在一段时间内，一个隐蔽的过程可能会改变世界上的少部分碳原子，使得每 1 000 万亿（10^{15}）个碳原子中就有一个成为“休眠”的“灰色黏液”纳米机器人。这些纳米机器人的浓度很低，因此不会引起注意。然而，正因为它们无处不在，一旦攻击开始，它们就不必长距离移动。然后，在某种预定信号的触发下，也许是由少数纳米机器人自行组装成足够长的天线来接收远程无线电波，这些预先部署的纳米机器人就会在原地迅速自我复制。每个纳米机器人将自身复制1 000万亿倍，只需要50次一分为二的复制，这只需要不到90分钟。[49] 此时，破坏锋面的推进速度将不再是限制因素。

有时，人们会想象这种情况是人类恶意行为导致的结果，比如一种旨在摧毁地球生命的恐怖主义武器。然而，这种情况的发生并不一定是出于恶意。我们可以设想这样的情况：由于编程错误，纳米机器人意外地开启了失控的自我复制过程。例如，如果设计不当，原本只能消耗特定类型物质或在有限区域内运行的纳米机器人可能会发生故障，导致全球性灾难。因此，与其试图在危险系统中添加安全功能，还不如限制只能构建在故障情况下也具有安全性的纳米机器人。

防止意外复制的一个有力的保护措施是将任何可以自我复制的纳米机器人设计成“广播”架构。[50] 这意味着它们不再携带自己的程序，而是依赖于外部信号来获取所有指令，这种信号可能是通过无线电波来传输的。这样，在紧急情况下就可以关闭或修改该信号，停止自我复制的连锁反应。

然而，即使负责任的人设计出了安全的纳米机器人，有恶意的人也有可能设计出危险的纳米机器人。因此，在这些场景成为可能之前，我们需要建立一个纳米技术“免疫系统”。这个免疫系统必须能够应对各种情况，不仅包括那些将导致明显破坏的情况，还包括任何存在潜在危险性的隐蔽复制，即使是在浓度非常低的情况下。

令人鼓舞的是，该领域已经在认真对待安全问题。纳米技术安全指南的存在已有约20年之久，最初源于1999年分子纳米技术研究政策指南研讨会（1999 Workshop on Molecular Nanotechnology Research Policy Guidelines，我参加了该研讨会），之后经过多次修订和更新。[51] 看来，免疫系统对抗“灰色黏液”的主要防御工具将是“蓝色黏液”（Blue Goo），这是一种能够中和“灰色黏液”的纳米机器人。[52]

根据弗雷塔斯的计算，如果以最优方式在全世界范围内进行部署，88 000 吨防御性“蓝色黏液”纳米机器人足以在 24 小时内横扫整个大气层。[53] 但这一重量还不及一艘大型航空母舰的排水量，虽然数量庞大，但与整个地球的质量相比仍然非常小。不过，这些数字是建立在理想的效率和部署条件的假设之上的，而在实践中可能难以实现。截至 2023 年，由于纳米技术的发展还有很长的路要走，我们很难判断实际所需的“蓝色黏液”数量会与这一理论估计相差多少。

不过，有一点是明确的：蓝色黏液不能只使用丰富的天然成分（“灰色黏液”就是由天然成分组成的）来制造。这些纳米机器人必须由特殊材料制成，这样“蓝色黏液”就不会变成“灰色黏液”。要让这种方法稳健、可靠地发挥作用，我们还需要解决许多棘手的问题，以及一些理论难题，以确保“蓝色黏液”的安全性和可靠性，但我相信这终将被证明是一种可行的方法。从根本上说，我们没有任何理由认为有害的纳米机器人相对于设计精良的防御系统会占据绝对优势。关键是要确保在有害纳米机器人出现之前，在全世界范围内部署好有益的纳米机器人，这样就可以在自我复制链式反应失控之前及时发现并将其中和。

我的朋友比尔·乔伊（Bill Joy）在 2000 年发表的文章《为什么未来不需要我们》（*Why the Future Doesn't Need Us*）中，对纳米技术的风险进行了精彩的讨论，包括“灰色黏液”灾难的场景。[54] 大多数纳米技术专家认为“灰色黏液”灾难不太可能发生，我也持同样的观点。然而，由于它可能导致物种灭绝级别的事件，所以随着未来几十年纳米技术的发展，我们必须牢记这些风险。我希望通过采取适当的预防措施，并借助 AI 设计安全系统，人类可以使这样的场景仅留存在科幻小说中。

人工智能：安全对齐，构建负责任的 AI

由于生物技术的风险，我们仍然可能遭受如新冠疫情这样的大流行的影响。截至 2023 年，这场大流行已经在全世界造成了近 700 万人死亡。[55] 但我们正在开发快速对新病毒进行测序和开发药物的方法，以避免威胁人类文明的灾难。对于纳米技术，虽然“灰色黏液”还不是一个现实威胁，但我们已经有了总体防御策略，应该可以抵御其攻击，甚至是最终的两阶段攻击。

然而，超级智能 AI 带来了与“灰色黏液”有着本质区别的危险，事实上，这也是我们未来要面对的主要危险。如果 AI 比人类创造者更聪明，它可能会找到绕过现有的预防措施的方法。对于这种情况，没有任何通用策略可以完全防范。

超级 AI 带来的危险主要可以分为三大类，通过针对每一类进行重点研究，我们至少可以降低风险。**第一类是误用，即 AI 按照人类操作者的意图运行，但这些操作者故意利用它来伤害他人。**[56] 例如，恐怖分子可能利用 AI 在生物化学方面的能力设计出导致致命大流行的新病毒。

第二类是外部失准（Outer Misalignment），指的是程序员的真实意图

与他们为实现这些意图而教给 AI 的目标之间存在不匹配的情况。[57] 这是关于精灵（Genies）的故事中描述的经典问题，即很难向那些按字面意思理解你命令的人准确说明你想要什么。设想一下，程序员想要治愈癌症，所以他们指示 AI 设计一种病毒，可以杀死所有携带某种致癌 DNA 突变的细胞。AI 成功地做到了这一点，但程序员没有意识到这种突变也存在于许多健康细胞中，因此这种病毒会杀死接受治疗的患者。

第三类是内部失准（Inner Misalignment），它发生在 AI 为实现特定目标而学习的方法导致不良行为时。[58] 例如，训练 AI 识别癌细胞独有的基因变化可能会揭示一种在样本数据上有效但在现实中行不通的错误模式。也许在分析之前，训练数据中的癌细胞比健康细胞储存的时间更长，AI 学会了识别由此产生的细微遗传改变。如果 AI 根据这些信息设计出一种能杀死癌症的病毒，它在活着的患者身上就不会起作用。这些例子相对简单，但随着 AI 模型被赋予越来越复杂的任务，检测失准将变得更具挑战性。

有一个技术研究领域正在积极寻求方法来防御后两种 AI 失准的情况。尽管还有大量工作要做，但已经出现了许多有前景的理论方法。"模仿泛化"（Imitative Generalization）是指训练 AI 模仿人类如何进行推理，以便在不熟悉的情况下应用其知识时更安全、更可靠。[59] "通过辩论来保证 AI 的安全"（AI Safety Via Debate）是指利用互为对手的 AI 指出彼此想法中的缺陷，帮助人类判断过于复杂而无法在没有帮助的情况下进行适当评估的问题。[60] "迭代放大"（Iterated Amplification）是指使用较弱的 AI 来帮助人类创建定位良好的更强大的 AI，并重复此过程，最终形成比没有帮助的人类所能调教的更强大的 AI。[61]

因此，尽管 AI 对齐问题非常难解决，[62] 但我们不必独自面对它，通过利用正确的技术，我们可以借助 AI 本身来显著增强自己的对齐能力。这一点也适用于设计能够抵御滥用的 AI。在前文描述的生物化学示例中，一个经过安全对齐的 AI 必须能够识别危险的请求并拒绝遵从。除此之外，我们还需要设立防止滥用的道德防线，即支持安全、负责地部署 AI 的强有力的国际规范。

随着过去 10 年 AI 系统能力的显著提升，限制因滥用而带来的危害已经成为全球更大的优先事项。过去几年里，我们看到了世界各国为 AI 制定道德准则的一致努力。2017 年，我参加了阿西洛马有益 AI（Benefical AI）会议，该会议的灵感来自 40 年前在类似会议上制定的生物技术指南。[63] 会上确立了一些有用的原则，我已签署遵守。然而，我们仍然不难发现，即使世界上大多数国家都遵循阿西洛马会议的建议，那些持有反民主、反对言论自由观点的国家、地区或群体仍然可以利用先进的 AI 来实现自己的目标。值得注意的是，主要军事大国尚未签署这些指南。而历史上，它们一直是推动先进技术发展的强大力量之一。例如，互联网就源自美国国防部高级研究计划局。[64]

尽管如此，阿西洛马 AI 原则为发展负责任的 AI 奠定了基础，并正在推动该领域向积极的方向发展。该文件的 23 条原则中有 6 条旨在倡导“人类”价值观或“人性”。例如，原则 10“价值观对齐”（Value Alignment）指出，“高度自主的 AI 系统的设计应确保其目标与行为在整个运行过程中与人类价值观保持一致”。[65]

另一份文件《致命性自主武器宣言》（*Lethal Autonomous Weapons Pledge*）提出了相同的概念：“签署人一致认为，绝不应该把夺取人类性命的决定权交给机器。这个立场有一个道德层面，即我们不应该允许机器做出他人或者没有人为此负责的决定。”[66] 虽然史蒂芬·霍金、埃隆·马斯克、马丁·里斯和诺姆·乔姆斯基等有影响力的人物已经签署了这一宣言，但包括美国、俄罗斯、英国、法国和以色列在内的多个国家都拒绝了。

尽管美国军方不赞同这些原则，但它有自己的“人类控制”（Human Directive）政策，规定针对人类的系统必须由人类控制。[67] 2012 年，五角大楼的一项指令规定：“自主和半自主武器系统的设计应允许指挥官和操作员对使用武力行使适当程度的人类判断。”[68] 2016 年，美国国防部副部长罗伯特·沃克（Robert Work）表示，美国军方“不会把是否使用夺取人类性命的武力的权力交给机器”。[69] 不过，他也没有排除这样的可能性：如果有必要与一个“比我们更愿意将权力下放给机器的”对手国竞争，这项政策可能会在未来某个时候被推翻。[70] 我曾参与了制定这项政策的讨论，就像我在政策委员会指导实施以对抗生物危害的使用一样。

2023 年初，在一次国际会议之后，美国发布了《关于在军事领域负责任地使用 AI 和自主技术的政治宣言》（*Political Declaration on Responsible Military Use of Artificial Intelligence and Autonomy*），敦促各国采取明智的政策，包括确保人类对核武器的最终掌控权。[71] 然而，正如其字面意义给人的感觉，“人类掌控”这个概念本身非常模糊。如果人类授权未来的 AI 系统“阻止即将到来的核攻击”，它应该拥有多大的自主权来决定如何做到这一点？值得注意的是，一个具有较高通用性、能够成功阻止此类攻击的 AI 系统，也可以被用于进攻。

因此，我们需要认识到 AI 技术本质上具有双重用途，既可以用于民用目的，也可以用于军事目的。即使是已经部署的系统也是如此。同一架无人机，在雨季道路不通无法抵达医院时，可以将药物运送到医院，但随后也可以向该医院投送爆炸物。十多年来，很多军事行动一直在使用无人机，其精确度高到可以将导弹发送到地球另一端的特定窗口。[72]

我们还必须考虑，如果敌对军事力量不遵守《致命性自主武器宣言》，那么我们是否希望我方真的遵守。如果一个敌对国家派遣了一支由 AI 控制的先进战争机器组成的特遣部队，对你的安全造成了威胁，你难道不希望你方拥有更智能的能力来击退它们并保证你的安全吗？这就是"禁止致命性自主武器运动"（Campaign to Stop Killer Robots）未能获得关注的主要原因。[73] 截至 2023 年，除了中国在 2018 年表示支持该运动，所有主要军事大国都拒绝支持该运动。[74] 我自己的观点是，如果我们受到此类武器的攻击，我们肯定希望拥有反制武器，而这必然意味着违反禁令。

此外，**随着我们在 21 世纪 30 年代开始使用脑机接口，在自己的决策中引入非生物学的辅助工具，在人类控制的背景下，"人类"最终意味着什么？**非生物学部分的能力将呈指数级增长，而我们的生物学智能将保持不变。因此，**到 21 世纪 30 年代后期，我们的思维本身将在很大程度上是非生物学的。那么，当我们自己的思维主要依赖非生物系统时，人类决策的作用何在？**

阿西洛马 AI 原则中的其他一些原则也存在疑问。例如，原则 7"失败透明性"（Failure Transparency）："如果 AI 系统造成伤害，应该能够确定原因。"原则 8"司法透明性"（Judicial Transparency）："任何自主系统参与司法决策时，都应提供令人信服的解释，并由主管部门进行审核。"

努力提高 AI 决策的可理解性固然有价值，但核心问题在于，无论它们提供何种解释，我们都无法完全理解超智能 AI 做出的大多数决策。假设一个远超人类水平的围棋程序要解释其战略决策，即使是世界顶尖的围棋选手（在没有辅助系统的情况下）也难以完全理解。[75] 旨在降低不透明 AI 系统的风险的一个有前景的研究方向是“挖掘潜在知识”（Eliciting Latent Knowledge）。[76] 该项目旨在开发相关技术，确保当我们向 AI 提问时，它会告诉我们它所知的所有相关信息，而不是仅告诉我们它认为我们想听的内容。随着机器学习系统日益强大，这种只告诉我们想听的内容的倾向将成为日益严重的风险。

这些原则值得称赞的一点是，它们促进了围绕 AI 发展的非竞争性动态，特别是原则 18“AI 军备竞赛”（AI Arms Race）：“应当避免致命自主武器的军备竞赛”，以及原则 23“共同利益”（Common Good）：“超级智能只应在广泛共享的伦理理想的指导下开发，并且要造福全人类，而不是为了某个国家或组织的利益。”然而，由于超智能 AI 可能在战争中起到决定性作用，并带来巨大的经济利益，军事大国将有强烈的动机参与军备竞赛。[77] 这不仅加剧了 AI 被滥用的风险，而且还可能导致人们忽视围绕 AI 对齐所需采取的安全预防措施。

回想一下原则 10 中提到的价值对齐问题。下一条原则“人类价值”（Human Value）进一步阐明了 AI 要遵循的价值观：“AI 系统的设计和运行应与人类尊严、权利、自由和文化多样性的理想相兼容。”然而，仅仅设定这个目标并不能保证实现它，这恰恰说明了 AI 的危险所在。一个具有有害目标的 AI 可以轻而易举地辩称它的行为对于某些更广泛的目的是有意义的，它甚至可以用人们普遍认同的价值观来证明其行为的合理性。

限制任何 AI 基本能力的发展是非常困难的，特别是因为通用智能背后的基本思想是如此广泛。本书英文版付印时，有令人鼓舞的迹象表明，一些重要国家的政府正在认真对待这一挑战，例如2023年英国AI安全峰会之后发布的《布莱切利宣言》(*Bletchley Declaration*)，但其成效将在很大程度上取决于此类举措的实际实施。[78]一个基于自由市场原则的乐观论点是，迈向超级智能的每一步都要经受市场的检验。通用人工智能将由人类创造，以解决真正的人类问题，并且人们有很强的动机对其进行优化以实现有益的目的。由于AI是从深度整合的经济系统中出现的，它将反映我们的价值观，因为从重要的意义上讲，它就是我们自己。我们已经进入人机共生的文明发展阶段。最终，我们可以采取的确保AI安全的重要方法是，改善人类的治理水平，保护我们的社会制度。避免未来发生破坏性冲突的最佳方式是继续推进我们的道德理想。人类的道德理想在最近几个世纪和几十年已经极大地减少了暴力。[79]

我认为我们还需要认真对待那些被误导的、越来越尖锐的卢德分子的观点，他们主张放弃追求技术进步以避免遗传学、纳米技术和机器人技术可能带来的真正危险。[80]然而，面对人类的苦难，选择延迟克服仍然会造成严重的后果。例如，由于反对任何可能含有转基因物质的粮食援助，非洲的饥荒正在加剧。[81]

随着技术开始改变我们的身体和大脑，另一种反对进步的声音出现了，那就是“原教旨主义人文主义”：反对可能改变人类本质的任何尝试。[82]这将包括修改我们的基因和蛋白质折叠方式，以及采取其他延长寿命的根本性措施。然而，这种反对最终一定会失败，因为人们对能够克服我们1.0版的身体固有的痛苦、疾病和短暂寿命的治疗方法的需求，最终将被证明是不可抗拒的。

当人们看到可以大幅延长寿命的前景时，很快就会提出两种反对意见。

第一种是担心不断扩大的生物种群可能会耗尽物质资源。我们经常听到，人类正在耗尽能源、清洁水、住房、土地以及其他支持不断增长的人口所需的资源。而当死亡率开始急剧下降时，这个问题只会更加严重。但正如我在第4章中所阐述的，当我们开始优化利用地球资源的方式时，我们会发现实际上它们比我们所需的要多出数千倍。举个例子，我们拥有的太阳能，几乎可以达到满足人类当前所有能源需求的一万倍。[83]

对大幅延长寿命的第二种反对意见是，我们会因为几个世纪以来一遍又一遍地重复同样的事情而感到无聊。但在21世纪20年代，我们将通过非常小巧的外部设备来体验VR和AR，而在21世纪30年代，纳米机器人将直接连接到我们的神经系统，向我们的感官传递VR和AR信号。由此，除了极大地延长寿命，我们的生活体验也将得到极大的拓展。我们将生活在多样化的VR和AR中，唯一的限制将是我们的想象力，而我们的想象力本身也将得到拓展。即使我们能活几百年，也不会穷尽所有可以学习的知识和可以消费的文化。

AI是一项至关重要的技术，它将使我们能够应对当前面临的紧迫挑战，包括克服疾病、贫困、环境退化以及人类的种种弱点。我们有道德责任去实现这些新技术的潜力，同时降低其风险。但这不会是我们首次成功应对此类挑战。本章开头，我提到了儿时为应对潜在的核战争而经历的民防演习。在成长的过程中，我周围的大多数人都认为核战争几乎不可避免。然而，人类找到了克制地使用这些可怕武器的智慧，这一事实表明，我们同样有能力以负责任的方式使用生物技术、纳米技术和超级智能AI。在控制这些风险方面，我们并非注定失败。

总的来说，我们应该持谨慎乐观的态度。虽然AI正在带来新的技术威胁，但它也将从根本上提升人类应对这些威胁的能力。至于AI被滥用的问题，由于这些技术将提高人类的智力，不管我们的价值取向如何，所以它们既可用于造福人类，也可能带来危害。[84] 因此，**我们应该努力创造一个AI的力量广泛分布的世界，这样AI的影响就能反映全人类的价值观。**

卡珊德拉[①]与库兹韦尔的对话：2029年之前，AI将全面超越人类

卡珊德拉： 你预测，具有较强处理能力的神经网络能够在 2029 年之前在所有能力方面超越人类。

库兹韦尔： 没错。它们已经在一项又一项能力上超越了人类。

卡珊德拉： 当它们做到这一点时，它们将在人类掌握的每一项技能上都远胜于人类。

库兹韦尔： 是的。它们将在 2029 年之前全面超越人类。

卡珊德拉： 为了通过图灵测试，AI 必须被设计得没你想象的那么智能。

① 卡珊德拉在神话中的典型形象是不被听信的女先知，但其预言不被人们相信，最后惨遭杀害，代表自古以来先知一再遭遇的命运。——编者注

库兹韦尔： 是的，否则我们就会发现它们不是能力未经强化的人类。

卡珊德拉： 你还预测，在 21 世纪 30 年代早期，脑机接口技术将有办法进入大脑内部并连接到新皮质的顶层，既可以知道大脑中正在发生什么，也可以触发连接。

库兹韦尔： 没错。

卡珊德拉： 好吧，但是这两项进展，一是使神经网络掌握人类都能做的事情，二是通过有效的双向连接与大脑内部相连，分属于完全不同的领域。

库兹韦尔： 嗯，你说得对。

卡珊德拉： 其中一个领域涉及计算机实验，这在很大程度上是不受管制的。实验可以在几天内完成，突破可能接踵而至，进展非常迅速。但是，像在大脑中植入涉及数百万个连接的附件完全是另一回事。它需要各种各样的监督和管理。这不仅是要将异物放入人体，而且是要放入大脑本身，这可能是身体上最敏感的部位。而且在监管者看来，这种做法是否有必要尚不明确。如果我们能够借此预防某种严重的脑部疾病，可能会带来显著的益处，但要实现与外部计算机的连接将是非常困难的。

库兹韦尔： 但这终究是会实现的，部分原因是要去治疗你提到的严重脑部疾病。

卡珊德拉：是的，我也认为这是可能的，但在时间上可能会大大推迟。

库兹韦尔：这就是为什么我预测它会在 21 世纪 30 年代实现。

卡珊德拉：但是，任何关于将异物植入大脑的监管规定都可能会使其推迟，比如推迟 10 年，到 21 世纪 40 年代。这将极大地延后你的超级智能机器与人类交互的时间表。其中一件事是，机器可能会接管所有的工作，而不仅仅是成为人类智能的延伸。

库兹韦尔：嗯，直接在我们大脑中植入思维扩展装置会很方便，这样你就不会像丢失手机一样弄丢它。但是，即使这些设备还没有直接与大脑相连，它们仍然可以作为人类智能的延伸发挥作用。如今，孩子们可以通过移动设备获取全人类的知识。而且 AI 所能增加的工作岗位仍远多于它所取代的。尽管目前的脑部扩展装置在体外，但如果没有这些装置，我们现在所从事的工作将无法完成，即使它们尚未在物理层面连接到我们的大脑。

卡珊德拉：是的，但你预测我们需要数百万个电路才能连接到新皮质的顶层。相比之下，通过外部设备扩展我们的智能需要从键盘输入，速度要慢几个数量级。这肯定会大大影响人机交互的效率。而且，AI 为什么会愿意与沟通速度如此之慢的人类打交道呢？它完全可以自己做所有的事情。

库兹韦尔：到 21 世纪 20 年代中期，我们将拥有一种比键盘输入快数千倍的与计算机交互的方式：完全沉浸式的 VR，带有全屏视频和音频。我们将看到和听到现实世界，但它将与我们的计算机进行双向交流。这几乎与直接连接大脑新皮质的顶层一样快。VR 最终将取代键盘交互。

卡珊德拉：我们与计算机通信的能力会有所提升，但这仍然不能等同于真正扩展我们的新皮质。

库兹韦尔：但人们仍然需要完成工作以满足食物、住所和其他需求。即使在大脑内部扩展器让我们能够进行更抽象的思考之前，配备先进 AI 的外部大脑扩展器，也能让我们完成困难的任务并解决难题。

卡珊德拉：但人们需要更深层次的目标。如果 AI 能在每个智力领域做到人类能做的一切，而且做得比最优秀的人类好得多，速度也快得多，那么人类还要做什么才能获得意义感呢？

库兹韦尔：嗯，这就是为什么我们想要与我们正在创造的智能融合。AI 将成为我们的一部分，所以这些事情实际上都是我们来完成的。

卡珊德拉：考虑到在我们的头骨内植入一个具有数百万个连接的设备所面临的非凡挑战，我仍然担心获得一个大脑扩展器可能会延迟 10 年之久。我可以接受我们身体外部发生的各种变化，包括 VR，但这与真正扩展大脑的新皮质是不同的。

库兹韦尔：这正是丹尼尔·卡尼曼表达的担忧，他还担心失业人员和其他方面之间可能会爆发暴力冲突。

卡珊德拉：你说的“其他方面”是指计算机吗？因为计算机将在各方面的技能上都超过人类。

库兹韦尔：不是计算机，因为我们的福祉将依赖于计算机，而是那些可能被认为利用 AI 来增加自己的财富、扩大自己的权力、牺牲失业工人利益的人类。

卡珊德拉：是的，我怀疑卡尼曼考虑到的是中间阶段，在这个时期，一些人类仍握有权力，而 AI 还没有创造足够丰富的物质来消解冲突。

库兹韦尔：但是当人们有目标感时，冲突就可以最小化。将我们的新皮质扩展到云端对于人类保持目标感至关重要。就像几十万年前，人类的灵长类祖先的大脑皮层越来越多，可以从思考生存本能提升到思考哲学一样，“进化”的人类将拥有更强的同理心和道德感。

卡珊德拉：我同意，但是与更好的大脑外部扩展器相比，将新皮质扩展到云端是一种完全不同的进步。

库兹韦尔：是的，你的观点是正确的，但我确实认为我们将在 21 世纪 30 年代初实现新皮质的扩展，所以中间阶段可能不会很长。

卡珊德拉：但是连接到新皮质的时间点是一个关键问题。如果延迟，可能会带来巨大的问题。

库兹韦尔：嗯，是的，这是事实。

卡珊德拉： 另外，如果一个 AI 要模拟你，我们用模拟者取代了生物学上的你，它可能看起来就是你，在其他人看来也是你，但实际上你已经消失了。

库兹韦尔： 好吧，但我们不是在讨论这个。我们不是在模拟你的生物大脑，而是在给它添加东西。你的生物大脑会保持原样，只是智力会变得更高超。

卡珊德拉： 但是非生物智能最终将比你的生物大脑强大许多倍，甚至达到数千到数百万倍。

库兹韦尔： 是的，但是你的大脑中没有任何部分被拿走，相反将会有很多东西被添加进来。

卡珊德拉： 不过，你曾说过，几年内我们的大脑实际上将成为云端的延伸。

库兹韦尔： 实际上我们已经在这样做了。无论你认为我们的生物大脑在哲学上有什么重要性，我们都不会剥夺它。

卡珊德拉： 但是在那时，生物大脑将变得微不足道。

库兹韦尔： 但它仍然存在，还将保留所有的基本特质。

卡珊德拉： 嗯，我在很短的时间内看到了非常深刻的变化。

库兹韦尔： 在这一点上我们是一致的。

价格-计算性能的未来走向

（“1939—2023年计算的性价比提升趋势”一图的资料来源）

机器选择方法

生成这张图时统计取样的机器是经过选择的、计算性价比超过了以前所有机器的主要可编程计算机。如果多台机器在给定的日历年内达到这一标准，则只包括了该年内具有最佳性价比的机器，而不考虑其在该年内的发布日期。未以商业方式出售或租用的机器按其首次正常运转的年份计算。商业出售或租用的机器以它们公开发售的年份归类（与初始设计或原型设计相对）。对于消费者级的机器，只有大规模生产的零售设备才被纳入考虑范围——个人定制的机器或由不同的零售部件组装而成的计算机会影响整体分析。那些设计出来但没有制造出来的机器，比如查尔斯·巴贝奇的分析机，以及那些制造出来但功能不可靠的机器，比如康拉德·祖泽的 Z1，都不包括在内。同样，这个图忽略了一些高度专业化的设备，如数字信号处理器，它们在技术上能够大量的数字运算，但没有被广泛用作通用 CPU。

价格数据及方法

名义价格是根据美国劳工统计局的 CPI 数据调整的 2023 年 2 月的实际价格（链式 CPI-U，1982−1984=100）。每年的 CPI 以年平均值表示。因此，尽管基础的实际价格计算不会使用四舍五入的数字，但它们不应被视为精确到了一美元以内，而通常应被视为精确到了几个百分点以内。对于使用非美元货币制造的机器来说，汇率的波动带来了额外的不确定性。

当某年某台机器有多个零售价格时，此处优先考虑最低的市场公开价格，以反映该年最佳的性价比。存在适度不一致性的其中一点是，在 20 世纪 90 年代中期之前，几乎所有的计算都是通过可升级性受限的离散计算机完成的。因此，单位价格不可避免地需要考虑除处理器本身以外的组件，如硬盘驱动器和显示器。相比之下，现在单独销售的芯片是很常见的，个人用户可以将几个或多个 CPU/GPU 连接在一起，以完成对性能有更高要求的任务。因此，评估芯片价格现在是一个更好的整体计算性价比的指标，而不是要将与计算无关的组件也考虑在内，尽管这略微夸大了 20 世纪 90 年代的计算性价比提升的幅度。

谷歌云 TPU v4-4096 的定价是基于租赁 4 000 小时粗略估计的，以便与数据集的其余部分在大体上可进行比较，自 20 世纪 50 年代以来，数据集仅由可供购买的设备组成。这大大低估了小型机器学习项目的性价比，在这些项目中，短暂访问大量计算能力是有用的，但购买计算能力的资本成本是完全无法承受的。这是云计算革命的一个主要而未被充分认识到的影响。

这里引用的价格是组装价格、零售购买价格或租赁价格视具体情况而定。其他单独的成本，如运输、安装、电力、维护、操作员劳动、税收和折旧，都不包括在内。这是因为不同用户付出的成本差异很大，不能对一台给定的机器进行简单平均计算。然而，根据现有的证据，这些因素并不会在很大程度上改变整体分析结果。而且，在某种程度上，它们可能会导致旧的、物流密集型机器的性价比更低，从而使整张图所展现的进步速度更快（见第174页，“1939—2023年计算的性价比提升趋势”）。因此，从分析角度来看，忽略这些成本是更为保守的选择。

性能数据计算方法

“每秒计算次数”是将84年的多个数据集拼接在一起得出的综合指标。因为随着时间的推移，这些机器的计算能力不仅在数量上有所提高，而且在质量上也发生了变化，因此不可能设计出一个严格可通约的度量方法来比较整个时期的性能变化。即使给予无限长的时间，1939年的Z2计算机也无法在几分之一秒内完成2023年张量处理单元（TPU）所能做的一切，它们根本无法比较。

因此，任何将此数据集中的所有性能统计数据转换为完全可通约的度量的尝试都会产生误导。例如，虽然安德斯·桑德伯格和尼克·博斯特罗姆估计每秒数百万条指令（MIPS）和每秒数百万次浮点运算（MFLOPS）之间具有等效性，但它们并不是线性缩放的，所以在性能范围如此大的数据集中使用这一方法并不合适。人为地将最新计算机的每秒浮点运算次数评级转换为IPS会高估新机器的实际性能，而用每秒浮点运算次数对旧计算机进行评级则会低估它们的性能。

同样，汉斯·莫拉维克和威廉姆·诺德豪斯（William Nordhaus）青睐的信息论方法虽然有用，但并没有捕捉到计算性能和应用程序的质的演变。例如，诺德豪斯的MOPS（每秒百万次标准操作）指标规定了一个固定的加法和乘法比例，这在将20世纪60年代计算火箭弹道的计算机与采用低精度计算做机器学习的现代GPU和TPU进行实际比较时并不适用。

由于这个原因，这里使用的方法倾向于使用最初评估机器的度量标准。这意味着从1939年（指的是康拉德·楚泽的Z2计算机的基本加法）到2001年Pentium 4引入之前，更宽松的每秒指令范式更为适用，从2001年起浮点运算每秒操作范式成为衡量现代计算性能方面的主导方法。这反映了这样一个事实，即计算能力的应用随着时间的推移发生了变化，对于某些用途，高浮点性能比整数性能或其他指标更重要。专业化程度在某些领域也有所提高。例如，GPU和专门的AI/深度学习芯片在其角色中表现出色，具有高FLOPS评级，但衡量它们执行一般CPU任务的能力，试图将其与旧的通用计算芯片进行比较，是具有误导性的。

此处倾向于使用最佳性能统计数据，或者对于早期的机器来说，从与加法类似的操作中获得其最佳性能的统计数据。虽然这将高于这些机器在日常操作实践中的平均水平，但这是一种更广泛，可比性更强的评估形式，而不是依赖于许多原始计算速度之外的因素且在不同机器之间波动的平均性能统计数据。

其他补充资源

Anders Sandberg and Nick Bostrom, *Whole Brain Emulation: A Roadmap*, technical report 2008-3, Future of Humanity Institute, Oxford University（2008）.

William D. Nordhaus, “The Progress of Computing,” discussion paper 1324, Cowles Foundation（September 2001）.

Hans Moravec, “MIPS Equivalents,” Field Robotics Center, Carnegie Mellon Robotics Institute, accessed December 2, 2021.

Hans Moravec, *Mind Children: The Future of Robot and Human Intelligence*（Cambridge, MA: Harvard University Press, 1988）.

列出的机器，数据和来源

CPI 数据来源

“Consumer Price Index, 1913–,” Federal Reserve Bank of Minneapolis, accessed April 20, 2023; US Bureau of Labor Statistics, “Consumer Price Index for All Urban Consumers: All Items in U.S. City Average（CPIAUCSL）,” retrieved from FRED, Federal Reserve Bank of St. Louis, updated April 12, 2023.

1939 年 Z2

实际价格：50 489.31 美元
每秒计算：0.33 次
每美元每秒计算：0.000 006 5 次

价格来源：Jane Smiley, *The Man Who Invented the Computer: The Biographyof John Atanasoff, Digital Pioneer*（New York: Doubleday, 2010）, loc. 638, Kindle （v3.1_ r1）; “Purchasing Power Comparisons of Historical Monetary Amounts,” Deutsche Bundesbank, accessed December 20, 2021;“Purchasing Power Equivalents of Historical Amounts in German Currencies,” Deutsche Bundesbank, 2021; Lawrence H. Officer, “Exchange Rates,” in *Historical Statistics of the United States,Millennial Edition*,ed. Susan B. Carter et al.（Cambridge, UK: Cambridge University Press, 2002）, reproduced in Harold Marcuse, “Historical Dollar-to-Marks Currency Conversion Page,” University of California, Santa Barbara, updated October 7, 2018;“Euro to US Dollar Spot Exchange Rates for 2020,” Exchange Rates UK, accessed December 20, 2021。在购买力方面，2020 年时，7 000 德国马克相当于约 3.01 万欧元。按 2023 年初的美元购买力水平计算，这一数字平均为 40 124 美元。这样做的好处是可以避免纳粹德国和美国之间购买力差异所带来的可通约性问题。但它的缺点在于关注价格水平，而价格水平在很大程度上是由极权政府设定的，配给和黑市交易限制了名义价格的相关性。按汇率计算，1939 年 7 000 德国马克约为 2 800 美元，相当于 2023 年初的 60 853 美元。这样做的好处是避免了德国极权主义战争经济造成的扭曲，但缺点是由于两种货币之间的购买力不同而引入了不确定性。因为这两个数字的优点和缺点是互补的，而且因为没有明确的原则来判断哪个最能代表相关的基本事实，所以这个图采用了两者的平均值：50 489 美元。

性能来源： Horst Zuse, “Z2,” Horst-Zuse.Homepage.t- online.de, accessed December 20, 2021。

1941 Z3

实际价格： 136 849.13 美元

每秒计算： 1.25 次

每美元每秒计算：0.000 009 1 次

价格来源：Jack Copeland and Giovanni Sommaruga, “The Stored-Program Universal Computer: Did Zuse Anticipate Turing and von Neumann?” in *Turing's Revolution:The Impact of His Ideas About Computability*,ed. Giovanni Sommaruga and Thomas Strahm（Cham, Switzerland: Springer International Publishing, 2016; corrected 2021publication）, 53;“Purchasing Power Comparisons of Historical Monetary Amounts,” Deutsche Bundesbank, accessed December 20, 2021;“Purchasing Power Equivalents of Historical Amounts in German Currencies,” Deutsche Bundesbank, 2021; Lawrence H. Officer, “Exchange Rates,” in Historical Statistics of the United States, Millennial Edition, ed. Susan B. Carter et al.（Cambridge, UK: Cambridge University Press, 2002）, reproduced in Harold Marcuse, “Historical Dollar-to-Marks Currency Conversion Page,” University of California, Santa Barbara, updated October 7, 2018;“Euro to US DollarSpot Exchange Rates for 2020,” Exchange Rates UK, accessed December 20, 2021;“Consumer Price Index, 1913–,” Federal Reserve Bank of Minneapolis, accessed October 11, 2021。在购买力方面，在 2020 年，2 万德国马克相当于 8.2 万欧元。按 2023 年初的美元购买力水平计算，这一数字平均为 109 290 美元。这样做的好处是避免了纳粹德国和美国之间购买力差异所带来的可通约性问题。但它的缺点是关注价格水平，而价格水平在很大程度上是由极权政府设定的，定量配给和黑市交易限制了名义价格的相关性。按汇率计算，1941 年 2 万德国马克约为 8 000 美元，相当于 2023 年初的 164 408 美元。这样做的好处是避免了德国极权主义战争经济造成的扭曲，但缺点是由于两种货币之间的购买力不同而引入了不确定性。因为这两个数字的优点和缺点是互补的，并且因为没有明确的原则来判断哪个最能代表相关的基本事实，所以这个图采用了两者的平均值：136 849 美元。

性能来源： Horst Zuse, “Z3,” Horst-Zuse.Homepage.t-online.de, accessed December 20, 2021。

1943 COLOSSUS MARK 1

实际价格： 33 811 510.61 美元

每秒计算： 5 000 次

每美元每秒计算： 0.000 15 次

价格来源： Chris Smith, “Cracking the Enigma Code: How Turing’s Bombe Turned the Tide of WWII,” BT, November 2, 2017; Jack Copeland（computing history expert）, email to author, January 12, 2018;“Inflation Calculator,” Bank of England, January 20, 2021;“Historical Rates for the GBP/ USD Currency Conversion on 01July 2020（01/07/2020）,” Pound Sterling Live, accessed November 11, 2021。Colossus 的单位成本数据不是直接的，因为它不是为商业目的而制造的。我们知道，早期的 Bombe 机器每台造价约为 10 万英镑。虽然没有关于 Colossus 建造的精确解密数据，但计算机历史专家杰克·科普兰（Jack Copeland）粗略估计，它的成本大约是一台 Bombe 机器的 5 倍。这相当于 2020 年的 23 314 516 英镑，或 2023 年初的 33 811 510 美元。请记住，由于潜在估计的不确定性，只有前两个有效数字应该被视为有意义的。

性能来源： B. Jack Copeland, ed., *Colossus：The Secrets of Bletchley Park’s Codebreaking Computers*（Oxford, UK：Oxford University Press, 2010）, 282。

1946 ENIAC

实际价格： 11 601 846.15 美元

每秒计算： 5 000 次

每美元每秒计算： 0.000 43 次

价格来源： Martin H. Weik, A Survey of Domestic Electronic Digital Computing Systems, report no. 971(Aberdeen Proving Ground, MD: Ballistic Research Laboratories, December 1955), 42。

性能来源： Brendan I. Koerner, "How the World's First Computer Was Rescued from the Scrap Heap," Wired , November 25, 2014。

1949 BINAC

实际价格： 3 523 451.43 美元

每秒计算次数 : 3 500

每美元每秒计算： 0.00099 次

价格来源 : William R. Nester, American Industrial Policy: Free or Managed Markets? (New York: St. Martin's, 1997), 106。

性能来源 : Eckert-Mauchly Computer Corp., The BINAC (Philadelphia: Eckert-Mauchly Computer Corp., 1949), 2。

1953 UNIVAC 1103

实际价格：10 356 138.62 美元

每秒计算：50 000 次

每美元每秒计算：0.004 8 次

价格来源：Martin H. Weik, *A Third Survey of Domestic Electronic Digital Computing Systems*, report no. 1115（Aberdeen, MD: Ballistic Research Laboratories, March 1961）, 913。

性能来源：Martin H. Weik, *A Third Survey of Domestic Electronic Digital Computing Systems*, report no. 1115（Aberdeen, MD: Ballistic Research Laboratories, March 1961）, 906。

1959 DEC PDP-1

实际价格：1 239 649.32 美元

每秒计算：100 000 次

每美元每秒计算：0.081 次

价格来源："PDP 1Price List," Digital Equipment Corporation, February 1, 1963。

性能来源：Digital Equipment Corporation, *PDP-1Handbook*（Maynard, MA: Digital Equipment Corporation, 1963）, 10。

1962 DEC PDP-4

实际价格：647 099.67 美元

每秒计算：62 500 次

每美元每秒计算：0.097 次

价格来源：Digital Equipment Corporation, *Nineteen Fifty-Seven to the Present*（Maynard, MA: Digital Equipment Corporation, 1978）, 3。

性能来源：Digital Equipment Corporation, *PDP-4Manual*（Maynard, MA: Digital Equipment Corporation, 1962）, 18, 57。

1965 DEC PDP-8

实际价格：172 370.29 美元

每秒计算：312 500 次

每美元每秒计算：1.81 次

价格来源：Tony Hey and Gyuri Pápay, *The Computing Universe: A Journey Through a Revolution*（New York: Cambridge University Press, 2015）, 165。

性能来源：Digital Equipment Corporation, *PDP-8*（Maynard, MA: Digital Equipment Corporation, 1965）, 10。

1969 DATA GENERAL NOVA

实际价格：65 754.33 美元

每秒计算：169 492 次

每美元每秒计算：2.58 次

价格来源：“Timeline of Computer History— Data General Corporation Introduces the Nova Minicomputer,” Computer History Museum, accessed November 10, 2021。

性能来源：NOVA brochure, Data General Corporation, 1968, 12。

1973 LNTELLEC 8

实际价格：16 291.71 美元
每秒计算：80 000 次
每美元每秒计算：4.91 次

价 格 来 源：“Intellec 8,”Centre for Computing History,accessed November 10,2021。

性能来源：Intel,*Intellec 8 Reference Manual*, rev. 1（Santa Clara, CA: Intel, 1974），xxxxiii。

1975 ALTAIR 8800

实际价格：3 481.85 美元
每秒计算：500 000 次
每美元每秒计算：144 次

价格来源：“MITS Altair 8800：Price List,” CTI Data Systems, July 1, 1975。

性能来源： MITS, *Altair 8800 Operator's Manual*（Albuquerque, NM: MITS, 1975）, 21, 90。

1984 APPLE MACINTOSH

实际价格： 7 243.62 美元
每秒计算： 1 600 000 次
每美元每秒计算： 221 次

价格来源： Regis McKenna Public Relations, "Apple Introduces Macintosh Advanced Personal Computer," press release, January 24, 1984。

性能来源： Motorola, *Motorola Semiconductor Master Selection Guide*, rev. 10（Chicago Motorola, 1996）, 2.2-2。

1986 COMPAQ DESKPRO 386（16 MHz）

实际价格： 17 886.96 美元
每秒计算： 4 000 000 次
每美元每秒计算： 224 次

价格来源： Peter H. Lewis, "Compaq's Gamble on an Advanced Chip Pays Off," New York Times, September 20, 1987。

性能来源： Peter H. Lewis, "Compaq's Gamble on an Advanced Chip Pays

Off," *New York Times*, September 20, 1987。

1987 PC'S LIMITED 386（16 MHz）

实际价格： 11 946.43 美元

每秒计算： 4 000 000 次

每美元每秒计算元： 335 次

价格来源： Peter H. Lewis, "Compaq's Gamble on an Advanced Chip Pays Off," *New York Times*, September 20, 1987。

性能来源： Peter H. Lewis, "Compaq's Gamble on an Advanced Chip Pays Off," *New York Times*, September 20, 1987。

1988 COMPAQ DESKPRO 386/ 25

实际价格： 20 396.30 美元

每秒计算： 8 500 000 次

每美元每秒计算： 417 次

价格来源： "Compaq Deskpro 386/25Type 38," Centre for Computing History, accessed November 10, 2021。

性能来源： Jeffrey A. Dubin, *Empirical Studies in Applied Economics*（New York: Springer Science+Business Media, 2012）, 72–73。

1990 MT 486DX

实际价格： 11 537.40 美元

每秒计算： 20 000 000 次

每美元每秒计算： 1 733 次

价格来源： Bruce Brown, "Micro Telesis Inc. MT 486DX," *PC Magazine 9*, no. 15（September 11, 1990）, 140。

性能来源： Owen Linderholm, "Intel Cuts Cost, Capabilities of 9486; Will Offer Companion Math Chip," *Byte*, June 1991, 26。

1992 GATEWAY 486DX2/ 66

实际价格： 6 439.31 美元

每秒计算： 54 000 000 次

每美元每秒计算： 8 386 次

价格来源： Jim Seymour, "The 486Buyers' Guide," *PC Magazine* 12, no. 21（December 7, 1993）, 226。

性能来源： Mike Feibus, "P6and Beyond," *PC Magazine* 12, no. 12（June 29, 1993）, 164。

1994 PENTIUM（75 MHz）

实际价格：4 477.91 美元
每秒计算：87 100 000 次
每美元每秒计算：19 451 次

价格来源：Bob Francis, "75-MHz Pentiums Deskbound," *Info World* 16, no. 44（October 31, 1994）, 5。

性能来源：Roy Longbottom, "Dhrystone Benchmark Results on PCs," Roy Longbottom's PC Benchmark Collection, February 2017。

1996 PINTIUM PRO（166 MHz）

实际价格：3 233.73 美元
每秒计算：242 000 000 次
每美元每秒计算：74 836 次

价格来源：Michael Slater, "Intel Boosts Pentium Pro to 200 MHz," *Microprocessor Report* 9, no. 15（November 13, 1995）, 2。

性能来源：Roy Longbottom, "Dhrystone Benchmark Results on PCs," Roy Longbottom's PC Benchmark Collection, February 2017。

1997 MOBILE PENTIUM MMX（133 MHz）

实际价格：533.76 美元
每秒计算：184 092 000 次

每美元每秒计算：344 898 次

价 格 来 源："Intel Mobile Pentium MMX 133 MHz Specifications," CPU-World, accessed November 10, 2021。

性能来源："Intel Mobile Pentium MMX 133 MHz vs Pentium MMX 200 MHz," CPU-World, accessed November 11, 2021; Roy Longbottom, "Dhrystone Benchmark Results on PCs," Roy Longbottom's PC Benchmark Collection, February 2017。根据 CPU-World 的测试，Mobile Pentium MMX 133 MHz 的性能达到了 Pentium MMX 200 MHz 的 69.9%（Dhrystone 2.1VAX MIPS）。对于后者，在 Roy Longbottom 的测试中，这是 276 MIPS，相当于前者每秒估计有 192 924 000 条指令。

1998 PENTIUM LL（450 MHz）

实际价格：1 238.05 美元
每秒计算：713 000 000 次
每美元每秒计算：575 905 次

价格来源："Intel Pentium Ⅱ 450 MHz Specifications," CPU-World, accessed November 10, 2021。

性能来源：Roy Longbottom, "Dhrystone Benchmark Results on PCs," Roy Longbottom's PC Benchmark Collection, February 2017。

1999 PENTIUM Ⅲ（450 MHz）

实际价格：898.06 美元
每秒计算：72 000 000 次
每美元每秒计算：803 952 次

价格来源："Intel Pentium Ⅲ 450 MHz Specifications," CPU-World, accessed November 10, 2021。

性能来源：Roy Longbottom, "Dhrystone Benchmark Results on PCs," Roy Longbottom's PC Benchmark Collection, February 2017。

2000 PENTIUM Ⅲ（1.0 GHz）

实际价格：1 734.21 美元
每秒计算：1 595 000 000 次
每美元每秒计算：919 725 次

价格来源："Intel Pentium Ⅲ 1BGHz（Socket 370）Specifications," CPU-World, accessed November 10, 2021。

性能来源：Roy Longbottom, "Dhrystone Benchmark Results on PCs," Roy Longbottom's PC Benchmark Collection, February 2017。

2001 PENTIUM 4（1 700 MHz）

实际价格：599.55 美元

每秒计算：1 843 000 000 次

每美元每秒计算：3 073 978 次

价格来源："Intel Pentium 41.7GHz Specifications," CPU-World, accessed November 10, 2021。

性能来源：Roy Longbottom, "Dhrystone Benchmark Results on PCs," Roy Longbottom's PC Benchmark Collection, February 2017。

2002 XEON（2.4 GHz）

实际价格：392.36 美元

每秒计算：2 480 000 000 次

每美元每秒计算：6 323 014 次

价格来源："Intel Xeon 2.4GHz Specifications," CPU-World, accessed November 10, 2021。

性能来源：Jack J. Dongarra, "Performance of Various Computers Using Standard Linear Equations Software," technical report CS-89-85, University of Tennessee, Knoxville, February 5, 2013, 7–29. 这里使用的是 Dongarra（2013）的数据，而不是 Longbottom（2017）的数据，因为大约到 2002 年，MFLOPS 评级已成为主要的性能评价标准，该数据与后续机器的评级更加一致，可比较性更强。来自 Dongarra 的大多数数据都使用了"TPP 最佳努力"（TPP Best Effort）指标，这与早期计算机的性能数据最为相似。由于无法获得该 CPU 的 TPP 最佳努力数据，因此这里采用了数据集中 TPP 最佳努力 MFLOPS 与"LINPACK

Benchmark"MFLOPS 的平均比率来估算。对于 Dongarra 测试的其他 15 台单核、非 em64t xeon 驱动的计算机，"TPP 最佳努力"值平均是 LINPACK 基准值的 2.559 倍。此外，该数据是对来自两个不同操作系统 / 编译器组合的此 CPU 的结果之间求平均值。

2004 PENTIUM 4（3.0 GHz）

实际价格：348.12 美元

每秒计算：3 181 000 000 次

每美元每秒计算：9 137 738 次

价格来源："Intel Pentium 43 GHz Specifications," CPU-World, accessed November 10, 2021。

性能来源：Jack J. Dongarra, "Performance of Various Computers Using Standard Linear Equations Software," technical report CS-89-85, University of Tennessee, Knoxville, February 5, 2013, 10。这里使用的是 Dongarra（2013）的数据，而不是 Longbottom（2017）的数据，因为从 Pentium 4 开始，MFLOPS 评级成为主要的性能评价标准，该数据与后续机器的评级更加一致，可比较性更强。

2005 PENTIUM 4662（3.6 GHz）

实际价格：619.36 美元

每秒计算：7 200 000 000 次

每美元每秒计算：11 624 919 次

价格来源："Intel Pentium 4662 Specifications," CPU-World, accessed November 10, 2021。

性能来源："Export Compliance Metrics for Intel Microprocessors Intel Pentium Processors," Intel, April 1, 2018, 4。

2006 CORE 2DUO E6300

实际价格：273.82 美元

每秒计算：14 880 000 000 次

每美元每秒计算：54 342 788 次

价格来源："Intel Core 2Duo E6300Specifications," CPU-World, accessed November 10, 2021。

性能来源："Export Compliance Metrics for Intel Microprocessors Intel Pentium Processors," Intel, April 1, 2018, 12。

2007 PENTIUM DUAL- CORE E2180

实际价格：122.23 美元

每秒计算：16 000 000 000 次

每美元每秒计算：130 899 970 次

价格来源：“Intel Pentium E2180 Specifications,” CPU-World, accessed November 10, 2021。

性能来源：“Export Compliance Metrics for Intel Microprocessors Intel Pentium Processors,” Intel, April 1, 2018, 7。

2008 GTX 285

实际价格：502.98 美元

每秒计算：708 500 000 000 次

每美元每秒计算：1 408 604 222 次

价格来源：“NVIDIA GeForce GTX 285,” TechPowerUp, accessed November 10, 2021。

性能来源：“NVIDIA GeForce GTX 285,” TechPowerUp, accessed November 10, 2021。

2010 GTX 580

实际价格：690.15 美元

每秒计算：1 581 000 000 000 次

每美元每秒计算：2 290 796 652 次

价格来源：“NVIDIA GeForce GTX 580,” TechPowerUp, accessed November 10, 2021。

性能来源：“NVIDIA GeForce GTX 580,” TechPowerUp, accessed November 10, 2021。

2012 GTX 680

实际价格：655.59 美元
每秒计算：3 250 000 000 000 次
每美元每秒计算：4 957 403 270 次

价格来源：“NVIDIA GeForce GTX 680,” TechPowerUp, accessed November 10, 2021。

性能来源：“NVIDIA GeForce GTX 680,” TechPowerUp, accessed November 10, 2021。

2015 TITAN X（MAXWELL 2.0）

实际价格：1 271.50 美元
计算每秒：6 691 000 000 000 次
每美元每秒计算：5 262 273 757 次

价格来源："NVIDIA GeForce GTX TITAN X," TechPowerUp, accessed November 10, 2021。

性能来源："NVIDIA GeForce GTX TITAN X," TechPowerUp, accessed November 10, 2021。

2016 TITAN X（PASCAL）

实际价格：1 506.98 美元
每秒计算：10 974 000 000 000 次
每美元每秒计算：7 282 098 756 次

价格来源："NVIDIA TITAN X Pascal," TechPowerUp, accessed November 10, 2021。

性能来源："NVIDIA TITAN X Pascal," TechPowerUp, accessed November 10, 2021。

2017 AMD RADEON RX 580

实际价格：281.83 美元
每秒计算：6 100 000 000 000 次
每美元每秒计算：21 643 984 475 次

价格来源："AMD Radeon RX 580," TechPowerUp, accessed November 10, 2021。

性能来源："AMD Radeon RX 580," TechPowerUp, accessed November 10,

2021。

2021 GOOGLE CLOUD TPU v4-4096

实际价格： 22 796 129.30 美元

每秒计算： 1 100 000 000 000 000 000 次

每美元每秒计算： 48 253 805 968 次

价格来源： 本图尽可能使用公开市场设备采购成本作为价格数据，这最能反映计算性价比的整体进步。然而，谷歌云 TPU 并不对外销售，而是以按时长租赁的方式提供。将每小时的租金成本作为价格计算，得出的性价比之高令人震惊，虽然它对于一些非常小的项目（例如那些购买硬件不太明智的短期机器学习任务）来说是准确的，但它并不能反映大多数实际使用案例。因此，作为一个非常粗略的近似，我们可以使用 4 000 小时的工作时间作为购买硬件的功能等价物——基于合理的有代表性使用和常见的产品更换周期。（虽然我很难毫无疑虑地将这种推测性估计用于比较同一年出现的硬件，但该图展现的较长的时间跨度和对数刻度，导致图中的总体趋势与任何给定数据点的有本质区别的方法的假设相对关联不紧密。）在实践中，云租赁合同需要进行谈判，并且可能因为特定客户和项目的需求而有很大差异。但作为一个看似合理的代表性数字，谷歌的 v4-4096 TPU 可能以每小时 5 120 美元的价格出租，相当于硬件所有者在购买的处理器上花费的 2 048 万美元的计算时间。在撰写本书时，我们采用的价格是官方的，是从公开信息和与一系列行业内的专业人士的对话中推断出来的。

截至本书英文版出版时，谷歌可能已经发布了更广泛的定价信息，但这也是不准确的，因为每个项目的定价可能因具体因素的不同而产生差异。Google Cloud, "Cloud TPU," Google, accessed December 10, 2021; Google project manager, telephone conversations with author, December 2021。

性能来源：Tao Wang and Aarush Selvan, "Google Demonstrates Leading Performance in Latest MLPerf Benchmarks," Google Cloud, June 30, 2021; Samuel K. Moore, "Here's How Google's TPU v4AI Chip Stacked Up in Training Tests," *IEEE Spectrum*, May 19, 2021。

2023 GOOGLE CLOUD TPU V5E

实际价格：3 016.46 美元

每秒计算：393 000 000 000 000 次

每美元每秒计算：130 285 276 114 次

价格来源：谷歌云估计，在 MLPerf ™ v3.1Inference Closed 基准上，TPU v5e 的性价比是 TPU v4 的 2.7 倍，MLPerf ™ v3.1Inference Closed 基准也是运行大语言模型的黄金标准。为了最大限度地提高与 TPU v4-4096 估计值的通约性，TPU v4-4096 估计值近似于合理的大批量合同定价，这里是根据已知的性价比改进了对每个芯片的估计。如果我们只使用公开可用的 TPU v5 的价格，即每个芯片每小时 1.2 美元，那么性价比将大约是每美元每秒做 820 亿次计算。但是由于大型云租赁合同有折扣很常见，这与现实将相去甚远。参见 Amin Vahdat and Mark Lohmeyer, "Helping You Deliver High-Performance, CostEfficientAIInference at Scale with GPUs and TPUs," Google Cloud, September 11, 2023。

性能来源：INT8 performance per chip. Google Cloud, "System Architecture," Google Cloud, accessed November 13, 2023。

致 谢

我要感谢我的妻子索尼娅，感谢她在本书创作过程中给予我的爱，她 50 年来从不厌倦与我分享想法。

致我的孩子伊森（Ethan）和艾米（Amy）；我的儿媳丽贝卡（Rebecca）；我的女婿雅各布（Jacob）；我妹妹伊妮德（Enid）；还有我的孙辈里奥（Leo）、娜奥米（Naomi）和昆西（Quincy），感谢他们给予我的爱、鼓励和伟大的想法。

感谢我已故的母亲汉娜（Hannah）和我已故的父亲弗雷德里克，他们在纽约的树林里散步时教会了我思想的力量，并在我很小的时候给了我尝试的自由。

感谢约翰 - 克拉克・莱文（John-Clark Levin）对数据的细致研究和智能分析，这些数据是本书得以完成的根基。

感谢我在维京公司长期合作的编辑里克・科特（Rick kot），感谢他的引领、坚定的指导和专业的编辑。

感谢我的文学经纪人尼克·穆伦多（Nick Mullendore），感谢他敏锐而热情的指导。

感谢我一生的商业伙伴亚伦·克莱纳（Aaron Kleiner）在过去 50 年里的无私合作。

感谢南达·巴克 - 胡克（Nanda Borker-Hook）熟练的写作协助以及对我演讲的专业监督和管理。

感谢莎拉·布莱克（Sarah Black）杰出的研究见解和对各种想法的组织。

感谢西利娅·布莱克·布鲁克斯（Celia Black Brooks）的周到支持和专家策略，让我可以与世界分享我的想法。

感谢丹尼斯·斯库特拉罗（Denise Scutellaro）熟练地处理我的相关业务。

感谢拉克斯曼·弗兰克（Laksman Frank）出色的平面设计和插图绘制。

感谢艾米·库兹韦尔（Amy Kurzweil）和丽贝卡·库兹韦尔（Rebecca Kurzweil）对本书写作技巧的指导，以及她们提供的自己成功作品中的精彩例子。

感谢玛蒂娜·罗斯布拉特（Martine Rothblatt）对我在书中讨论的所有技术的贡献，以及我们在这些领域开发杰出范例的长期合作。

感谢库兹韦尔团队，他们为本项目提供了重要的研究、写作和后勤支持，包括阿马拉·安杰莉卡（Amara Angelica）、亚伦·克莱纳、鲍勃·比尔（Bob Beal）、南达·巴克-胡克、西利娅·布莱克-布鲁克斯、约翰-克拉克·莱文、丹尼斯·斯库特拉罗、琼·沃尔什（Joan Walsh）、玛丽卢·苏萨（Marylou Sousa）、林赛·博弗里（Lindsay Boffoli）、肯·林德（Ken Linde）、拉斯克曼·弗兰克、阿马里娅·埃利斯（Maria Ellis）、莎拉·布莱克、艾米莉·布兰根（Emily Brangan）和凯瑟琳·米罗努克（Kathryn Myronuk）。

感谢维京企鹅的专业团队，包括执行编辑里克·科特、执行编辑艾莉森·洛伦岑（Alison Lorenlzen）、副主编卡米尔·勒布朗（Camille Le Blane）、出版人布莱恩·塔特（Brian Tart）、副出版人凯特·斯塔克（Kate Stark）、执行公关卡罗琳·科尔伯恩（Corolyn Coleburn），以及营销总监玛丽·斯通（Mary Stone）。

感谢 CAA 的彼得·雅各布斯（Peter Jacobs）对我演讲的宝贵建议和支持。

感谢 Fortier 公共关系和 Book Highlight 的团队，感谢他们卓越的公共关系专业知识和战略指导，使本书得以见到更多的读者。

感谢我的专业读者和非专业读者，你们提供了许多聪明而有创意的想法。

最后，感谢所有有勇气质疑过时的假设并运用他们的想象力去做以前从未做过的事情的人。你们鼓舞了我。

The Singularity
Is Nearer

注　释

考虑到环保的因素，也为了节省纸张，降低图书定价，本书编辑制作了电子版的注释。请扫描下方二维码，直达图书详情页，点击“阅读资料包”获取。

未来，属于终身学习者

我们正在亲历前所未有的变革——互联网改变了信息传递的方式，指数级技术快速发展并颠覆商业世界，人工智能正在侵占越来越多的人类领地。

面对这些变化，我们需要问自己：未来需要什么样的人才？

答案是，成为终身学习者。终身学习意味着永不停歇地追求全面的知识结构、强大的逻辑思考能力和敏锐的感知力。这是一种能够在不断变化中随时重建、更新认知体系的能力。阅读，无疑是帮助我们提高这种能力的最佳途径。

在充满不确定性的时代，答案并不总是简单地出现在书本之中。“读万卷书”不仅要亲自阅读、广泛阅读，也需要我们深入探索好书的内部世界，让知识不再局限于书本之中。

湛庐阅读 App：与最聪明的人共同进化

我们现在推出全新的湛庐阅读 App，它将成为您在书本之外，践行终身学习的场所。

- 不用考虑“读什么”。这里汇集了湛庐所有纸质书、电子书、有声书和各种阅读服务。
- 可以学习“怎么读”。我们提供包括课程、精读班和讲书在内的全方位阅读解决方案。
- 谁来领读？您能最先了解到作者、译者、专家等大咖的前沿洞见，他们是高质量思想的源泉。
- 与谁共读？您将加入优秀的读者和终身学习者的行列，他们对阅读和学习具有持久的热情和源源不断的动力。

在湛庐阅读App首页，编辑为您精选了经典书目和优质音视频内容，每天早、中、晚更新，满足您不间断的阅读需求。

【特别专题】【主题书单】【人物特写】等原创专栏，提供专业、深度的解读和选书参考，回应社会议题，是您了解湛庐近千位重要作者思想的独家渠道。

在每本图书的详情页，您将通过深度导读栏目【专家视点】【深度访谈】和【书评】读懂、读透一本好书。

通过这个不设限的学习平台，您在任何时间、任何地点都能获得有价值的思想，并通过阅读实现终身学习。我们邀您共建一个与最聪明的人共同进化的社区，使其成为先进思想交汇的聚集地，这正是我们的使命和价值所在。

This edition published by arrangement with Viking, an imprint of Penguin Publishing Group, a division of Penguin Random House LLC.

北京市版权局著作权合同登记号　图字：01-2024-4109

图书在版编目（CIP）数据

奇点更近 /（美）雷·库兹韦尔（Ray Kurzweil）著；芦义译．-- 北京：中国财政经济出版社，2024.9.（2024.12重印）
书名原文：The Singularity Is Nearer
ISBN　978-7-5223-3397-7
Ⅰ．TP18
中国国家版本馆 CIP 数据核字第 2024443B8G 号

责任编辑：罗亚洪　谷　磊　　　责任校对：张　凡
封面设计：张志浩　　　　　　　责任印制：张　健

奇点更近
QIDIAN GENGJIN

中国财政经济出版社　出版
URL：http://www.cfeph.cn
E-mail:cfeph@cfemg.cn

社址：北京市海淀区阜成路甲 28 号　　邮政编码：100142
营销中心电话：010-88191522
天猫网店：中国财政经济出版社旗舰店
网址：https：//zgczjjcbs.tmall.com
唐山富达印务有限公司印装　　各地新华书店经销
成品尺寸：170mm×230mm　16 开　22.75 印张　312 000 字
2024 年 9 月第 1 版　2024 年 12 月河北第 5 次印刷
定价：119.90 元
ISBN 978-7-5223-3397-7
（图书出现印装问题，本社负责调换，电话：010-88190548）
本社图书质量投诉电话：010-88190744
打击盗版举报热线：010-88191661　QQ：2242791300